みんなで考える地球環境 Q&A 145

地球に代わる惑星はない

THERE IS NO PLANET B

A Handbook for the Make or Break Years—Updated Edition

MIKE BERNERS-LEE
マイク・バーナーズ-リー［著］

藤倉 良［訳］

丸善出版

There Is No Planet B

A Handbook for the Make or Break Years
Updated Edition

by

Mike Berners-Lee

改訂版のまえがき

世界の食糧供給、気候変動、生物多様性、抗生物質、プラスチックなど、心配すべきことにきりはありません。私たちが直面している問題を地球規模で考えたときに、誰にでもできることは何でしょう？

私、マイク・バーナーズ－リーは、数字をかみ砕き、実用的で楽しい行動指針を示します。この本には今日の環境と経済の問題についての大局的な見方が示されています。そして、プラネットAすなわち、この地球で私たちがどのように生きて、どのように考えるべきかという根本的な問題にみなさんはたどり着くことができるでしょう。

この本は“There Is No Planet B”の改訂版です。改訂版では、「何ができるか」の内容を拡充して、新たに「抗議」の章を設け、環境活動家の団体である「絶滅の反乱」や生徒たちのデモ行進についての考えを盛り込みました。また、ビジネス界の動向に対応して、オフセット、カーボンネットゼロ、投資について記述を増やし、パンデミック、COVID-19、山火事についても記述しました。

私は、持続可能性と21世紀の課題対処について考え、執筆し、研究し、コンサルティングを行ってきました。ランカスター大学の関連会社であるスモール・ワールド・コンサルティング（SWC）の創設者であり、中小企業から大手のハイテク企業まで様々な組織と協力しています。SWCは、炭素の測定基準、目標、行動の分野における先駆者です。私の最初の著書である“How Bad Are Bananas？ The Carbon Footprint of Everything”について、ビル・ブライソンは「これほど面白く、有益で、また楽しい本をこれまでに読んだという記憶はない」とコメントしました。ダンカン・クラークとの共著で2冊目になる“The Burning Question: We Can’t Burn Half the World’s Oil, Coal, and Gas. So How Do We Quit？”では、気候変動の全体像とその背景にある地球規模の力学を探り、問題に対処するには、政治、経済、心理学、技術をどのように組み合わせるべきかを読者に問いかけます。アル・ゴアはこの本を「面白く、重要で、強く勧めたい」と評しました。私はまたランカスター大学社会未来研究所の教授でもあり、未来を考えられる実用的手法を開発し、世界の食糧システムや炭素測定基準について研究しています。

母に捧げます

改訂版で何が新しくなったか？

新型コロナウイルス感染症が人類を支配し、ロックダウンされた中でこの文章を書いています。誰もが、当面の危機が去った後の世界はどうなるのか真剣に考えています。現代には明らかにそぐわない経済社会構造から脱却して、人類（とその他の生物）が切実に求めている、より環境に優しい世界への移行に着手する瞬間に今がなるのかどうか、多くの人が考えています。もちろん、現時点では誰にもわかりません。しかし、私たちの生活がひっくり返されてしまった今こそが、良くも悪くもあらゆる種類の変化を可能にしたことは確かでしょう。

パンデミックがなかったとしても、“There Is No Planet B”の初版からの2年間に、さまざまな変化がありました。2019年～20年にかけて、オーストラリアの森林火災だけで世界の温室効果ガス排出量が1％以上増加し、2,000マイル離れたニュージーランドの空がオレンジ色に染まりました。ロシアの永久凍土が溶けてメタンが（文字通り）爆発して、直径50 mのクレーターができました。アマゾンでは乾燥が急速に進み、これまでの重要な炭素吸収源だったところが新たな排出源に変わってしまう可能性があるというニュースも聞きました。

けれども同時に、世界があるいは少なくとも世界の一部が、ようやく環境危機に目覚めつつあるという、とても明るい兆しもみえてきました。まだまだ道のりは長いですが、ここ数年で一番希望がもてるようになりました。

“There Is No Planet B”の初版が書店に並んだとき、気候変動に関する政府間パネル（IPCC）は待望の報告書を発表して、地球の気温変化を1.5 ℃以内に抑える必要があることを明らかにしたところでした[1]。グレタ・トゥンベリは有名になったばかりで、学生や生徒が一斉に街頭行進することもまだありませんでした。「絶滅の反乱」という名の運動団体は、2019年4月のロンドンで画期的な抗議活動を行うことを計画中でした。イギリスの政治家たちは、2050年までに排出量を80％削減するだけという絶望的に不十分な目標を立てればそれだけで、世界をリードしていると思わせられると考えていました。地方自治体や国が気候非常事態を宣言するところまではいきませんでした。BBCは肉や乳製品の摂取を減らす必要性について、わかりやすく語り始めました。けれども、“Climate Change－The Facts（気候変動の真実）”という画期的なドキュメンタリー番組はまだ発表されていませんでした。生物多様性の危機に衝撃的に焦点を当てた“Extinction: The Facts（絶滅の真実）”もまだでした（これらのドキュメンタリーを見ていない人は、ぜひ見てください）。

ロンドン・ヒースロー空港の拡張計画は、上訴裁判所が気候変動を理由に違法と判断しました。これはとても強力な先例となり、気違いじみた炭鉱の新規開発や道路拡張計画など、イギリスのすべてのインフラ計画について気候変動の調査を行う道が開かれました。政治家が気候変動について語っても、次の瞬間には忘れてしまうということは難しくなっています。このような風向きが、私に大きな希望を与えてくれます。

こうした変化の第一歩はどのようにして可能になったのでしょうか？　何が原因で何が起きたのでしょうか？　答えは、あらゆるシステム変革と同様、すべてが一度に起きたということです。私たちがすぐにでも歩み始めなければならない大きな転換点の旅の最初の一歩を踏み出す条件が整ったのです。もちろん、最初の一歩を踏み出すのが一番難しかったかもしれません。

環境危機が制御不能になるか、それとも人類が目覚めて間に合うか、どちらの転換点が先に来るかです。科学が示すことはますます恐ろしいものになっていますが、社会全体が眠りの中から少しずつ動き出したように感じられたのは初めてです。私たちの頭が砂の中からくねくね出てきたのです。私たち全員が力を合わせれば、すぐにも必要な大きなシステム変化が、2年前よりできそうだと感じています。間に合うかもしれません。

コロナ禍は、世界が大きな変化の瀬戸際に立たされたときに発生しました。パンデミックは、すべての人の命に直接的な脅威を与え、人生で本当に大切なものは何かを改めて考えさせられました。ロックダウンは、人が立ち止まり、考え直し、再考する機会になりました。古いシステムがどのように動いていたかをみて、何をいつ、どのように変えなければならないのかを考えるヒントに、この本がなればいいと思います。

この新版では特に何が新しいのでしょう？　初版の前提や論旨、まして数値解析の結果などを書き換える必要性は感じていませんでした。けれども、新版を機に、不足していた部分を補い、重要なアップデートを行うことができました。

まず、全体を通して、言い回しを改め、最新情報を挿入し、図をいくつか直しました。何度も出てきた「気候変動」という言葉を、現在私たちが直面している状況をよりよく表す「気候危機」に置き換えました。コロナ禍を踏まえて、病気についても書きました。これまでに受け取った約700通のメールを検討し、全体的な加筆修正を行いました。そうして、この新版は初版よりずっと共同作業的な作品になりました。

新しいこととしては、これまでに現れた重要な変化要因について詳しく書きました。「絶滅の反乱」やストライキをする学生や生徒たちなど、抗議活動に関する短い章も設けました。また、私の研究について急増している質問に応えるために、ビジネス向けの内容も追加しました。オフセットは有効か？　ネット・ゼロとはどういう意味か？　どのように投資すべきか？　より良い世界に向けて何兆ドルかの資金を投入するために、金融資産のポートフォリオをどう管理すべきか？　最後に、私たち全員が今すぐに変化の一員となることがさらに強く求められていることを認識し、「何ができるか」の章で詳しく解説しました。

私たちは今、変化の旅をしています。この新版がこれまで以上にそれに応えられることを願っています。

お楽しみください！

マイク・バーナーズ－リー

1　IPCC (2018) Global Warming of 1.5 degrees C－Summary for Policy Makers. http://report.ipcc.ch/sr15/pdf/sr15_spm_final.pdf

日本の読者のみなさんへ

私の本が日本語に翻訳されたことを嬉しく、そして光栄に思います。世界第3位の経済大国である日本は、気候変動や生態系の危機に対して大きな力と影響力をもっています。世界のほぼすべての国と同じように、日本政府はもっと努力する必要があり、日本企業は気候変動に対してもっと真剣になる必要があります。日本の皆さんも、簡単ではないかもしれませんが、未来世代が良い生活を送ることができるようにするために、政治家やビジネスリーダーにもっと多くを求めなければならない時期に来ています。

つまるところ、この本で私が述べたかったのは真実と尊敬の必要性です。私の理解では、日本文化はそれを非常に大切にしています。ですから、すべての日本人が、直面する地球規模の課題をありのままにとらえて明確に発言し、世界のすべての人々とすべての生物種を真に尊重することに、この本が何らかの形で一助となれば幸いです。

私は皆さんとは地球の反対側に住んでいますが、私たちはこの美しくも壊れやすい惑星を大切にするという目標を完全に共有しています。Ganbatte ne !

本書の構成について

この本は、ほぼ全体が質問形式です。好きな順序で読み進めることもできるし、目次や索引からトピックを探すこともできます。最初から最後まで通して読めば、論理的な流れにもなります。

最初の数章では、物理的、技術的、科学的な問題を扱い、その後はもっと深い問題へと進みます。そして、価値観や真実の領域へと進み、最後には、新しい時代に対処するために私たちが学ばなければならない方法について考えます。

後半には**アルファベット順クイックツアー**（五十音順に並び替えた）を掲載しました。楽しく便利だと思います。他のところにうまく書き加えられなかったけれども掲載に値する事項を入れることもできました。アルファベット順（五十音順に並び替えた）に並べることで、ランダムでもまったく新しい順序になりました。この本の内容のほとんどは一つの文脈で書かれていますが、すべての事項が相互に関連しているので、一度全部に頭に入れておこうという考えを実践するのにも役立てばよいと思っています。

章末にまとめた注釈は、もう少し詳しく知りたいときに読めるようにしました。単なる参考文献リストではありません。文章の流れを良くするために本文には含めなかったけれど面白いことも書きました。

最後に用語についてです。この本が幅広く、面白く読まれ、利用されることを願っているので、できるだけ専門用語を使わずに、平易な用語を使うように心がけました。

本書の書評

…地球に優しい生き方を教えてくれるアレクサのようなものだ…すごいのは、この本が地球規模の経済と環境との相互関係の複雑さを楽しく学ばせてくれることだ。迫りつつあるかもしれない破滅の皿の上にスマイルフェイスと線香花火が添えられている。…“There Is No Planet B”（原書書名）には、私たちが当たり前のように享受してきた自然の驚異や自由や機会が、自分たちの番になったらもうなくなっているのではないかと心配する次の世代を奮い立たせる叫びがある。本書を買い、鍵となるガイドラインや考え方を取り入れれば、引き継がれた地球にも次世代が住めるようになる大きな手助けとなるだろう。

ニュー・サイエンティスト誌　アドリアン・バーネット

暗い時代に人類が繁栄するためのハンドブック…どうすればこの地球上で幸せに暮らし続けることができるのか。

フィナンシャル・タイムズ紙　レスリー・フック

何もできずに凍り付いている人々の心の支えになるハンドブック。

サンデー・タイムズ紙

誰が“There Is No Planet B”を読むべきかって？　みんなだ。マイク・バーナーズ-リーは、幅広く真実を伝えるハンドブックを書いた。読みやすいだけでなく、教育的でもある。

ニューヨーカー誌、“The Sixth Extinction: An Unnatural History”の著者
エリザベス・コルバート

地球の生物圏と資源に何が起きているのかを生き生きと説得力をもって評価している…私たちが変化を望み、地球をより優しく歩きたいと思うなら、何ができるかを教えてくれる。情報満載で幅広い内容の入門書に市民は感謝するだろう。

イギリス王室天文官　マーチン・リーズ

一口サイズの事実をまとめた、面白い要約本だ。現在の地球の状況を考えれば、非常に重要だ。

ビル・マッキベン

思いがけなく美しい喜びをもたらす行動ガイドだ。どれだけ知っていたとしても、本書を読めば、私たちが今どこにいて、それが唯一の惑星だということを知ることができる。あらゆる人が読めば素晴らしい。

Mars 三部作と New York 2140 の著者　キム・スタンレー・ロビンソン

持続可能性の知識が山と盛られたビュッフェだ。一度に全部食べてしまうこともできるが、一口ずつ楽しむこともできる。どちらにしても、ビュッフェを出るときには、より賢く、より健康的に、より楽しくなれる…マイクが温かくウィットに富んだ考えを語った本書はこれ以上になくタイムリーだ。

BBC 科学エディター　デイビット・シャクマン

とても気に入っている。根拠があり、確かで、実用的なガイダンスに埋め尽くされている。いよいよ複雑化し混乱した世界で、本書は常識と明快さ、そして何より希望の光として際立っている。

イギリス下院議員　キャロリン・ルーカス

謝　辞

多くの方が、データ抽出、グラフ作成、テキスト編集、アイデアの提供などに協力してくれました。サム・アレン、ケズ・バスカービル－マスカット、クリスティー・ブレア、サラ・ドナルドソン、ケイト・ファーンヨー、ルーカス・ジェント、カラ・ケネリー、モー・クッチマン、コーデリア・ラン、ロージー・ワトソンの皆さんに感謝の意を表します。

マイルズ・アレン、ニコ・アスピナル、リビー・デイビー、プーラン・デサイ、ロビン・フロスト、マグナス・ジョージ、クリス・グドール、クリス・ハリウエル、フィル・ラサン、トム・マヨ、リパート・リード、ジョナサン・ローソン、スチュワート・ウォリス、ニナ・ウイットビー、グレイ・ホワイトの皆さんからはアドバイスやコメント、励ましをいただきました。ニック・ヒューイットと私は、上記の方々からの協力を得て、第1部の中心になる食品に関する論文を執筆しました。

ランカスター大学は学際的アイデアを生み出す素晴らしい場所でした。社会未来研究所の皆さんや、この本のほぼすべてのテーマを取り上げた「グローバル・フューチャーズ」のイベントで意見を寄せて下さった皆さんに感謝します。

マット・ロイドとカップ・フォー・コンフィデンスの皆さんの考え、忍耐、そしてもちろん素晴らしい編集作業に感謝します。

改訂版の作成にあたり、初版に対するコメントやフィードバックをメールで送ってくださった何百人もの方々に感謝します。

すべての誤りの責任は私にあります。

私は次の3カ所で騒音や急用から逃がれ、視野を広げることができました。まず、私の庭の隅です。そして、大好きなスコットランドのコロンセイ島にある電気の通じていない金属製ボックスです。3番目は、カンブリア州西海岸の忘れられない日の出の場所です。クリスとエレーネ・レーンが鍵を貸してくれました。

そして何より、いつものように父親が機嫌悪く仕事に没頭するのに付き合ってくれたリズ、ビル、ロージーに感謝します。

目　次

序　章

新時代へようこそ！

有史以来ほぼずっと、人類は前年より多くのエネルギーを自由に使ってきました。過去50年間の成長率は年平均2.4％で、期間全体では3倍を超えます。その前の100年間は年1％程度でした。歴史をさかのぼるごとに成長率は低くなりますが、多少の変動はあってもプラスです。私たちは、エネルギー供給量を増やすだけでなく、より効率的にそして創意工夫して利用することで、継続的に力をつけてきました。その結果、偶然と必然が混ざり合い、ますます世界に強く影響が及ぶようになってきました。その一方で、地球の回復力はほぼ変わらないため、パワーバランスは変化し続け、今、それも崩れつつあります。歴史的にみても世界のどこの文明でも、地球は人間がどんなものを投げつけても平気な、大きくて頑丈な場所だと考えられてきました。そのやり方で私たちがしっぺがえしを食うこともありませんでした。

しかし、ここ数十年の間に状況が変わりました。具体的にいつからかは議論の余地がありますが、最近のことだといえるでしょう。100年ほど前の第一次世界大戦では、世界を破壊しようとしてもできませんでした。でも50年前、特に原子力によって、とんでもない失敗をしてしまえばすべてを完全に葬り去ることができるようになりました。今日では、失敗しなくても、このままでは危なくなってきました。失敗しないようにしっかり努力しなければ、私たちは環境全体を破壊してしまいます。そして50年後の未来、もしもエネルギーがこのまま使い続けられたら、勢いを増し続ける私たちの力に比べて、世界はさらにもろくなっていることでしょう。

人類が使うエネルギーの増大ぶりについて別の視点からみてみましょう。2004年12月26日にアジアで23万人の犠牲者を出した津波を思い出してください。この本を読んでいるほとんどの人が覚えているのではないでしょうか。大きな自然災害でした。津波で放出されたエネルギーは、そのときの人類の世界消費エネルギーの24時間分に相当しました。150年前の人類ならば、同じ量のエネルギーを獲得して使用するのに約1カ月かかりました。今では18時間ですんでしまいます[1]。

この「大きな人、小さな地球」症候群には便利な名前がついています。人新世です。私はこの用語を人類の影響が生態系変化の主要因になった時代という意味で使います。

私たちがこの「人新世」に到達しているという状況は、pH（酸性度）の滴定実験のようなものです。この実験ではアルカリ溶液とpH指示薬が入ったフラスコに酸をたらします。初めのうちはアルカリが優勢なので色は変化しません。けれども、徐々に酸を加えていくと、もう1滴たらすと突然バランスが崩れるところに至ります。フラスコの中は中和点を超えて酸性になり、指示薬は青から赤に変わり、フラスコの中の世界はまったく別物になります。私たちの地球規模の実験では、人類はどんどん力を加えてきましたが、何千年もの間、地球の回復力の方が勝っていました。生物種の絶滅はありましたが、自分たちが世界を大きくて頑丈な遊び場として使うことを私たちはずっと許してきました。それが突然もろくなりました。遊び方を大きく変えない限り、遊び場は壊れてしまいます。ここでの滴定実験はとんでもないです。化学の実験室では、中和点に近づいたと思えば、酸の加え方をゆっくりにしていくのですが、今、私たちは逆にどんどん加える力を強くしています。

これまで人類は、発展に合わせて拡大することができましたが、今、突然に、そして少なくとも当面の間は、それができなくなりました。大変化です。一つの惑星という制約を一時的なものと考え始めている人でも（これについては後で論じますが）、物理学者のスティーブン・ホーキングはこういいました。「少なくともあと100年は、宇宙に自立したコロニーはつくれないから、それまでは慎重に行動しなければならない[2]」

プラネットB（第二の地球）はありません[3]。

すべてについてのハンドブック

この本は私たちの小さな惑星に住む生命全体について語ります。運命を左右する目の前の選択についての、証拠に基づいた実践的ガイドです。これまで以上に良い暮らしをするチャンスをつかみ、暮らしが悪くなる、あるいはまったく暮らせなくなるという事態を避けるためのものです。世界規模の課題なのですが、一人ひとりにできることが書かれています。

数年前まで私は気候変動の緊急事態に絞った研究をしてきました。気候変動だけが問題だったからではありません。気候変動は人新世の課題になってはいましたが、他の環境、政治、経済、技術、科学、社会問題のごった煮から切り離して単純化した方がわかりやすく、扱いやすくかつ実用的だと思えたからです。けれども、気候危機は学際的課題として取り扱わなければならないことが、私にも次第にわかるようになってきました。

それから、気候の崩壊は目に見える環境問題なのですが、唯一の問題でも最後の問題でもないこともわかりました。気候変動については何十年も前から警告されていました。しかし、私たちはまず問題そのものを否定し、必要な解決策の効果も否定しました。さらには、実際に役立つ可能性のある世界的合意があるにもかかわらず、そこに向けても、言葉にならないほど不器用によろよろと歩くだけで、時間を無駄にしてしまいました。人新世では、すべての課題が警告を発してくれるとは限りません。グローバルガバナンスを実践しなければなりません。気候変動のようにわかりにくいことにも、はるかに短い期間で対応しなければならなくなるかもしれないからです。具体的にはどうすればよいのでしょう？　そこが重要なのですが、実はまだわかりません。私たちがどれほどわかっていないかを理解することが一つのポイントなのです。

私がこの本をハンドブックと呼ぶのは、個人から政府まであらゆるレベルの意思決定者に伝えることを意図しているからです。政策立案者や有権者、ビジネスリーダーに向けたメッセージの中には、ふだんの生活で使えるヒントもあります。さらには、気候変動、食料安全保障、生物多様性など、明らかな課題にはどう対処するかという、私が「集中治療」と呼ぶ事柄もあります。このような問題に加えて、切り離すことのできない問題があります。この種の課題を事前に回避するためにどうすればよいかという「長期的グローバルヘルス」という問題です。

様々な視点から覗く事実や統計、分析を楽しんでください。生活のあり方や、より良く生きていく機会もみえてきますし、思わず息を呑むようなものもあります。

私は全体をひとまとめにしました。食料、エネルギー、気候変動などの技術的問題をそれぞれに切り離したり、価値観や経済、考え方などと分けて考えたりしても、もう役には立ちません。これらの問題はすべて避けがたく絡み合っているため、これまでのような「少しずつ」というアプローチは適切ではありません。これらの複雑な問題を同時並行で、さまざまな学問分野や見方から考えていかなければいけません。

この本では、必要に応じて全体像と個別事項との間を行ったり来たりします。一つの学問分野から別の分野へ飛び移ることもします。そうすることで面白い冒険になればいいと思います。

私はこれまでに100回を超える講演、ワークショップ、セミナーで、いろいろな質問を受けてきました。「誰がこの問題をリードすべきか」、「人間は根本的に自己中心的なので、気候危機には対処できないのではないか」、「私が飛行機に乗らなくても、誰か他の人が私の席に座るのではないか」、「私は70億人の1人にすぎないのに、少しばかりのことをして意味があるのか」、「経済成長は止めなければならないのか」、「すべては人口に帰結するのか」、「どうせダメだとわかっているのに、なぜ悩まなければならないのか」、などなど。私は、低炭素社会がもたらすシンプルな自由と機会が良いことだと単純に思っていました。けれども、ダンカン・クラークと“The Burning Question”を執筆したときには、この問題にきちんと向き合うことはおろか、気候危機の本質を理解することさえ、ほとんどの人にはできないのではないかと、毎日のように考えるようになり、暗くなる気持ちと戦わなければならなくなりました。

でも、小さいけれど現実的な歩みをみて、また希望をもてるようになりました。それまで、私は自分のライフスタイルの中でジレンマや偽善に直面し葛藤してきました。自分が飛行機に乗らないでいるということなど無意味でばかげていると感じる一方で、乗ることに罪の意識も感じてきました。サイクリングが好きで、汚い恰好のままで仕事をすることの言い訳もしてきましたが、帰宅途中の自転車から転落して頭に怪我をした友人の話を聞いて気が滅入ったこともありました。世界最大のジレンマや紛争は、すべて私の頭の中のことだったのでしょうか？　もちろん、そうでないことはわかっています。しかし、私はかなり多くのことを考え、話し、理解してきたといわせてください。たくさんの賢い人たちの知恵を借りました。そして今、できる限りの協力を得て、本にまとめるときがきました。

この本は、私たちが自分に合った新しい生活様式に移行できるようにする方法についてです。私たちの居場所を壊さずに、力の有無にかかわらず成功するための活動方法です。

すべてがグローバル化して、私に何ができるのか？

私たちの時代の重要課題です。

私たちの力は強まってきましたが、人口も増えてきたので、一人ひとりの力は全体の中ではますます小さくなってきました。人類が地球上でずっと歩んできた道の中で、1人の力は1点の染みか1匹のアリのように思えてしまうでしょう。進んでいる方向が気にいるかどうかとは関係なく、私たちにできることなどほとんどないと考えたくなるかもしれません。

そうかもしれません。これから述べるように、地球規模のシステムでは、強力なフィードバックメカニズムが働いていて、これまでのところ個人だけでなく組織や国家がどれほど努力しても、ほとんど報われてきませんでした。現時点では、人類は増大するエネルギーや高まる効率、そして進歩する技術のダイナミックな相互作用のなすがままだったとみることができます。こうした変え難い潮流に対して、これまで人類はほとんど、もしかしたらまったく変化を及ぼすことができませんでした。例えば、気候変動対策が全世界で実施されていますが、そのすべてを足し合わせても、これまでの世界の排出量増加に対してはほんのわずか、あるいは何の影響も及ぼすことができませんでした。それは厳然たる事実です。エネルギーの増大と技術進歩はこれまでに多くの利益をもたらしてきましたが、もっとうまく制御しないと、そのまま進み続けてしまったら危険になるということが突然わかってきました。これに対処するためには、私たち人類は、このゲームの基準を引き上げ、同時に変えていかなければなりません。

物事がずっと単純だった時代に生み出されてきた解決策ではなく、新しい解決方法を早急に得なければなりません。でも、考え方を変えるのは簡単ではありません。私たちは何世紀にもわたって深く刻まれ轍(わだち)となった習慣に足をとられているからです。

一つの考え方として、進歩とのバランスを取り直す必要があります。技術的に進んできたからこそ、私たちは他の面でも素早く進歩しなければならない状況におかれています。人生はこれまで以上に素晴らしいものになるかもしれません。けれども、私たちに与えられた技術力と、それとはまったく違っていても相互に補い合える考え方を編み出してバランスを取らなければ、人生は良いものとはなりません。

これまで上手くできなかったのは、地球規模のシステムレベルで見れば私たちには物事を変える力はないということの証明なのでしょうか。私はそうは思いませんが、この本ではその疑問を真摯に受け止めようと思っています。大規模なシステムダイナミクスを詳しく調べ、そこに個人が実際にどのように役立てるのかを問いかけていきます。私たちには多くの人が考えている以上に影響力があるのですが、どのようなことが変化をもたらし、どのようなことがそうではないのかを理解し、もっと賢くならなければいけません。自分の行動の直接的な影響だけでなく、それがもたらす波及効果についてもよく考え、1人の人間、一つの企業、一つの国の行動が他のシステムによって打ち消されたり、相殺されたりしないで、どう広がっていくかを考えるべきなのです。

人にどうこうしなさいというのは、私の主義に反するのですが、この本には提案をたくさん書きました。私たちは何もできないと思いがちですが、そうではないことを皆さんに知ってほしいからです。私の提案はとてもシンプルなものばかりです。安心してください。完璧な人間になるためのライフスタイル・ガイドではありません。私自身、完璧な人間ではありませんし、読者のみなさんにそうなってほしいとも思ってはいません。しかし、私と同じように、みなさんも少しは気になっているでしょうし、個人的なことから地球レベルまであらゆる規模で何が意味あることなのか、もっと知りたいと思っているのではないでしょうか。だからこそ、ここから使えるものを見つけてほしいと思います。

この本の基盤となる価値観とは？

価値観という重要テーマについては最後に独立した章を設け、純粋に実用的観点から次の100年を繁栄させるためにどのような価値観が有効で、どのような価値観がそうでないかをみていきます。ここでは、この本の基盤となる価値観を記しておきます。もしも、あなたがここに書かれていることやそれに近いものなどとは、とてもやっていけそうもないと感じるのならば、ここから先を読む意味はほとんどないかもしれません。読むのをやめれば、少なくともあなたの時間の節約になります。

私は、すべての人が人として等しく本質的価値をもっているという観点から本を書いてきました。金持ちも、貧乏人も、黒人も、白人も、アメリカ人も、ヨーロッパ人も、アフリカ人も、中国人も、シリア人も、イスラム教徒も、仏教徒も、キリスト教徒も、無神論者も、誰もが同じように本質的価値をもっています。それは多くの人にとって、あまりにも当たり前であり、わざわざ書き留める価値もないと思われるかもしれません。しかし、考え方の背景にある価値観は経済、食料政策、気候政策など人新世で繁栄するために必要と考えられるあらゆることに大きな影響を及ぼすのですが、明確に示されないことがあまりにも多いのです。はっきりさせておきたいのは、すべての人間の価値が本質的に等しいという原則は、世界共通だということです。この原則は、世界の指導者にも、真実やフェイクのニュースを流す人にも、疲れ知らずの援助隊員にも、左翼にも右翼にも、億万長者にも貧乏人にも、自分の子どもにも他人の子どもにも、さらには、子どもや孫のふりをしてお年寄りに電話をかけてお金をだまし取ろうとする人にも適用されます。人の本質的な価値は、その人が置かれている状況や、人生の中で自分や他人が行った選択とは無関係です。

他の生物についても、人間が他の生物を食料や薬として必要としているという現実的な理由だけでなく、存在価値があります。息子は、キクイムシとキクイムシと同じ大きさしかない人の胎児との相対的な価値について尋ねてきましたが、その質問には答えられませんでした。ただ、この本では、あらゆる形の生命が重要であるとだけいっておきましょう。

私はこの価値観を一貫して保とうと思ってはいるのですが、日常生活や政治の世界で起こっていることの多くは、この単純な原則にまったく反しているので、簡単ではありません。また、私自身の生活の多くがこの価値観と矛盾していることは、それほど深く考えてみなくてもすぐにわかります。それは明らかですし、私が聖人君子というわけでもないですから。

こうした価値観に基本的に同意できるのであれば、いくつかの意味合いを考えてみましょう。自分の国のために良いことをしたいと思うかもしれませんが、他の国を犠牲にしてまでそれをしたいとは思わないということです。自分の国を「偉大な国」にしたい、あるいは「再び偉大な国」にしたいと思っていても、他の国の「偉大さ」を犠牲にしてまでそれを実現しようとしないように配慮します。自分の子どものために最善を尽くしたいと思うなら、他人の子どもを犠牲にしてまでそれを実現しようとは思わないということです。病院で年老いた両親が最善を尽くされないままに死んでしまわないようにするためだからといって、同じように治療を必要としている他の人のリソースを不釣り合いなまでに奪わないようにすることです（これは難しいことです。私もその場に居合わせたことがあります）。自分の国がEUに加盟すべきかどうかについて投票する機会が与えられたら、自分の利益だけでなく国全体の利益、さらにはEU全体と世界全体の利益について考えることです。あなたが買い物するときには、あなたが買うのは製品そのものだけではなく、その製品の生産に関わったすべての人にとって何らかの意味があります。それは隠れた事実であり、広告業界ではほとんど無視されているのですが、私たちはそうしたことにも耳を傾ける方法を見つけなければなりません。

何を目指せばいいのか？

誰もが納得できる普遍的ビジョンは可能でしょうか？　気候の崩壊を抑えようという考えは、被害を最小限に抑えるために必要とは思えますが、それだけでは大方の人を奮い立たせることはまったくできません。むしろ、楽しみを放棄しなければならないことだと思われてしまいます。人は誰も嫌なことは考えたくないので、スイッチを切ってしまいたいという誘惑には抵抗し難いのです。好むと好まざるとにかかわらず、それが人間の心理です。信じられないような未来のファンタジーを想像しても役に立ちません。価値あるものを手に入れることが不可能だという思いが生まれてしまいます。

幸いなことに、現実的な改善の余地は十分にあって、期待することができます。これまでのところ、人は経験を最適化することはできませんでした。大きな問題に対処すれば、それが物事をより良い方向に立て直すチャンスにもなります。しかし、未来はどうあるべきか腰を据えてじっくり想像しなければ、結局は「いつも通り（ビジネス・アズ・ユージャル）」の道を歩むことになります。

人の見方はありがたいことに人それぞれなので、ここで厳密な処方箋を書くつもりはありません。その代わり、私たちが目指せて、ほとんどの人が望むであろうことをスケッチしてみました。完璧なものを期待しているわけではありませんが、そこに近づけば近づくほど、人生はより良いものになるでしょう。その方向に向かおうとするだけでも良い経験になるはずです。

そうです。この本はそうした方向に沿って未来に向かいます。

未来の空気はより新鮮です。人生はより健康的で、より長く、よりリラックスして、より楽しく、よりエキサイティングです。私たちの食生活は変化に富み、美味しくてヘルシーです。社会的にも物理的にも、より多くの人が自由になります。旅行は簡単になり、移動に費やす時間は短くなります。それぞれの瞬間に、他の人も同じことをできるという平等な権利を尊重しながら、人生を有意義だと思える方法で自由に生きていると感じられます。あらゆるレベルで暴力が減少します。都市には活気があり、田舎には野生生物があふれています。仕事はもっと楽しく、プレッシャーは人からかけられるのではなく自分自身にかけることが多くなります。政治やメディアをはじめとするあらゆる場所で、よりしっかりとした信頼と真実が期待でき、主張でき、得られます。周囲の人々との間だけでなく、地球規模のつながりも深まります。自分の時間と関心をもっと他の人に向けられ、周辺で起きていることにもっとよく気付き、楽しめます。楽しみのために競争することもあるかもしれませんが、本当に重要なことでは、これまで以上に協力し合うことです。

もちろん、そこでもまだやるべきことはたくさんあり、そうした中で私たちがそれぞれどのように生きていくかは人それぞれです。どうぞ自由に書き加えてください。あなた自身がどのようにしてこの惑星Aのどこで生活に溶け込んでみたいかを考えてみるのはどうでしょうか。

結びの言葉ではなく…

この本の多くは、ほとんど自明な証拠を並べるだけですが、私が解釈を加えた部分については、それが理にかなっていると思ってもらえれば幸いです。もちろん、私はどのようなテーマについても断定的に書いたとは思っていません。私が示したのは大まかな方向性であり、改善されることを願っています。どこかで間違っていたら、それに気づいてもらえればありがたいです。必要な議論が巻き起こることを望みます。より良くするために私が書いたことを否定してくれる人がいれば嬉しいですし、見逃している部分があるなら、そこを補ってもらえれば、最後にはあなたが私よりもっとよく理解することになるでしょう。建設的な意見と改善点を mike@theresnoplanetb.net までお寄せください。私の試みがどんなに不完全であっても、それぞれの見方が正しくても、一つだけの方向から物事を覗くより、全体を大づかみに俯瞰する方がよいと確信しています[4]。

ツイッターをお使いであれば、#NoPlanetB で意見の共有ができるでしょう。

---

1 津波のエネルギー推定値 1×10^{17} J は、ウィキペディアを参照しました。www.wikipedia.org/wiki/Orders_of_magnitude_(energy)。この値は、米国地質調査所国立地震情報センターの「USGS Energy and Broadband Solution」から引用しています（Archived from the original on 4th April 2010. Retrieved 9th December 2011）.
世界のエネルギー使用量は、“BP statistical review 2017”から引用しました。人間が食べる食物のエネルギーは含めていませんが、この本の後半では人間へのエネルギー供給の一部として含めています。全体の 5 %程度になります。

2 スティーブン・ホーキング博士が 2016 年行った第 2 回レイス講演会後の質疑応答より。全文は以下です　https://tinyurl.com/ReithHawking

3 “There Is No Planet B”（プラネット B は存在しない）。この便利な言葉を 2018 年の演説で語ってくれたマクロン・フランス大統領に感謝します。もともとは2011年にホセ・マリア・フィゲレス元コスタリカ大統領がつくった言葉だったと思います。2014年には当時の潘基文国連事務総長が使いました。また、気候変動に取り組む小学校の国際的プロジェクトにも使われています。www.theresnoplanetb.co.uk/

4 これに気づいたのは、私だけではありません。例えば、ケン・ウィルバー著“The Theory of Everything: An Integral Vision of Business, Politics, Science and Spirituality”（Shambhala, 2000年）などがあります。

1 食 料

人は、今、どのように食べ物を得ているのでしょう。これからどう改善できるのでしょうか。何ができるのでしょうか。誰もができることは何でしょうか。

まずは、世界のフードシステムから全体を眺める旅を始めましょう。食べ物は人類のエネルギー源ですし、今も昔も欠かせないものですから。

私たちは陸や海を様々な視点から同時に管理する必要があります。増え続ける人口に、健康的でおいしく、低炭素な食を提供しなければいけません。けれども、その一方で、とりわけ気候変動によって土地の肥沃さが低下しつつあります。失われつつある生物多様性を維持・向上させながら、資源管理と食料供給を行う必要があります。パンデミックや忍び寄る抗生物質の危機、爆発的なプラスチック汚染も乗り越えなければだめです。そのようなことが過去50年の間に忍び寄ってきていることに、私たちは今になって気が付きました。これからも逃げられそうにはありません。それだけでは足りません。炭素を地下に戻す方法はよくわかっていませんが、そのために土地が必要であることは明らかになってきました。そして、もちろん、土地は住居やレクリエーションのためにも必要です。

それは人間中心の考え方です。動物も感覚をもった存在として重要かもしれないと、ここで私がいい出したら、こいつはヒッピーだと決めつけてしまう人がみなさんの中に何人いるでしょうか？

うんざりするほど複雑なことなのですが、幸いなことに、わりと単純な分析を行えば、いくつかの大事なことが明らかになります。政策の立案者、生産者、小売業者、あるいは食べるだけの人。すべての人が知っておくべきだと私が考える大切なメッセージがあります。そのメッセージが私たちに何ができるのかについて、多くを語ってくれます。

食べ物のエネルギーはどのくらい？

人は今も昔ながらの方法で全エネルギーの約５％を消費しています。食べることによってです。１日の必要量は平均で 2,350 kcal ですが、実際にはそれより約 180 kcal 多く食べています[1]。

2,350 kcal というのは、世界の人の年齢、性別、体格、ライフスタイルの違いを考慮した数字です。ワット数に直すと 114 W です。大型プラズマテレビはそのくらいのエネルギーを使います。スイッチが入った電気ポットなら、その約15倍のエネルギーを消費します[2]。

世界で生産されている食料はどのくらい？

世界では、毎日1人あたり5,940 kcalが生産されています。平均的な人が健康のために必要とするカロリーが2,350 kcalですから、その約2.5倍になります。

そんな統計をみれば、地球は食べ物が豊富な惑星だと思えてしまいます。

でも、地域によって大きな開きがあります。北米では必要なカロリーの8倍つくられています。ヨーロッパやラテンアメリカでも、食べなければならない量の「ちょうど」4倍です。けれども、サハラ以南のサブサハラアフリカでは、必要量の1.5倍しかつくられていません（図1.1）。

では、地球上でどうして飢える人がいるのでしょう。アメリカ人は生産したカロリーをどうしているのでしょう。そうした疑問が湧くかもしれませんね。

答えを見つけるには、畑から食卓までの道のりをしっかりみることが大切です。

つくられた食べ物はどうなる？

1人あたり約1,320 kcalが捨てられ、810 kcalがバイオ燃料になり、1,740 kcalが動物の餌になります。

（肉好きの人も安心してこの先を読み続けてください。完璧なベジタリアンやビーガンになりたくない人は、そうならなくても構いません）

このシンプルなグラフ（図1.2）は、世界の食料と土地の複雑さを乗り越えて、意外だけど本質的な点を教えてくれます[3]。数字は1人1日あたりの生産カロリーです。私は10年ほど前から持続可能な食に強い関心をもっていて、多くのことを知っていると思っていたのですが、最近になって初めてこの数字をきちんと計算して目が覚めました。

1日に1人あたり5,940 kcalのカロリーが生産されてから後はこうなります。畑から胃袋に届くまでの道の出発点に2種類の無駄があります。340 kcalが収穫されません。その中には先進国が決める行き過ぎた品質基準に達しなかったり、需要を上回って生産されてしまったりしたために、もったいなくも土の中に放置されたものもあります。けれども、大半は非効率な収穫によるものです。改善の

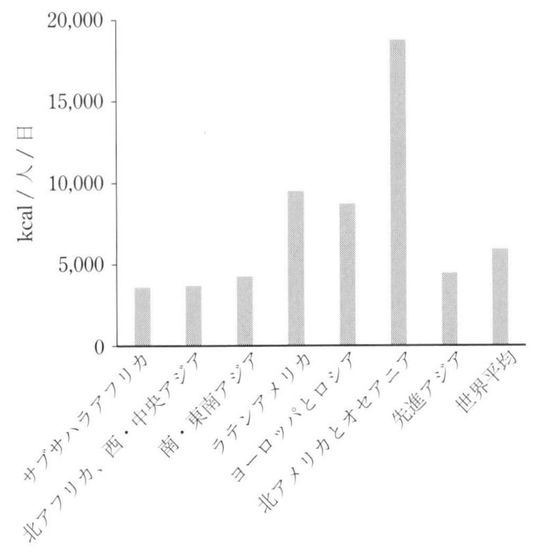

図 1.1 植物性食品の 1 人 1 日あたりの生産量

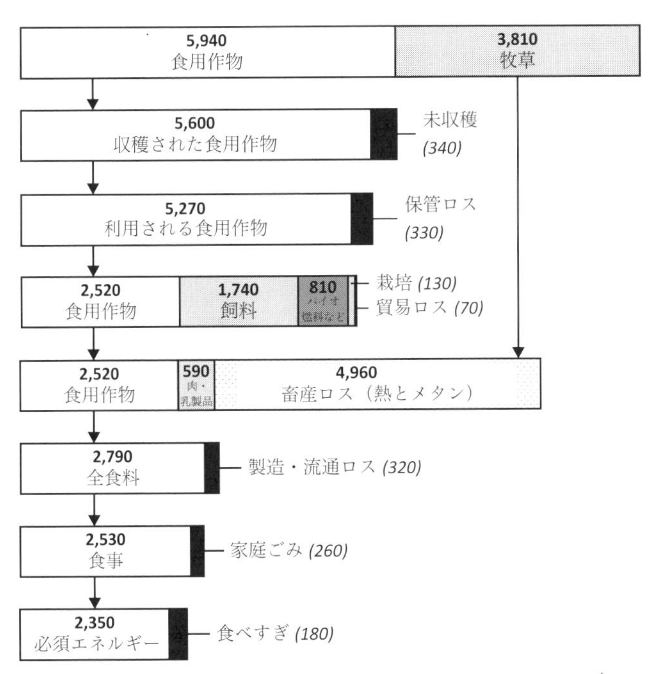

図 1.2 世界の食品が畑から胃袋に届くまで。単位は kcal/ 人 / 日[4]

余地はあるのですが、収穫ロスを完全になくすことは不可能です。さらに、330 kcalほどが貯蔵中に失われます。主に貧しい国の問題です。単に乾いた密閉容器がないということが原因になっていることが多いのです。このロスを削減する余地は十分にあります。

それでもなお、5,270 kcalという相当量のカロリーがまだあるのですが、そこから先は四つに分かれます。

少量ですが130 kcalはまた植えられます。来年も食べられるので良いことです。そして、810 kcalが食用以外に使われます。主にバイオ燃料です。動物は1,740 kcalも食べてしまいます。それでも人間が食べる植物はまだ2,520 kcal残っています。

その後には流通や食品加工で比較的小さなロスが出ます。そして、家庭がかなり無駄にします。結局、肉や乳製品を含めると、平均的な人間は2,530 kcalを食べていて、健康的な食生活に必要なカロリーを180 kcal上回ることになります。

世界的に余っているのに、栄養不足の人がいるのはなぜ？

ほとんどの場合、その人たちは健康的な食品を買うことができないか、選んでいないことが原因です。

世界レベルでみれば、かなりの過剰消費ですが、約8億人が栄養不足（カロリー不足）に陥っていて、さらに約20億人が、タンパク質や鉄、亜鉛、ビタミンA、ヨウ素などの必須微量栄養素が不足している「隠れた飢餓」状態に陥っています[5]。

誰もが健康的な食生活を送るためには、次の四つが必要になります。

(1)　すべての栄養素が十分に生産される。

(2)　それがすべての人に届くまで輸送される。

(3)　それを誰でも買うことができる。

(4)　手ごろな価格の選択肢から、良い食事を選ぶことができる。

今日、最初の条件はすでに満たされました。カロリーは14％余っています。ランカスター大学の人たちと、人に不可欠なあらゆる栄養素について分析を行いましたが、結果は同じでした[6]。

サプライチェーンは、支払いができて経済的になりたつところであれば、世界のどこにでも届けることができます。2番目と3番目の条件は富の分配に行き着きますが、これについては後で詳しく見てみましょう（第5章参照）。

4条件を合わせて今日の食料供給と人口を考えると、すべての人が健康的な食生活を送るのに重要な要素は二つしかありません。お金と選択です。今日、誰もが健康的な食事を手に入れられるわけではない最大の理由は不平等です。これを解決しなければ、総供給量が増えても飢餓はなくなりません。富の分布をみれば、問題なのは絶対的な富ではなく、相対的な富だということがはっきりわかるでしょう。

選択は複雑な問題で、教育、文化、精神的健康、個人的な好みなどが組み合わさっています。

重要なことは、今日、世界レベルでみれば食料不足で飢える人はいないはずだということです。問題になっているのは、豊富な栄養をどう分配するかです。

食べすぎ人口が爆発しないのはなぜ？

幸いなことに、太った体はエネルギー効率が悪くなります。さもないと、私たちの多くは…

もしも1日180 kcalの正味の過剰消費の全部が体重に結び付いたら、普通の人は毎年約8 kgずつ体重が増えます[7]。そうなってしまえば、数年で悲惨なことになるでしょう。ありがたいことに太ると効率が悪くなり、1日を過ごすのにより多くのエネルギーを消費するようになります。

もしも、すべての人が健康的な体重になり、それを維持するために必要なだけを食べるようになれば、これから増える10億人のためにも食料が確保できるでしょう[8]。それと並んで、他の健康福祉にもメリットがあることも明らかです。でも、「言うは易し、行うは難し」なんですね[9]。

message

次に懸念事項である世界の食品カロリーの流れからはみ出した動物の役割について詳しくみてみましょう。

動物から得られるカロリーはどれくらい？

動物は肉や乳製品の形で人間のフードチェーンに590 kcalを提供しています。その一方で、動物は3,810 kcalの草や牧草に加えて、人が食べられる食料も1,740 kcal食べています。

平均すると、家畜は食べたカロリーの 10 %だけを肉や乳製品に変換します。残りは、体を温めたり、歩き回ったり、メタンを排出したり、糞をつくったりするのに消費します。家畜の餌の 3 分の 2 以上は、人が直接には食べることのできない草や牧草ですが、家畜に与えられている食用作物も、全人類が必要とするカロリーの約 4 分の 3 あります。

私たちは草や牧草を食べることはできませんが、それをつくるために使われている土地の一部は食用作物のために使うことができるし、残りの一部は生物多様性のために確保してもいいでしょう。

効率については法則が二つあります。第一に、動物は殺さずに卵やミルクをとった方が変換率は上がります。第二に、動物が暖をとったり、動き回ったり、長生きしたりしなければ、無駄なエネルギーは少なくなります。だから、変換効率は、牛肉で特に低く（通常は約 3 %）、卵や牛乳では最も高く（約 18 %）なります。もちろん、ここでは動物を感覚のある存在として考えているわけではありませんし、そう考えないことが適切であるというわけでもないのですが。

動物は私たちのタンパク質供給にどれだけ貢献しているのか？

貢献していません。世界の飼育動物は食べたタンパク質の 4 分の 3 近くを壊していますが、そのほとんどは人が食べられる食用タンパク質です。

平均的な人が健康的な食生活を送るためには、1 日約 50 g のタンパク質が必要です。世界中で拡大している畜産・酪農業を保護するためにそういわれることもあります。

カロリー同様、タンパク質も畑から食卓まで追跡することができます（図 1.3）。そうしてみると、いくつかの神話を覆すことができます。まず、食用の植物性タンパク質を動物に与えなければ、人はずっと多くのタンパク質を得られます。次に、世界ではカロリーよりタンパク質の方が余っています。最後に、タンパク質を均等に分配するのはカロリーより難しく、そのことが問題を複雑にします。カロリーは、ある程度は自分で調整することは可能ですがタンパク質は違います。必要なカロリーの 2 倍をずっと食べ続けていれば、すぐに不健康になりますが、タンパク質では同じことをしても気がつきません。

実は、動物はタンパク質を構成するアミノ酸のすべてをつくり出すことができません。動物が蓄えたり破壊したりできるのは、9 種類の必須アミノ酸だけです。

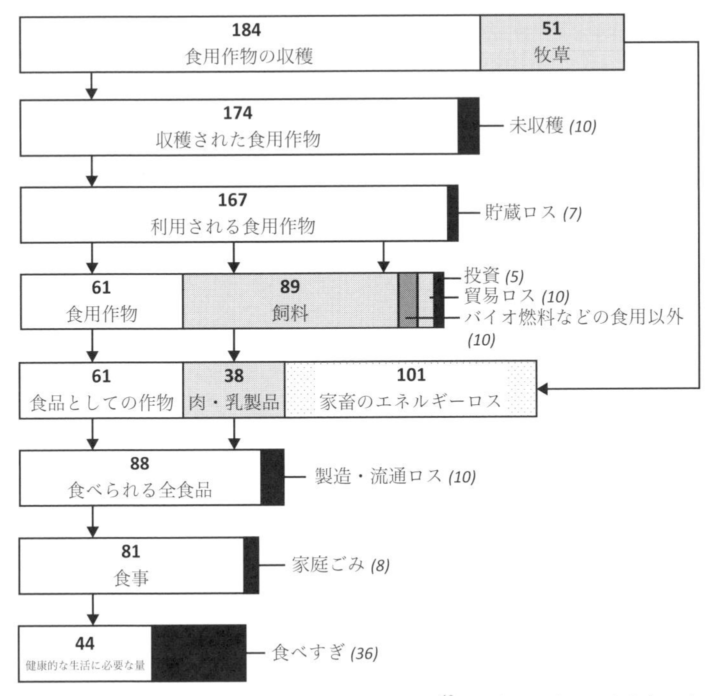

図 1.3 世界のタンパク質が畑から胃袋に届くまで[10]。数字は1人1日あたりのタンパク質のグラム数

鉄分、亜鉛、ビタミンAを摂るために動物は必要？

いいえ。サツマイモ100 gで1日に必要なビタミンAを摂ることができますが、動物は鉄や亜鉛の供給量を減らします[11]。

タンパク質と並んでこれら3栄養素の不足が、カロリー以外の栄養不足を意味する「隠れた飢餓」の主原因です[12]。

動物は鉄と亜鉛の両方を完璧に消費してしまいます。鉄の場合は複雑で、人は肉からの方が鉄を摂取しやすいので、1gあたりの価値は高くなります。けれども、その点を考慮しても、動物はミネラルの摂取量を減らします。動物は肉や乳製品として人に供給する量の10倍以上の鉄を食用作物から食べています。鉄分は植物より肉の方が生物学的に利用されやすいので、数字を控えめに4倍としても供給量は減少します。亜鉛でも、食用作物を動物が食べて、肉や乳製品として提供する量は、元の植物に含まれる量の5分の1以下になります。

ビタミンAはちょっと違います。人に不可欠な数少ない栄養素の一つですが、食用作物から摂取する量よりも動物がつくる量の方が多いのです。そのため、ビタミンAが日常的に食品に添加されていなかった時代には、鶏肉や乳製品をより多く食べることが大切だとされてきました。しかし、強化栄養食品の出現により、状況は一変しました。ビタミンAは油や小麦粉に簡単かつ安価に添加することができるので、イギリスやアメリカなど多くの国で栄養強化が日常的に行われています。おもしろいことに、中国ではサツマイモが食べられているので、栄養強化食品や肉、乳製品を食べなくても足りる数少ない国になっています。ビタミンAが気になる人は、100 g のサツマイモを食べれば 709 μg を摂取することができます（1日の推奨摂取量は 700〜900 μg）。サツマイモは船で輸送できるので、どこにいても持続可能な食生活を送ることができます。目立ちませんが、ニンジンやオリーブ、葉物野菜もとても優れています[13]。そして、そのどれも食べられそうもないときには、錠剤を飲めば簡単かつ安価な最終手段になります。

普通にみれば、動物性食品は 21 世紀の微量栄養素問題の解決策ではありません。ただし、世界的な食料経済圏から外れ、適切な医療も受けられないような地域では別です。このようなところで、多様な食事が摂れなかったり、サプリメントや栄養強化食品が入手できなかったりする場合には、肉を少し食べれば様々な必須微量栄養素を簡単に補うことができます。しかし、この本を手にできる人は、そのような状況にはないでしょう。

動物にはどれくらい抗生物質が投与されている？

1 年間に生産される抗生物質の 3 分の 2 に相当する[14] 63,151 トン[15] が動物に使われていると推定されます。その一部は、肉やミルクを通して私たちに流れてきます。

私たちほぼ全員の健康が向上し、寿命が延びてきたことは、現代技術がもたらしてくれた恩恵の賜物です。抗生物質がなくなってしまったら、その恩恵はバスタブの排水口に吸い込まれるように消えてしまいます。けれども、問題もあります。耐性菌の発生と新薬開発競争は、誤った方向に進み、厄介な結末をすぐ迎えてしまうかもしれません（私には特に現実味のあることです。というのは、この 5 年の間に新薬が開発されていなかったら、私は生きていなかったかもしれません。両親は確実に死んでいたでしょう。私の娘も足を切り落とされていたか、もっと悪いことになっていた可能性もあるからです）。もしも、あなたが抗生物質を必要とする深刻な状況にあるとするなら、抗生物質のない世界なんて、想像を超えた恐ろしい悪夢の世界でしょう。

動物に抗生物質が投与されるのは病気を治すためではなく、病気を予防し成長を促すためです。開発途上国では食生活が間違った方向に変化し、農作業がますます集約化しているため、使用量が急増しています。その結果として、動物たちから耐性菌が発生し、それが私たちに感染しています。でも、すべてを農家のせいにすることはできません。なぜなら、人にも抗生物質が不必要にしかも大量に使われているからです。

私には何ができる？

WHOは基本的なアドバイスを発表しました[16]。ここでは、そのポイントと、食事ついての私の考えをお話します。

・必要なとき以外には抗生物質を服用しないで、服用するときには指示に従ってください。
・治療ではなく予防のために日常的に抗生物質を使用している農場で生産された肉や乳製品は控えましょう（関連する知識がなければ、最悪の事態を想定することが安全といえます）。「オーガニック」を表示するためには、抗生物質の使用制限基準が遵守されていなければいけません[17]。
・感染の未然防止のために、衛生管理を徹底し、最新の予防接種を行いましょう。
・農家は成長促進や病気予防のためには抗生物質を使わないようにして、予防接種や農場の衛生管理を徹底するべきです。

工場式畜産でパンデミックの可能性は高まるのか？

はい。現在の農法が新型コロナウイルスの感染を速めた可能性は高そうです。

動物から人間に感染する新型コロナウイルス感染症（COVID-19）が世界を恐怖に陥れている中で、私はこの文章を書いています。他の生物から人間に感染する病原体によるパンデミックが何世紀にもわたって何度も発生しています。有名なのはエボラウイルスとヒト免疫不全ウイルス（HIV）ですが、500年間に15種類のインフルエンザが鳥類から発生しました。しかも、発生頻度は上昇の一途をたどっています。COVID-19は大規模災害をもたらす病気の性質のいくつかをもっていますが、全部あるわけではありません。だから、今回の犠牲者数は多くありませんでした[*1]。症状が現れる前からとても強く感染するようですが、少なくとも今のところは、エボラウイルスや2004年のSARSウイルスに比べれば、感染力はずっと弱いようです。今回は軽くすんだともいえますが、注意喚起と受け止めるべきでしょう。

この文章を書いている間にも、私を含む多くの人々が、この瞬間が人類に必要な大改革の始まりになるのかどうか考えています。しかし、この食料の章では、「われわれの食事と農業システムはどう関係しているのだろうか？」について考えましょう。

COVID-19がどのように発生したかについて、詳細はまだ分かっていませんが、パンデミックのリスクを高める要因があることは明らかです。

まず、動物が密集していると、ウイルスが急速に変異して、より危険な形態に変異する可能性が高まります。鶏に限ったことではありませんが、動物を多数密集させている工場式畜産の特徴です[18]。工場式畜産では、食肉の品質と収量を向上させるために選択的な品種改良が行われるので、飼育される家畜の遺伝子の多様性がほとんどありません。そのため、動物の間でウイルスが拡散する可能性が高く、ウイルスが変異する可能性も高くなります。しかも、効率的な工場生産が進んだため、中国では従来の食肉市場から追い出された小規模農家が野生動物の養殖を始めました。COVID-19の場合、起源はコウモリで、別の飼育哺乳類の中間段階を経て人間に飛び火した可能性が高いと思われます[19]。

どのように解決すればよいのでしょうか？　肉食を減らして、飼育方法に気をつける。動物の間隔を広く取る。遺伝子が近い動物の飼育を減らす。世界の食肉市場をより良く規制する。「ホメオパシー」*2の薬をつくるために行われている絶滅危惧種の取引を減らすことです。

大豆栽培のための森林破壊はどのくらいあるのか？

大豆を責めてはいけません。牛や羊に食べられてしまうことが問題なのです。

人間の必須栄養素のほとんど全部が大豆に含まれ、牛肉や羊肉よりも多く含まれています（図1.4）。牛や羊に大豆を食べさせてしまうと、その10分の1の重さの肉にしかなりません。人の栄養面からみれば最悪です。けれども大豆が森林伐採の原因になっているといわれていますがそれは間違いです。

二つ目の大豆についての誤解は、「おいしくない」というものです。豆乳や豆腐でも、豆のままでも美味しく食べられます。

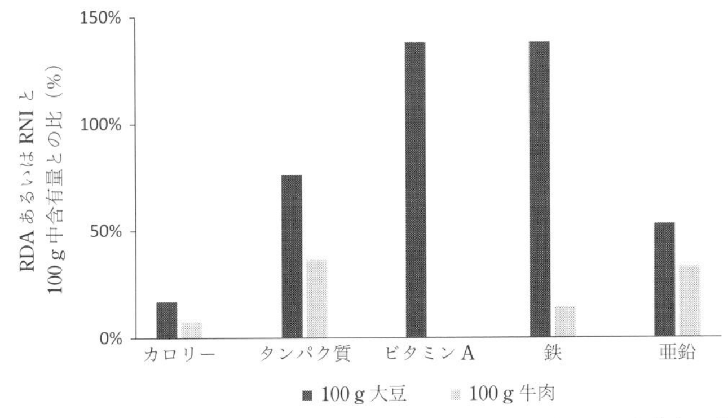

図 1.4 大豆 100 g と牛肉 100 g に含まれるカロリー、タンパク質、微量栄養素の推奨栄養所要量（RDA）*3 あるいは栄養要素基準摂取量（RNI）*4 との比

農業のカーボン・フットプリントは？*5

食料や土地に関連する排出量は世界全体の 23 %を占め、無視できないほど大きいのです[20]。

気候変動問題に関心をもつ人々の多くが、化石燃料を地下に留めておくのにどうすればよいかということに疲れ果てて、食料や土地にまで目を向ける元気は残っていないようです。理解できますが、それではすみません。食料と土地からの排出は、それだけで気候の問題として十分な量なのです。気候変動の議論の中

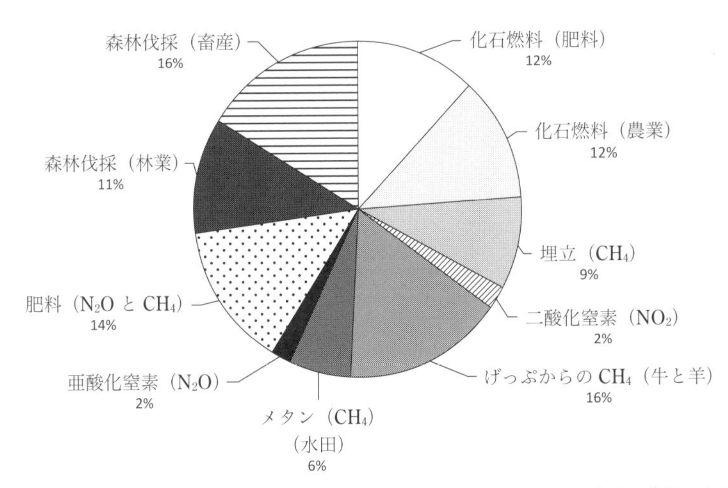

図 1.5 人類の温室効果ガス（GHG）フットプリントの 23 %を占める食品と農業の内訳

では忘れられがちな存在になっていますが。

人間の温室効果ガス排出量は二酸化炭素換算（CO_2e）で、およそ年間500億トンになりますが、そのうち約23％が食料と土地に起因しています。農業における最大のCO_2発生源は森林伐採で、ほとんどが食肉生産によるものです。木材によるものもあります。木が伐採されると、そこに蓄えられていた炭素が失われますが、さらに重要なことには、数年の間に土壌に蓄えられていた炭素のほとんどが失われてしまうことです。肥料の製造や農機具の動力源、輸送に使われる化石燃料から排出されるCO_2が全体の24％ですから、それと同程度です（図1.5）。

人間が輩出するメタンのほとんどが食料と土地に起因しています。大きな発生源は、腸からの排出（牛、羊、山羊が反芻して出すげっぷ）、水を張った水田、管理の行き届いていない埋立地での食物の腐敗です。亜酸化窒素の約3分の2も食料に起因します。

それぞれの食品のカーボン・フットプリントはどのくらいか？

図1.6は、38,000以上の農場が環境に及ぼす影響を調査した膨大な研究結果のメタ分析から引用したものです[21]。

平均的な人が健康的な食生活を送るためには、1日に約50gのタンパク質が必要になります。牛と羊は反芻（メタンを吐き出すこと）するため、影響が最大になります。さらに、牛の場合には、飼料生産や放牧のために土地が伐採されるので、それに伴う森林伐採が多くあります。乳製品は肉類よりも負荷が低くなりますが、それは動物を殺すよりタンパク質生産者として生かしておく方が「効率的」だからです。肉の中では、鶏が大型動物より効率的です。抗生物質を多く投与して、無駄に歩き回らないようにしてエネルギーの消耗を避け、屋内で密に飼育して暖かく保てば早く成長します（24ページのcolumn参照）。肉や乳製品のための飼料生産に伴う土地利用変化に注意してください。また、植物由来のタンパク源はどれもきわめて負荷が低いことにも注目してください。

主食となる炭水化物はどれも比較的低炭素ですが、その中では米の発生量が多くなります（次の問いを参照）。トウモロコシは効率的な光合成をするので（章末の訳者注＊22参照）、最も良い結果が出ます。キャッサバや多くのトウモロコシ、一部の小麦に関係する森林破壊にも注意してください（図1.7）。

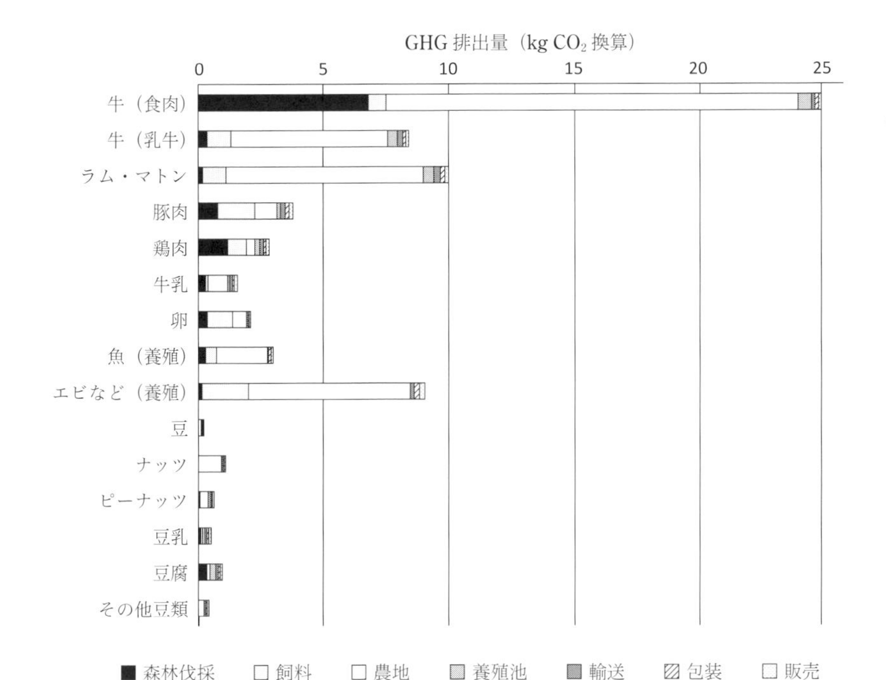

図 1.6　一般的なタンパク源 50 g あたりのサプライチェーンのステージ別 GHG フットプリント

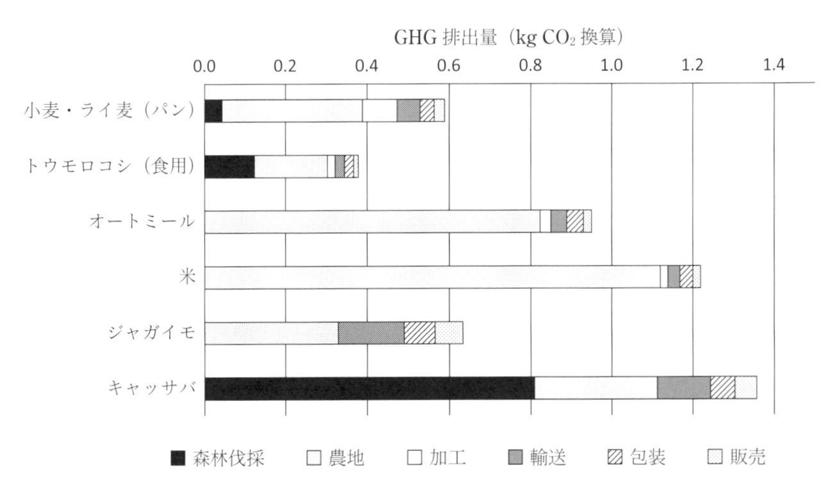

図 1.7　主要炭水化物の 1,000 kcal あたりのサプライチェーンのステージ別 GHG フットプリント

column

鶏肉がベストの肉か？

排出量でみれば鶏肉は最も「環境に優しい」肉になるので、意識の高い雑食主義者は最良の選択肢だと考えるかもしれません。けれども、炭素証明書では鶏肉は輝いていますが、養鶏は地域環境と地球環境の両方に様々な問題を引き起こしてもいます。

ブロイラー（食肉用に飼育されている鶏）は、早く成長するように飼育されていて、それが骨格の変形や先天性心疾患など多くの動物福祉上の問題を起こしています。また、一つの鶏舎で多数の鳥を飼うので、ウイルスや細菌などによる病気が蔓延しやすくなります。抗生物質を大量に使えば、短期的には感染防止には役立ちますが、薬剤に対する微生物の耐性を高めてしまいます。つまり、この農業システムでは、抗生物質を使うことで菌の耐性を高めてしまうことと、抗生物質を使わないことで人間が感染してしまうリスクとの間にトレードオフの関係があるといえます。どちらにしても人間にとっては厄介なことです。最も倫理的な鶏の飼育方法が放し飼いであることは明らかで、近年、放し飼いを求める声が高まり、法律も整備されてきましたが、環境への影響も多数現れてきています[*6]。

特に注目されているのが汚染です。鶏の糞にはリン酸塩などの栄養分が多く含まれています。数百羽から数千羽の鶏を屋外で飼育すると、大量の糞が発生し、雨水で農地や草地から洗い流されます。ここに含まれる栄養分が地域の水路や水源を富栄養化させて、有害な藻類の発生を引き起こします。さらに、鶏の餌には大豆が多く使われているので、森林伐採や環境に悪い農法の原因にもなりえます[22]。

ベジタリアンかビーガンになるべきか？

素晴らしいアイデアですね。肉や乳製品の消費を抑えることは、食料供給、気候、生物多様性にとって基本といえます。でも、なりたくなければ、わざわざなる必要はありません。

肉や乳製品の一部は牧草で飼育された動物からつくられます。そして、牧草の一部は、農作には適していない土地で栽培されています。そのような土地は、二酸化炭素の回収や生物多様性など、他の環境目的に使用した方がよいかもしれませんが、人では消化できない成分を人が食べられるようにするという役割を動物が果たしていることも否定するべきではありません。動物は私たちの食生活に多様性と健康とをもたらしてくれますが、肉や乳製品の消費を現在の世界平均の半分程度にまで減らす必要があることも否定できません。ほとんどの豊かな国で肉の消費を 50 %以上削減する必要があるということです。国連食糧農業機関（FAO）は 2050 年までに 1 人あたりの肉と乳製品の消費量が 23 %増加すると予測していますが、こうした現在のトレンドを逆転させるべきだということです。

食生活の変化としては、肉や乳製品を減らすことが最も有効なのですが、食物変換率は肉より乳製品の方が高いので肉を乳製品に変えることでも効果があります。

最初の良い知らせは、肉食の人は食べ方を変えることで、健康だけでなく食生活の多様性も高められるということです。個人的見解ですが、伝統的なハギス*7よりベジタリアンのハギスの方が味も食感もずっと良いと思います。もう一つの良い知らせは、この記事を書いている時点で、多くの豊かな国でビーガン主義が勢いを増しており、世界の意欲的な中産階級の人たちに良いロールモデルを提供しているということです。

食物由来の炭素（ここでは炭素を温室効果ガスの略語にしました）を削減するのであれば、肉や乳製品の消費を減らすのが最も良いわけです。食品からの温室効果ガス発生については、私の最初の著書である“How Bad Are Bananas? The Carbon Footprint of Everything”で、炭素と食生活に関する数編の学術論文を紹介しました[23]。要約すると、最優先事項は反芻動物の牛や羊を減らすことです。

無理にやりすぎる必要はなく、節度を保って選択の幅を広げるだけです。選択肢をもつ人が「パスタかポテトかご飯を食べようか」と考えるのと同じように、「今夜は肉か豆か卵を食べようか」とこだわりなく考えるようになれば、その変化だけで 2050 年の人口を養うフードシステム全体に十分なスペースを確保することができます。そして同時に、もっと多くの土地を生物多様性に振り向けることができて、さらに望めば、バイオ燃料用にも土地を少し解放することができます（40 ページと 78 ページ参照）。

これまでみてきたように、肉では種類によって影響は違いますが、植物性の代替品に比べると気候に大きな影響を与えます。カーボン・フットプリントの順位をみれば豆類や穀物は明らかな勝者で、乳製品と鶏肉は次点、赤身の肉は最下位です。

肉と乳製品の習慣について、店ができることは？

肉や乳製品の代わりになる美味しく素敵な食品も売ってください。

スーパーマーケットは客が買いたいものを売らなければならないので、何を棚に並べるかは自分では決められないという神話が広まっています。まったくのナンセンスです。スーパーマーケットは利益率の高い商品を客に紹介することに長けています。私は10年以上前から、自分たちの影響力を完全に理解している食品小売業者と仕事をしています。その人たちは過激なことを目指しているわけではありませんし、競争相手の大手スーパーと同じ商業的プレッシャーも受けています。けれども、彼らは持続可能な食品を魅力的にみせれば買ってもらえる場合があることも理解しています。私は彼らがそうしたことをもっと頻繁に行うように促してきました。時には、私が忘れていたかもしれない商売の現実を、彼らが思い出させてくれることもあります。旬の野菜を紹介したり、肉の代替品を美味しそうにみせたり、ベジタリアン向けのクリスマス用パンフレットをつくったり、持続可能性の低い輸入品の代わりに地元産の季節の花を用意したり、残り物の利用法をアドバイスしたりと。まだまだ改善してほしい部分はありますが、私が目にした変化はとても大きくて本物でした。

スーパーマーケットが取り組むべき唯一最大の仕事は、品ぞろえにおける肉や乳製品と代替品の割合です。これまでみてきたように、肉や乳製品の間でも影響は異なり、牛肉は明らかに影響が大きい方に位置します（チーズもずっと小さいというわけではありません）。

レストランは何ができるか？

ベジタリアンやビーガンの料理を選んだ客も、肉料理を選ぶのと同じように楽しめることを期待しています。当たり前のことを書いても仕方がないのですが、それがまだ広く理解されていないようです。レストランはベジタリアン料理やビーガン料理の種類を増やし、他の料理と同じくらい美味しく、魅力的で、感動的なものにすべきです。

農家と政府は何ができるか？

考えるべきことはたくさんあります。栄養価、生物多様性、気候変動に加えて、畜産業、生活、コミュニティ、伝統は重要な問題です。私が住んでいる地域では、観光資源としての羊についても議論されています。このような観点から、広い心をもって、透明性を保ち、証拠を重視し、そして関係者を尊重しながら検討する必要があります。

科学的に明らかなことがあります。世界が必要としているのは、飼育動物の数を減らし、農作物を使った動物飼料を大幅に減らすことです。肥料や抗生物質の使用には、もっと気をつける必要があります。生物多様性保全や放牧以外の用途には適さない土地もあります。その土地をどうするかを考えるときには、過剰放牧が土壌中の炭素の放出だけでなく生物多様性まで傷めてしまう可能性があることも心がけるべきです。適切な動物を適切な方法で放牧すれば、炭素貯蔵量を増やして土壌を豊かにできることも明らかになっています。

正しいことをするためには、短期的に生産量を最大化することより、もっと多くの仕事、つまり雇用が必要なことも明らかです。土地を適切に管理するためには、注意と技術と努力が必要です。持続可能な食料と土地のシステムは、生計を立てる機会でもあるのです。それが、農家やコミュニティにとって朗報であることは間違いありません。

農家が持続可能性を高めるためにするべきことは多くあるのですが、適切なインセンティブや補助金があれば、ずっと簡単にできるようになります。農家と科学者、政府は、それを実現するために協力しなければいけません[33]。

たった一つの作物で炭素換算５億トン以上の温室効果ガスを削減することができるのか？

米の栽培方法を改善するだけで、世界の温室効果ガス排出量の１％以上を削減できます。

あまり知られていない大きな話です。トラクターやトラック、ボートなどのサプライチェーンで使用される化石燃料とは無関係です。求められているのは、より適正な施肥を行い、水田を湛水しないことです[24]。水田から発生するメタンは、フードサプライチェーンから排出される温室効果ガスの約６％に相当します。私は中国の川の写真を見たことがありますが、過剰な施肥のために緑色になっていました。収量もおそらく減っているでしょう。簡単なことなのですが、この問題はもっと注目されないと、なかなか改善されません。私は数年前から、イギリスのスーパーマーケットチェーンであるブース社のために、持続可能な米のサプライヤーを探しています。けれども、これがなかなか難しいのです。持続可能なコメ農業イニシアチブ[*8]が有望だと思っていましたが、彼らはブース社からの資金提供を希望してはいるものの、実際には持続可能な生産方法がどこで行われているのかを示せないことがわかりました。今のところ、米は主食になる炭水化物の中では最も温室効果ガスを排出し、その量は他の2倍以上になります。

最後に一言。改善の余地はあるのですが、ベジタリアン用の米料理は、比較的持続可能な食事だとまだみなされています。

私には何ができる？

とりあえずは、より持続可能な供給が得られるまで、米を買う頻度を少し減らしてください。そのような供給元が見つかったら、mike@theresnoplanetb.net までお知らせください。友達や店に伝えて、この問題を理解してもらいましょう。

店は何ができる？

持続可能な米の生産者を見つけてください。

農家は何ができる？

肥料は控えめに使ってください。費用の節約にもなるでしょう。田んぼは湛水させないように[*9]。

地元産がベストか？

たまにはそうですが、輸送が食品のカーボン・フットプリントに占める割合は普通は小さいのです。

大抵の場合、輸送は食品のカーボン・フットプリントのごく一部にすぎません。ブース社のために行った最新の調査では、すべての商品がレジに届くまでのカーボン・フットプリントのうち、輸送が占める割合は6％にすぎませんでした[25]。温室効果ガスの多くは農業に由来します（21ページの「農業のカーボン・フットプリントは？」を参照）

食品輸送が問題になるのは、空輸のときだけです。イギリスの場合は、カリフォルニア産のブドウやベリー、インド洋産の新鮮なマグロ、アフリカ産のベビー野菜、そして最悪なのはペルーから運ばれるアスパラガスです（花は食べませんが、その多くも飛行機で運ばれるので同じことです）。

船に食料を載せれば、地球の反対側からでも比較的持続可能に食料供給が可能になります。輸送に必要なエネルギーはわずかです。しかも、日光に恵まれた肥沃な大地がある地域から、人口が多くて食料需要を満たせない地域へと栄養分がしっかり流れます。数百 km の道路移動が問題になることはありませんが、ビールのような重いものだと、距離は短い方がよいでしょう。イギリスではビールは国内にある倉庫から運ばれてきますが、そのような国でなければ地元の醸造所でつくられた 1 杯のビールを飲むことは、他のどんな選択肢よりも優れています。エネルギーを大量消費する冬の温室で栽培された地元のトマトは、日光に恵まれた地域から輸送された代替品より持続可能性は何倍も低いかもしれません（花の場合、温室で季節外れに栽培された花は、空輸されたものと変わらなくなります）。

21 世紀には空輸食品の居場所はありません。

要約すれば、持続可能な世界には空輸食品はありえないということです。そうなるまでの間、あなたができるだけ空輸を避ければ、フードマイルのことは気にしないでいられるし、何千マイルも離れた場所でつくられたビールより地元のビールを楽しむ理由の一つとして、この話を使うことができそうです。

空輸されたかどうかを判断するには、原産国を確認して、それが船や列車、トラックでの輸送に耐えられそうなものかどうか考えてみることです。バナナ、リンゴ、オレンジは普通は大丈夫ですが、イチゴ、ブドウ、アスパラガスはふつうはダメです。地元産でも季節外れのものは温室栽培になりますから、空輸と同じくらい良くありません。イギリスの場合、1 月のスコットランド産イチゴがそうです。

（ここで宣伝させてください。私の最初の著書である“How Bad Are Bananas ?”にもっと詳しく書いています）

残念なことに、局所的かつ短期的な視点でみれば、肥料や農薬、バケツ一杯の抗生物質（18 ページ参照）に依存した作物の単一栽培や集約的牧畜は優れていて、最も生産性が高くなります。つまり、人新世の課題に対処するためには自由市場はあたかも必要であるかのようにみえますが、実はそれは不適当だということを示す新たな一例が生物多様性管理なのです。

ここまでは悪いニュースばかりでしたが、目を背けないでよく読んでいただきました。困難な現実に直面した今、問題を解決するために食べ物と土地について何ができるか考えるべきときがきています。

魚はどうか？

世界で漁獲と養殖される魚は年間8,000万トンになります。1人あたりにすると年間約12 kg、1日あたりなら30 gです。これならば、気をつけさえすればぎりぎり持続可能です。

漁業は、村のカヌーから海に浮かぶ巨大なトロール船まで幅広く行われています。忙しく働く漁師たちが、最も合理的な方法で海から収獲し、様々な規制を避けるために海上で燃料補給したり、魚を他の船に移し替えたりしたりします[26]。全漁獲量の約半分は工業化されたトロール漁と養殖によるもので、残り半分が小規模な漁になります。混獲が毎年約1,000万トン（1日1人あたり4 g）あります。誤って捕獲された生物は、おそらく死んだ状態で海に捨てられます。小規模漁業は、多くの貧困地域で必須栄養素（亜鉛、鉄、カルシウム、タンパク質[27]）の重要な供給源です。地元の魚に貧困層の手が届くかどうかは、小規模漁業が工業的トロール漁に圧倒されて、獲物が世界市場に出回ってしまわないかどうかにかかっています。気候変動が魚の移動パターンや生息域を変えてしまい[28]、深刻な影響を受けるコミュニティが出てくる可能性もあります。

世界の水産資源は強い圧力にさらされています。海洋管理協議会（MSC）*10は、世界の水産資源の90 %が適正レベルの上限かそれ以上に漁獲されていると推定しています[29]。そのため、魚は比較的低炭素であることがわかっているのですが、供給量を増やすことはできません。おそらく世界は消費量を削減すべきでしょう。そうでなくても、豊かな地域に住む私たちは、私たちのようには魚を食べられない人についてよく考える必要があります。

養殖は解決策になるのでしょうか？　残念ながら、養殖魚は泳ぐ養殖動物で、これに関われば世界のほとんどの畜産に関連するあらゆる問題が同じように発生します。魚の養殖は、人の食べ物を動物に与えることに比べても、必ずしも効率が良いとはいえず、養殖された魚にはしばしば抗生物質や汚染を引き起こす化学物質が投与され、過密状態は工場的畜産と似ています。持続可能な方法で捕獲された野生の魚は、持続可能な栄養食品として考えられるかもしれませんが、養殖魚はそうはいきません[*11]。

MSC は持続可能な魚のブランドを認証していますが、その信頼性は私たちが期待するほど高くないかもしれません。問題はここからです。MSC は大規模漁業を認証することで 1,000 万ポンドを稼ぐ「営利目的」の組織であることが判明したのです（誰が信頼できるかを見極める方法についての私のガイドラインは186 ページにあります）。私がこれを書いている間にも、MSC は、ある日には一本釣りをするけれども、次の日には同じ船で無差別の底引き網漁をするような漁業者も認証するところにまで来ているようです。

シーバスはいつからシーバスでなくなったのか？

パタゴニア・トゥースフィッシュが販売促進のためにチリ・シーバスと改名されてからです。

魚の価格や人気は味や栄養とは関係なく、とにかくマーケティング次第のようです。例をあげると、パタゴニア・トゥースフィッシュは誰も見向きもしない魚でしたが、1970 年代後半にカリフォルニアの業者がチリ・シーバスとして新しく売り出すと 1 キロ 60 ポンド（85 ドル）以上の値をつけるようになりました。シーバスとは別物です。この魚は南氷洋の深海（水深 300 m～3.5 km 以上まで）に生息しています。大きいものは体長 2 m、体重 100 kg 以上に成長し、たくさんとれたのですが、残念なことに人気が出たために、今では資源として枯渇の危機にあります。寿命が長いのでこの魚が 45 年ものになるまでには 45 年かかります。かつてはパタゴニア・トゥースフィッシュと呼ばれたチリ・シーバスの 80 %以上が無制限に水揚げされていると考えられます[*12]。

他にも、消費者に親しみをもってもらうために名前を変えた魚はたくさんあります。ウイッチ（魔女）という変な名前の魚が美味しそうなトーベイソル[*13]に変わりました。気持ち悪いスライムヘッドはエキゾチックなオレンジ・ラフィー[*14]になりました。

手に入るものが好きになるのはいいことです。流行に流されて資源が枯渇することがなければですけれど。

どうすれば漁業資源を維持できるのか？

私はどうする？

ベジタリアンではない人でも、常識的だと思える六つのガイドラインを紹介します。

- **魚はご馳走。**世界平均の1人1日30gという数字は、今の漁業のやり方や透明性を大幅に改善しなければ維持できません。必要な栄養を魚に頼らなければならない人たちのためには、私たちのほとんどは食べる量を減らさなければなりません。1日30gというのは、1週間に小魚を2回、または大きな魚を1回食べることになります[*15]。
- **きちんと話すことができる魚屋さんを見つけましょう。**魚がどこから来ているのか、強制労働や混獲、とりすぎが最小限に抑えられているかどうかについて話してくれる人です。そして、その日の持続可能な選択肢についてアドバイスしてくれる人です。具体的には、サステイナブル・フード・トラストという団体が[32]以下の質問をすることを提案しています。
  - ➢「今日はどの魚がお勧めですか？　持続可能で倫理的ないつもと違うのを試してみたいのですけれど！」
  - ➢「その魚はどこでどのように養殖されたのですか。そうでなければどう捕られたのか教えてくれますか？」
  - ➢「どうしてこの養殖場や仲買人から買うのですか？」
  - ➢「この種類の魚について考えるべき環境的・倫理的問題は何ですか？」
  - ➢「お勧めの魚に季節はどんな影響を与えますか？」
- **いろいろな種類を試してください。**聞いたこともないような、有名ではない品種もです。そうすれば、食生活がもっと面白くなるかもしれません。できれば調理法を教えてくれる人から買いましょう。
- **価格やマーケティングが品質を表していると考えてはいけません。**おそらくそうではないからです。しかも、同じように、倫理的で持続可能であるためには、それなりの対価を払う覚悟が必要です。
- **持続可能性を示すラベルには意味がありますが、注意も必要です。**例えば、「イルカにやさしい」[*16]という表示は、マグロの場合には真っ赤なウソです。マグロはイルカと一緒に泳ぐことはありません。でも、「一本釣り」というラベルにはそれなりの価値があります[*17]。残念なことに、強制労働の有無を知らせるようなラベルはありません。
- MCS[*18]（MSCと間違ってはいけません）は、利用しやすく役に立つGood Fish Guideを作成しています[33]。

店はどうすればよいか？

- 自社のサプライチェーンを把握してください。持続可能な方法で仕入れ、そのことを客に知らせてください。MSC の持続可能性ガイドラインは参考になりますが、さらに深堀りしてください。危ないブランドは避け、おなじみのブランドであっても、何か新しいことがわかったら恐れずに仕入れをやめましょう。
- 持続的な仕入れの見込みに合わせて魚の在庫を調整し、客には様々な魚の味があって、面白いということを伝えましょう。そしてなぜそうするのか、理由を伝えましょう。
- 空輸便は避けましょう。地球の反対側の魚が要る場合は、適切に冷凍して船で輸送したものの方が空輸よりずっと良いです。
- 最後に、魚は貴重で限られた資源であることを客に理解してもらいましょう。売り手は、上記のリストのような客の質問にきちんと答えられるようにしておきましょう。

政府はどうすればよいか？

- 自国の水域で漁獲が持続的に行われていることを確認してください。とはいえ、密漁の横行や水域での紛争がある場合には、言うは易し行うは難しです。
- 自国民にとって魚が重要な栄養源であるなら、魚を世界市場に出すのは国民が国際価格でも買うことができるようになってからにしましょう。
- 業界をしっかり監督して強制労働を根絶しましょう。

漁師はどうすればよいか？

いわずもがなですね。

- とりすぎないでください。
- とったものすべてが食べられることを確かめてください。
- できる限り地元で売ってください。
- 強制労働の船を出さないでください。
- 規則を遵守してください。

message

次は、２番目の大問題である廃棄物を、カロリーとタンパク質の流れを示す世界地図から見ていきましょう。

どんな食べ物がどこでどのように廃棄されているのか？

１人１日あたり 1,320 kcal が廃棄されますが、そのうち 48 %が穀物です。中国とアメリカの全員を養えるカロリーに相当します。失われる量の３分の２近くは、収穫時か収穫直後の貯蔵中に発生しています。

十分な栄養を確保するために最も大切なことは肉や乳製品の食べ過ぎを防ぐことですが、その次は、無駄を省くことです。

ごみを目にするたびに腹が立ちます。けれども、本気で改善しようと思うのなら、どこでどれだけの量が発生しているのかを詳しく調べなければいけません。そうして初めて、優先順位を決めることができます。廃棄物はトンで示されることが多いのですが、それではスイカ 1 kg が捨てられるのと、牛肉やチーズが

表 1.1 生産地から消費されるまでの各段階で廃棄されるカロリーの地域別と食品別の割合

地域／廃棄段階	収穫時	収穫後	加工	輸送	消費	合計
アフリカ	4 %	4 %	1 %	1 %	<1 %	10 %
南北アメリカ	9 %	2 %	1 %	1 %	9 %	22 %
アジア	17 %	21 %	3 %	7 %	5 %	53 %
ヨーロッパ	4 %	3 %	1 %	1 %	6 %	15 %
世界	34 %	30 %	5 %	10 %	20 %	100 %
食品／廃棄段階	収穫時	収穫後	加工	輸送	消費	合計
穀物	15 %	17 %	<1 %	3 %	13 %	48 %
根菜	3 %	4 %	<1 %	1 %	1 %	9 %
植物油・豆類	13 %	8 %	<1 %	1 %	1 %	23 %
青果	3 %	1 %	<1 %	2 %	2 %	9 %
肉	<1 %	<1 %	2 %	2 %	2 %	5 %
魚介類	<1 %	<1 %	1 %	1 %	<1 %	2 %
牛乳	<1 %	<1 %	2 %	1 %	1 %	4 %
全食品	34 %	30 %	5 %	10 %	20 %	100 %

丸め誤差のため合計が構成要素の総和と一致しない場合がある

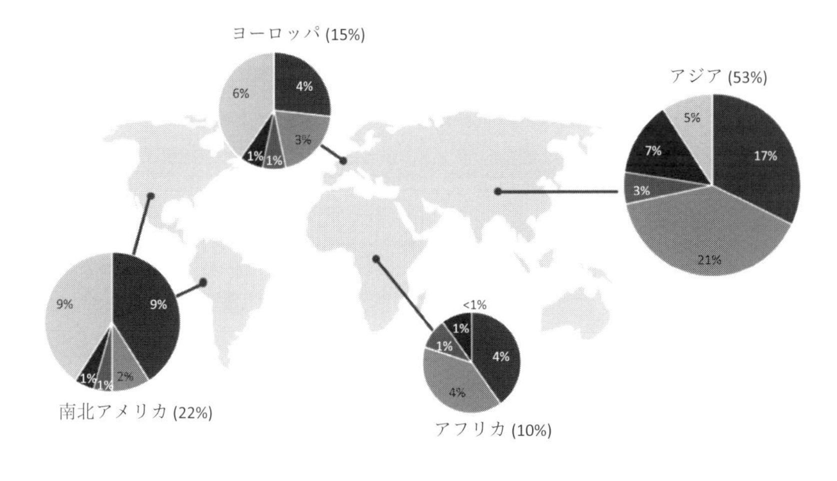

図 1.8 各地域における食品の流通段階ごとの廃棄量（オセアニアは 1 %未満のため、図には含まれない）

1 kg 捨てられるのが同じ重みをもつことになって役に立ちません。そこでここでは、食品廃棄物になって失われたカロリーで考えます（表 1.1、タンパク質も重要ですが、話はよく似ていることがわかりました[34]）。

食品廃棄物全体の 20 %は消費者が出していて、そのうち 4 分の 3 は世界人口の 4 分の 1 が住むヨーロッパとアメリカから排出されます（図 1.8）。さらに深刻なのは、目には見えないのですが、カロリーの 34 %が収穫時に、30 %が保存

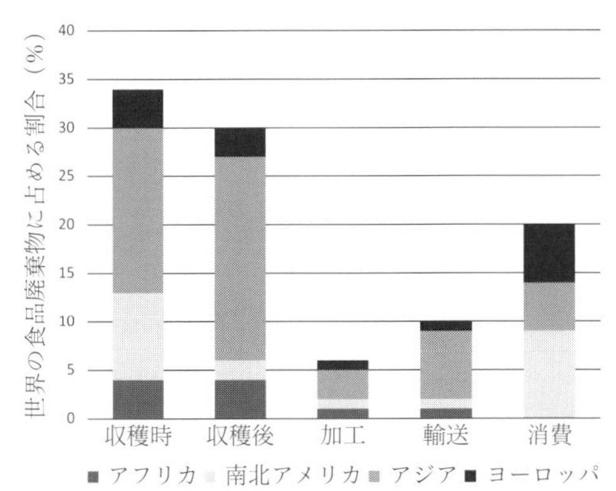

図 1.9 地域別、プロセス段階別にみた世界の食品廃棄物

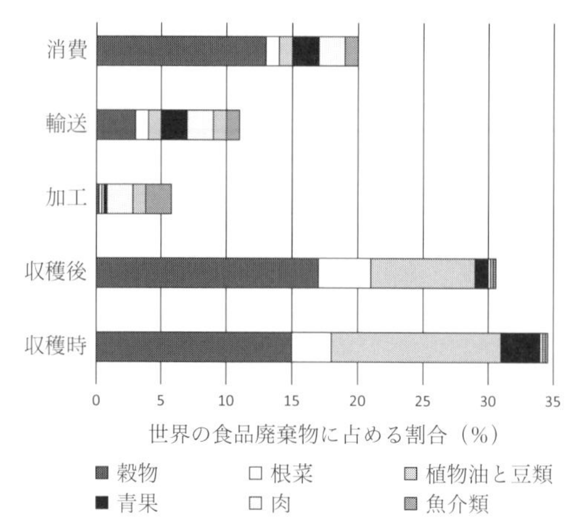

図 1.10 種類別、プロセスの段階別にみた世界の食品廃棄物。失われたカロリーの 48 %は穀類で、肉類、魚類、乳製品は合わせると 9 %になる

時に廃棄されていることです。ごみの半分以上はアジアで発生し、収穫後の保存（世界の廃棄物の 21 %）、収穫（17 %）、流通（7 %）の各段階で大きなロスが発生しています（前掲図 1.9）。

ごみ問題は地域によって異なります。ヨーロッパでは、家庭や飲食店からの廃棄物が大半を占めています。アメリカで消費者が出す廃棄物はヨーロッパと同じくらいですが、収穫時のロスが多くなっています。アジアやアフリカでは、廃棄物のほとんどが家庭からではなく、収穫時やその後の保管時に発生しています。そこでの問題は不注意な消費者ではなく、食品産業にあります。

無駄になる食品をカロリーでみると、穀物が 48 %を占め、肉類、魚類、乳製品は合わせても 9 %にしかなりません（図 1.10）。

どうすれば世界のごみを減らすことができるか？

世界の廃棄量を半分にすれば、食料供給量を 20 %増やすことができます。

開発途上国では主に収穫と貯蔵を効率化することですが、先進国や世界の富裕層では、買ったものは全部食べることです。つまるところ、貧しい国では比較的簡単な設備を整えることであり、豊かな国では文化を多少変えることです。

私はどうする？

買ったものは全部食べましょう。当たり前のように聞こえますが、先進国の人々はこれがとても苦手です。晩御飯を何にするかを決める前や買い物に行く前に冷蔵庫の中を見ることです。食べきれる自信がなければ、「一つ買ったらもう一つはタダ」はやめましょう。残り物で良いことができることを学びましょう。ヨーロッパとアメリカの家庭や飲食店から出る食品ごみをなくすだけで、世界の食料供給量を 10 %増やせるでしょう。

レストランはどうするか？

客が自分で食べる分だけを皿に盛れるようにしましょう。セルフサービスや量が選べるようにすることもありえます。そして、もちろん、（リサイクル可能な）残り物持ち帰り用の箱や袋も用意します。

私たちのごみの削減に店はどう応える？

店ができる最大のことは、客にごみ削減を勧めることです。そのために良いお手本にならなければいけません。

スーパーマーケットは、客が食べられるものだけを買うようにすることです。それを商売上の自殺行為と考える経営者もいるかもしれませんが、そうすることで客の信頼を得ることができて、客とともに生きてゆく能力を高めることにつながります。巧みな在庫管理や値引きの他にも、私の地元のスーパーマーケットチェーンであるブースでは、次のような試みが成功しています。

- 一つ買ったら次回は一つタダ。
- ちょうど必要な量だけ買えるように、果物や野菜をバラ売りする。
- 1 人暮らしの人が 1 人分を買えるように生鮮カウンターのスタッフを教育する。
- 残り物を保存できるものを多く販売する。
- 特にクリスマスや感謝祭の後に、残り物を使ったメニューを宣伝する。

もちろん、店が出すごみをさらに減らすことは良い手本になりますし、店が食品を寄付しないで捨ててしまうのを見れば、客が不愉快になるのは当然のことです。

私がこの原稿を書くときには、インターンのサムが同じ部屋で作業をします。サムは毎週のように地元のスーパーマーケットで食品ごみの箱をあさって、店の良心をなぐさめています。自分の学生ネットワークだけでは処理できないほどの雑多な食品をバックパックに詰めて定期的に出勤してきます。私と彼は、それが何とか人の口に入るように手を尽くします。このオフィスはまるでフードバンク*[19]のようですが、本当に困っている人に提供するのではなく、私のような中年には大きすぎるケーキを食べる結果になることもよくあります。スーパーマーケットにとって難しいのは、期限が近づいて本来の価格の10分の1にしても売れなくなったときに、それをどうするかです。サムはリスクの低い食品ばかりを運んでくるし、見た目も良さそうだから、私たちも安心するのですが、スーパーの方はもっと気をつけなければいけません。その結果、本物のフードバンクを経由して配布するまでの時間がなくなります。この問題を解決するには、消費期限ギリギリまで急速冷凍することが考えられますが、そのためには、ごみ箱に捨ててしまうよりも多くのコストと手間をかけてでもやろうという意識が、スーパーマーケットには求められます。

なぜ、スーパーマーケットはごみに気を遣わないのか？

廃棄物は高くつくので、すでにかなり気を遣っています。うまく運営されているスーパーマーケットでは、食品ロスは0.5％以下です。一方、ヨーロッパの平均的な家庭では、購入した食品の4分の1近くが無駄になっています。

廃棄物の発生源としてよく注目されているものの中にも、本当はあまり重要でないものがあります。例えば、ヨーロッパやアメリカの小売店では、食品は非常に高価なので、廃棄しないようにしようという強い動機があります。同様の理由で、食品製造業の廃棄レベルもかなり低いです。スーパーマーケットがフードバンクに寄付できるようなものをごみ箱に捨てないということは正しいことですし、スーパーマーケットが模範になることは重要なことです。でも、こうしたことは廃棄物問題全体としてみればごく一部であることも知っておかなければいけません。つまり、食品廃棄物それ自体の問題は世界の食における肉や乳製品の増加に比べれば、小さいということを覚えておいてください。

売ることも食べることもできない食べ物は、どうすればいいのか？

人の食べ物は、できる限り人が食べてください。埋め立ては避けましょう。庭で堆肥にするのは気をつけましょう。他の選択肢に、あまり期待しないでください。

すべての食品をレジに送るために最大限の努力をしても、スーパーマーケットには販売できない食品が必ずあります。図1.11は、イギリスの小売業者が自ら行えることがわかるように、私たちがランカスター大学で行った最近の調査の結果です[35]。100 %は問題が完全に解決されたことを、0 %は問題がまったく解決されていないことを示し、マイナスは温室効果ガスかえって増えて事態を悪化させる廃棄経路であることを示しています。

人が食べるように食品を寄付する方法を見つけることが完璧な解決策であり、満足できる唯一の方法であることにまず注目してください。フードバンクに持っていくのに少々余分な輸送が発生しても、その影響は軽微です。

埋め立てすると非常に強い温室効果ガスであるメタンが発生し、その完全な回収は不可能なので事態が悪化します。方法によってはかなり多くのメタンが漏れます。

その中間には、良さそうにはみえますが、事態を悪化させないという点では限定されている解決策がたくさんあります。パンや魚は、カロリーに比べてカーボン・フットプリントが小さいので、動物に与えたり、燃焼や嫌気性分解で発電したりすることで、それなりの利得を得ることができます。

私は何ができるか？

家庭でも、同じようなことができます。自分で食べきれない分は、友達や近所の人にあげましょう。ごみ箱に捨てたものが埋立地に行くかどうかは、住まいの地方自治体によるでしょう。私が住んでいるところでは、一般廃棄物として「灰色のごみ箱」に入れられる食品は、焼却炉の燃料になります*20。

排出削減（%）	パン	チーズ	青果	魚	肉	平均
寄付	100 %	100 %	100 %	100 %	100 %	100 %
飼料	24 %	7 %	1 %	41 %	5 %	6 %
嫌気性分解	20 %	4 %	5 %	19 %	4 %	6 %
コンポスト	3 %	1 %	−1 %	5 %	1 %	1 %
焼却	11 %	2 %	−2 %	1 %	1 %	1 %
埋立（ガスを発電に利用）	−44 %	−7 %	−12 %	−26 %	−7 %	−10 %
埋立（ガスは捕捉するが燃やさない）	−61 %	−10 %	−16 %	−36 %	10 %	−14 %
埋立（ガス放出）	−227 %	−37 %	−61 %	−136 %	−36 %	−53 %

図 1.11 廃棄方法の違いによる食品からの温室効果ガス排出量の削減効果。人が食べるために寄付することを除けば、すべての方法でごみが発生する

注意点としては、庭で堆肥をつくるときには、嫌気性ではなく好気性（十分な酸素が供給されている状態）で分解されるように、頻繁にかき混ぜることです。嫌気性にしておくと、お宅の裏庭にメタンを吐き出す最悪の埋立て地ができることになります。

message

動物と廃棄物に続いて、世界の食料栄養フローマップからはみ出た3番目に大きな問題がバイオ燃料です。

どれだけの食べ物がバイオ燃料になるのか？

1人1日あたり810 kcalです。全世界の人が毎日10インチ（25 cm）のマルガリータピザを食べるのと同じです[37]。普通のガソリン車なら半マイル（0.8 km）運転できる燃料に相当します。

バイオ燃料は、動物飼料と廃棄物に次いで人類の食料供給を妨げる第3の要因になっているようです。厳密にいうと、この数字は「非食用」として利用されるもので、化粧品や医薬品、塗料、プラスチックなど様々なものになるものが含まれます。しかし、主にバイオ燃料です。バイオ燃料がまともな考えではないということは後述します（78ページ）。1人の人間が1日に必要とするカロリーを得るために必要な小麦では、私が乗っているシトロエンC1のような小型のガソリン車でも1.5マイル（2.4 km）走らせておしまいです。自動車用のバイオ燃料が普及するようなことになれば、たくさんの飢餓を招くでしょう。低炭素社会の実現に向けて、この問題には細心の注意を払わなければなりません。どのような恐れがあるかというと、炭素価格が化石燃料を地下にとどめておけるほど高額になると、自由市場では小麦を人の口に入れるよりバイオ燃料にする方がより多くの利益が出てしまうことになるからです。

世界に必要な農民の数は？

もう13億人以上います。人手不足ではないという良いニュースです。

土地で働く人の数は減っています。その一方で、2050年には約10億人の労働人口が増えるといわれています。人口が90億人、100億人、110億人と増えていく中で、すべての人に忙しくしてもらうことはますます難しくなるでしょう。

一方で、自由市場では人を雇うのにはお金がいるので、1平方マイルあたりの農民数をできるだけ抑える方向に向かいます。どんなに技術が進歩しても、生産性を高め、環境に優しく、さらには美味しい食べ物を育てるためには、農民に対する配慮や気配りが必要です。そうすることが、人が地球上で過ごすために最も本質的で大切なことであるに違いありません。だからこそ、より多くの人が土地で働けるように、トップダウンの介入が必要です。この本で紹介するように、新自由主義の自由市場では、私たちが必要とするものは提供できないことがわかります。

自由市場では土地のきちんとした管理はできないので、物事がうまく機能するかどうかは政府にかかっています。持続可能な農業システムを構築するためには、適切な動機を与えたり、補助金を設けたりしなければいけません。

新技術は世界の食料問題にどう貢献できるのか？

これまでみてきたように、社会変化と無駄の削減が十分に行われて、気候変動による悪影響がなければ、新技術は必要ありません。でも、うまく使えば、生活をかなり楽にすることはできるでしょう。

いい換えれば、気候変動で土地の生産性が著しく低下でもしない限り、生き延びるためには新技術が必要だというのは間違いですし、技術だけで問題が解決するわけでもありません。そして、より生物多様性を豊かにする農業システムに移行することを妨げるような技術には居場所がないことは数ページ先で示します。一方で、気候危機によって収穫量が減少したり、人口が2050年に予測される97億人を超えたりするようなことがあれば、さらなる対策が必要になります。

ゲノム編集や培養肉、太陽光発電による灌漑など、さまざまな技術が開発されるでしょう。けれども、悪夢のようなことが起きる可能性もあって、そうならないように、こうした技術は注意深く使わなければなりません。新技術について把握しておくべき重要ポイントとは、その技術を人と地球の両方に配慮した方法で使えば役に立つけれども、それだけでは皆が満足できたり、生物多様性が保護されたり、私たちと自然との本質的関係が回復する世界をつくったりすることはできないということです。でも、以下のような有用な技術もあります。

- 植物の屋内栽培：まったくロマンチックでない現実があります。というのは、最も効率的に作物を栽培するには、垂直農場（バーチカルファーム）ともいわれる植物用の特別なタワーブロック内で、ソーラーパネルを使った照明を使い、ハイテクモニターと最新のアルゴリズムによって全栄養分を注意深く最適化して供給することです。

・合成肉：植物の屋内栽培と同じくらい魅力的でない考えかもしれませんが、これによって、現在の食肉産業をかなり改善することができるでしょう[38]。

・水技術：グリーンエネルギーを利用して灌漑や海水淡水化を行い、より少ない資源でより多くの作物を栽培する方法です。要するに、砂漠で食料をつくるということです。太陽電池革命によって電力が供給されれば、グラフェン[*21]が海水淡水化の効率を飛躍的に向上させるでしょう。

・トウモロコシのように高い効率で光合成を行うイネの品種開発：ゲイツ財団が1,400万ポンドを投じて開発しています[3, *22]。

・ゲノム編集：慎重に応用され、誰でも自由に使えるようになれば、収穫量の増加、栄養価の向上、温室効果ガス排出量の削減、水消費量の削減、気候変動の耐性向上に役立つ可能性があります。

・日持ちしない食品と、それを有効活用できる人とを結び付ける食品廃棄物削減アプリが開発されています。

肥料の適切な使用や水田の湛水の軽減など、すでに確立された良い手法を普及することは、ハイテクを駆使した新たな解決策より簡単です。

追記。この12カ月間、炭水化物とタンパク質を工場生産することについて考えてきました。事実、工場生産は食品を植物からつくるよりはるかに効率が良いといえます[40]。ソーラーパネルは、太陽エネルギーの約20％を電気に変換できますが、フィンランドのパイロット工場では、電気エネルギーを20％の効率で炭水化物として蓄えることができるそうです。全体としてみれば、4％という驚くべき効率で太陽光から炭水化物を得られるわけです。おそらくエネルギー効率は小麦を栽培するより50倍高くなるでしょう。タンパク質の生産でも、同様の高効率化が可能でしょう。そうだとすると、土地1haにソーラーパネルを設置して食料生産すれば、50haは生物多様性のために使うことができます。これがすぐやってみるべき食料問題の解決策だとは思わないのですが、生物多様性を改善し、気候危機への対応をしながら、すべての人に食料を供給できるのであれば、やってみる価値があるかもしれません。もちろん、太陽光発電のために資源が新たに必要にはなります。地球により配慮したアプローチで取り組まなければ、工場でつくられる食品は気候変動や生物多様性の崩壊をもたらしてしまうことも忘れてはなりません。

2050 年に 97 億人分の食料を生産するには？

これまでみたとおり、優先すべきことは、① 食用作物を飼料にする量を減らすこと、② 廃棄物を減らすこと、③ バイオ燃料を抑えること、④ 新しい技術を注意して使うことです。

図 1.12 は、現在と同じ作物生産を前提とした 2050 年までのシナリオを示しています[41]。人口が 97 億人に増加した場合に（2050 年の予測[42]）、肉や乳製品の消費や廃棄物の量を変えるとどうなるかを示しています。それぞれのシナリオで、バイオ燃料とした部分は、その目的のためだけに使用されるわけではありません。その部分は、生物多様性保全や炭素隔離などの環境目的のために使うための土地の余力を表す指標として読み替えることができます。

図 1.12 は食料供給総量を表していますが、どんなに食料が豊富であっても、

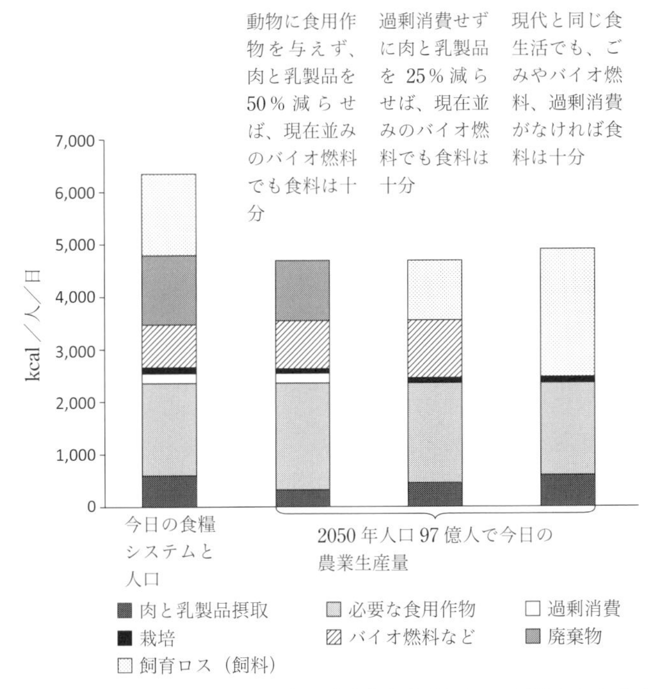

図 1.12 2050 年の食料シナリオ。2050 年に廃棄物を半分にして、動物に与える食用作物を 80 ％削減すれば、97 億人の人々を十分養うことができる。そうなると、1 人あたりの肉や乳製品の消費量は、現在の世界平均の約半分に減少する。一方、1 人あたりの肉と乳製品の消費量が変わらなければ、廃棄物とバイオ燃料、過剰消費をすべてなくさなければ食料不足になる

富裕層が買い占めて貧困層を犠牲にすることがありうることも忘れてはいけません。

フードサプライチェーンは知らなければいけないのか？

サプライチェーン・ナレッジとは、私たちが食べ物を見た目や味、値段で考えるのと同じように、その背後にあることを理解することです。製品の歴史は製品の一部でもあると私たちは考えています。ここでは食品に関連した行動としてみてきましたが、人新世に入った今、この基本原則は私たちがお金を使うすべてのものに当てはまります。

サプライチェーンを知ることは、人とこの惑星の両方に及ぶ意味を理解することです。どの製品やどのブランドが、いつ、どこで生産されれば、低炭素で持続可能な世界と調和するのか？　どのサプライチェーンが不平等を是正しているか？　食品は空輸されたのか、温室栽培か、それとも自然の太陽光の下で栽培されたのかを知ることです。情報を見つけるのが難しければ、問い合わせてみましょう。あなたがレストランやビジネスのオーナーなら、あなたの行動やサプライチェーンに関する知識を客と共有しましょう。

スーパーマーケットの食品バイヤーならば、幅広い理解だけでなく、担当地域の事情も詳しく理解する必要があり、上司はそれができるようにしなければなりません。具体的な問題は商品の種類によって異なるので、バイヤーはそのことを自分の仕事の中心として考えるべきです。ある人にとっては、労働条件や給与に関することでしょう。ある人にとっては、肥料の使用量の問題でしょう。森林破壊の問題もあるでしょう。あるいは航空貨物、あるいは肉の代替品。あるいはまた、これらのすべてかそれ以上のこともあるでしょう。

食の専門家にしても、日常の買い物客にとっても、私たちが使うお金は、未来に向けた投資です（142ページ参照）。私たちは皆、自分たちが繁栄できるサプライチェーンに資金を投入する必要があります。あなたが使ったお金は、最終的にどこに行くのか考えましょう？　誰が豊かになり、そうなった人たちは何に投資するのか。食べ物を買うということは、とても意味ある行為なのです。

食べ物のためには、陸と海にどのような投資が必要か？

私たちは、森林を守り、持続的に食料を生産するための計画に投資する必要があります。炭素を地下に戻す農法や、より一般的には、さまざまな農法が土壌や生物多様性もたらす影響について研究することも必要です。

生物多様性を犠牲にしてまで収穫を増やす技術の研究開発は特に必要ではありません。

必要な改善策の多くには、数十億ドルの投資は必要ありません。最も大事な変化は、肉や乳製品の消費を減らすという、驚くほど簡単な食生活の変化であり、特に牛肉の消費を減らすことです。これによって、土地に対する圧力が軽減され、森林伐採を食い止めるうえで大きな効果が出て、温室効果ガスは大幅に削減されて、土地から得られる栄養も増えるでしょう。インフラへの純投資額はゼロか、もしかしたらそれ以下になります！　フードチェーン全体から廃棄物を削減する必要がありますが、ここでも必要なインフラは大きなものではありません。

投資が必要な重要分野が二つあります。まず、研究です。耕作方法の違いが環境に与える影響、とりわけどのような耕作形態がどのくらいの量の炭素を蓄えたり放出したりするのかについては、十分な知見が得られていません。生物多様性を保全しながら効率的に栽培する方法についても研究が必要です。肉の代わりとして製造された有望な製品がありますが、これについてもさらに検討しなければなりません。また、低炭素社会で航空事業を継続するためには、何らかの形で液体炭化水素を製造することがほぼ確実に必要になると思いますが、土地をどのように利用してこれを製造するかも明らかにしなければなりません。

次に重要な投資分野は農家です。土地を扱う最善の方法が最も安価ではないことを理解しなければいけません。食料の生産、排出量の削減、生物多様性の保全のために本当に良い仕事をするためには、細心の注意を払う必要があります。それには多くの人手が要ります。良いニュースは、私たちにはこれまで以上に多くの人的資源があることと、少なくともあと何十億人もの働き手が間もなく得られることです。過去数世紀の間、私たちは土地で働く人数を最小限に抑えようとしてきました。人力が豊富にあるのに、これはおかしい。もっと多くの人を雇用して、より良く、より丁寧に土地管理や食料生産を行うべきです。農家に投資し、正しいことをしてもらうための補助金が要ります。そのための資金は、まったく助けにならない化石燃料への補助金を中止したり、投資を引き上げたりして、さらにはきちんと課税することで確保できます。

フードアクション まとめ：何ができるのか、どのようなことが行えるのか？

世界レベルでは、次の五つが最も効果的です。

・肉や乳製品を減らした食生活に変える。

・第一世代と第二世代のバイオ燃料[43]を制限する（そうすることで、農業への圧力を軽減し、生物多様性を支える農業の方法を開発できるようにする）。

・肥料、農薬、水の利用目標を立てて効率を改善する。

・洗剤からリン酸塩を除去する。

・陸、海、淡水域における保護区を拡大する[44]。

個人レベルでも、誰にでもできる簡単なことがあります。

・生物多様性を保全する農業が行えるように食品を選んで、食べましょう。繰返しになりますが、特に牛肉やラム肉といった肉や乳製品を減らすこと、ごみを減らすこと、魚の消費を控えめにすること、そして持続可能なところからいつも買うことです（31〜33ページ参照）。

・サプライチェーンを知り、気に入ったところから食品を購入しましょう。そうすることで、食事に伴う炭素、抗生物質、森林伐採、強制労働を最小限に抑えることができます。あなたの1口によって生物多様性を保全し雇用を最大化しましょう（142ページを参照）。

---

1 2,353 kcal（9.9 MJ）は、国連食糧農業機関（FAO）が年齢、性別、体重、ライフスタイルなどを加重平均して評価した1日あたりの平均エネルギー必要量（ADER）です。

2 電気ケトルは通常1.8 kWです。

3 M.Berners-Lee, C. Kennelly, R. Watson and C. N. Hewitt（2018）Current global food production is sufficient to meet human nutritional needs in 2050 provided there is radical societal adaptation. Elementa: Science of the Anthropocene. https://tinyurl.com/LancFoodPaper.
この章で述べたグローバルな食料分析については、この論文でさらに多く詳細に記載しました。人に不可欠な栄養素の世界、地域、国レベルのフローもエクセルのスプレッドシートにつけました（ただし、国レベルではデータの質が落ちるので要注意です）苦労しました。

4 上記参照。

5 A.Saltzman, K. Von Grebner, E. Birol et al.（2014）Global Hunger Index: The Challenge of Hidden Hunger.International Food Policy Research Institute, Bonn/Washington DC/Dublin. あるいはS.Muthayya, J. H. Rah, J. D. Sugimoto et al.（2013）

The global hidden hunger indices and maps: an advocacy tool for action. *PLoS One* 8, e67860.
ヨウ素不足は1人1日あたり0.02〜0.05ドルのサプリメントで解決できます。

6 M. Berners-Lee, C. Kennelly, R. Watson and C. N. Hewitt (2018) Current global food production is sufficient to meet human nutritional needs in 2050 provided there is radical societal adaptation. Elementa: Science of the Anthropocene. https://tinyurl.com/LancFoodPaper
7 体重1kg増やすためには、消費エネルギーに加えて約7,700kcalの食事が必要です。1日100kcal必要量を超えると、1年で36,500kcalの過剰摂取となります。その結果、1年でほぼ5kg（正確には4.74kg)、20年なら95kg増えます。
8 1日1人あたり330kcalというのは、飢餓状態の人からみた正味の過剰分です。食べ過ぎの人が消費する過剰分は、生きている人で1日500kcalに相当します。これは、現在の人口約75億人の5分の1以上を養える量です。つまり、私の10億人という数字は過小評価です。
9 負のフィードバックがありうることにも注意してください。食生活が改善されれば、平均寿命が延びて、人口も増加します。
10 M. Berners-Lee, C. Kennelly, R. Watson and C. N. Hewitt (2018); 上記注6参照。
11 アメリカ農務省：Food Composition Databases (2017). http://ndb.nal.usda.gov, accessed 13th September 2017によると、サツマイモ100gには709マイクログラム（μg）のビタミンAが含まれていて、1日の推奨摂取量は男性で900μg、女性で700μgです。中国のサツマイモ生産に関するデータは、FAO統計部Food Balance Sheets (2016). http:/faostat3.fao.org/browse/FB/FBS/E, accessed 13th September 2017によります。
12 ヨウ素も重要ですが、サプリメントがとても安いので（1日1人あたり0.05ドルから0.02ドル)、議論から外しました。
13 ビタミンA含有量（出典：アメリカ農務省、上記注11参照)。

	ビタミンA（μg/100g)
サツマイモ	709
オリーブ	26
トウモロコシ	11
トマト	38
緑の葉野菜	95
オールスパイス	1,524
家禽類の肉	173
バター	684
卵	160

14 世界の抗生物質使用量はしっかりとしたモニタリングが行われていないので、不確実性が残ります。F. Aarestrup (2012) Sustainable farming: get pigs off antibiotics. *Nature* 486 (7404), p. 465や、世界保健機関（WHO）の報告書The evolving threat of antimicrobial resistance, Options for Action (https://tinyurl.com/report

who）によると、動物への抗生物質使用量は、人間の2倍あると考えられています。ガーディアン紙によると、世界の抗生物質の約75％が動物に使用されています。
https://tinyurl.com/ farmingantibiotics

15 T. P. Van Boeckel, C. Brower, M. Gilbert et al.（2015）Global trends in antimicrobial use in food animals. *Proceedings of the National Academy of Sciences* 112（18）, pp. 5649–5654.

16 World Health Organization Media Centre, Antibiotics Resistance Fact Sheet.
https://tinyurl.com/whoantibiotics

17 Soil Association standards on animal welfare.
https://tinyurl.com/organicanimals

18 Rob Wallace（2015）Big farms make big flu: dispatches on influenza, agribusiness, and the nature of science. Monthly Review, available from: https://monthlyreview.org/product/big_farms_make_big_flu/

19 Is factory farming to blame for coronavirus？ The Observer, March 2020, available from: https://bit.ly/2Uqc4hl

20 23％という数字は、“The Burning Question”で私たちが推定したもので、算出方法は巻末に掲載されています。さらに最近では、権威ある学術誌の *Science* 誌に掲載された論文（強くお勧めします）によると、食品のサプライチェーンから26％（年間137億トン）、これに関連して非食用作物からさらに5％（年間28億トン）が排出されています。Mike Berners-Lee and Duncan Clark, The Burning Question, Profile Books, 2013、*Science* に掲載されたJ. PoorとT. Nemecekの2018年の論文（次の注を参照）も参照してください。

21 J. Poore and T. Nemecek（2018）Reducing food's environmental impacts through producers and consumers. *Science* 360（6392）, pp. 987–992. この論文のほとんどすべての結論が、私がスーパーマーケットのために行った仕事や、私の前著である“How Bad Are Bananas？”に記載された結果と非常に類似しています。情報源がほとんど同じなので、当然でしょう。最大の違いは、PooreとNemecekが土地利用の変化の重要性を引き出していることで、私が“バナナ”を書いたときにははっきりとは気が付いていませんでした。“バナナ”では、果物や野菜などの食品の季節性、地元産および輸入品の影響について、より詳細に説明しました。

22 George Monbiot の ‘Fowl Deeds’. https://tinyurl.com/MonbiotChickens. BBC Countryfile: Free-range poultry farming contributing to increase in river pollution, warn authorities, October 2017. https://tinyurl.com/yayk3l66 も参照。

23 Mike Berners-Lee, How Bad Are Bananas？ The Carbon Footpint of Everything, Profile Books, 2011. Revised edition, 2020. M. Berners-Lee, C. Hoolohan, H. Cammack and C. N. Hewitt（2012）The relative greenhouse gas impacts of realistic dietary choices. *Energy Policy* 43, pp.184–190. *Energy Policy* 2011. http://dx.doi.org/10.1016/j.enpol.2011.12.054 and C. Hoolohan, M. Berners-Lee, J. Mckinstry-West and C. N. Hewitt（2013）Mitigating the greenhouse gas emissions embodied in food through realistic consumer choices. *Energy Policy* 63, pp.1065–

1074. http://dx.doi.org/10.1016/j.enpol.2013.09.046

24 Creating a Sustainable Food Future, Installment Eight, from the World Resources Institute が水の管理についてより詳しく説明しています。
https://tinyurl.com/globalriceGHG

25 The greenhouse gas footprint of Booths (2015). https://tinyurl.com/ghgbooths

26 M. Marschke and P. Vandergeest (2016) Slavery scandals: unpacking labour challenges and policy responses within the offshore fisheries sector. *Marine Policy* 68, pp. 39–46. https://tinyurl.com/Fishingslavery

27 ビタミン B_{13} や D_3、カリウム、オメガ3脂肪酸も該当します。しかし、本文に記載したミネラルは、開発途上国で魚が供給する栄養として、さらに重要です。

28 A. D. Rijnsdorp, M. A. Peck, G. H. Engelhard et al. (2009) Resolving the effect of climate change on fish populations. *ICES Journal of Marine Science* 66(7), pp. 1570–1583. https://tinyurl.com/climatefish

29 Marine Conservation Society. https://www.mcsuk.org

30 海洋管理協議会（Marine Stewardship Council）が経済的既得権益によって大打撃を被るかもしれないという残念な可能性が、Fish Information & Services（FIS）のウェブサイトの記事で明らかにされています。On The Hook: UK supermarkets caught in ‘unsustainable tuna scandal’
https://tinyurl.com/marinesc

31 J. L. Jacquet and D. Pauly (2007) Trade Secrets: Renaming and mislabelling of seafood. *Marine Policy* 32, pp. 309–318. Available from:
https://tinyurl.com/seafoodlabels

32 魚屋さんとの話し方についてより詳細なガイダンスが、Wetherell, 2018にあります。The sustainable food trust. https://sustainablefoodtrust.org/articles/eating-values-five-questions-ask-fishmonger/

33 www.mcsuk.org/goodfishguide。私は本書の初版で、素晴らしいNGOであるMarine Conservation Society（MCS）をMSCと混同していました。申し訳ないです。また、私の間違いを指摘してくださった読者の方々に感謝いたします。

34 サプライチェーンの段階や地域ごとのカロリーの詳細な内訳については、M. Berners-Lee, C. Kennelly, R. Watson and C. N. Hewitt (2018); 上記注6から再掲。

35 J. A. Moult, S. R. Allan, C. N. Hewitt and M. Berners-Lee (2018) Greenhouse gas emissions of food waste disposal options for UK retailers. *Food Policy* 77, pp. 50–58.

36 メタンの70％回収を前提としていますが、埋立てと同程度です。上記論文を参照してください。

37 サンスベリ―の石焼きマルガリータピザが718 kcal。
http://tinyurl.com/gta4ryx

38 合成肉が今日の食肉産業よりも魅力であるかどうか疑問に思われるなら、以下の6分間ビデオをご覧ください。あなたの判断の参考になるかもしれません。
https://vimeo.com/73234721

39 ビル＆メリンダ・ゲイツ財団は、2008年に国際稲作研究所（IRRI）の C_4 ライスプロジェクトに資金提供しました。同プロジェクトは現在、フェーズIII（2015～2019年）に入っています。詳細はこちら。https://c4rice.com/

40 例えば、以下を参照してください。Protein produced from electricity to alleviate world hunger, LUT University, available from: https://bit.ly/2UluQWf　また、チャンネル4とジョージ・モンビットが、2020年のドキュメンタリー番組で、この問題を示してくれました。Apocalypse Cow: How meat killed the planet https://bit.ly/3aVEIMU

41 データは以下：M. Berners-Lee, C. Kennelly, R. Watson and C. N. Hewitt (2018); 上記6

42 国連は2015年のWorld Population Prospectsで、2050年には世界の人口が97億人になると予測しています。https://tinyurl.com/UNworldpop

43 第一世代のバイオ燃料は人が食べられる作物からつくられ、第二世代はそれ以外の原料、特にセルロースからつくられます。

44 詳しくは生物多様性条約に基づいて20の愛知目標が定められました。www.cbd.int/sp/targets/

訳者注

＊1 原著者が本書を執筆した2020年11月時点では、新型コロナウイルス感染症による死者数は約140万人（2022年6月時点では640万人）であった。

＊2 ある物質を極端に薄めたものなどを投与して病気を治療しようとする代替医療。日本学術会議は「ホメオパシーの治療効果は科学的に明確に否定されている」との会長談話を出している。

＊3 1日に摂取することが必要な摂取量。

＊4 対象集団の98％が不足しない栄養摂取レベル。

＊5 カーボン・フットプリントとは、商品やサービスの原材料調達から輸送、消費、廃棄・リサイクルまでのライフサイクル全体から排出される温室効果ガス排出量をCO_2の重量に換算した数値。

＊6 日本では放し飼いにするための土地が不足しているため、コスト面からケージによる養鶏が主流になっている。

＊7 羊や小牛の臓物を刻みオートミールや香辛料と一緒に胃袋に詰めて煮たスコットランド料理。

＊8 国連環境計画（UNEP）がFAOなどと立ち上げた協働プログラム。

＊9 日本では稲作から発生するメタンは人為起源メタン発生量の42％を占めている。国や地方自治体の研究所などはメタン発生量を抑制する研究を行っている。夏の暑い時期に田の水を一時的に抜いて、土にヒビが入るまで乾かす「中干し」を行うとメタン発生量が激減することが明らかになっている。

＊10 ロンドンに本部を置き、「持続可能な漁業」を行う漁業者を認証する機関。MSC：The Marine Stewardship Council。

＊11 水槽で行う陸上養殖を行えば、環境負荷を大幅に下げることが可能である。

＊12 日本ではかつて銀ムツの名で流通していたが、現在ではメロという名称で広く市場に出ている。

＊13　カレイの一種。

＊14　ヒウチダイの一種。

＊15　イワシ 1 匹は約 100 g。

＊16　イルカの混獲はしていない。

＊17　一本釣りは混獲ととりすぎを防止する。

＊18　MCS：Marine Conservation Society、海洋保全協会はイギリスで活動する団体。

＊19　消費期限や賞味期限が近づいた食品を店から引き取り、低所得の家庭に提供する組織。

＊20　日本で 2020 年度に焼却などがなされずに直接埋め立てられた一般廃棄物は排出量全体の 0.9 % に相当する 36 万 7 千トンだった。

＊21　炭素原子が六角形に結合したシート状の構造をもつ物質。丈夫で電気や熱をよく通す。

＊22　二酸化炭素を固定する光合成反応は植物によって反応経路が異なり、C_3 植物と C_4 植物に分類される。イネ、ムギ、ダイズ、イモなど主要な農業作物の多くは C_3 植物で、トウモロコシやサトウキビは C_4 植物である。C_4 植物は C_3 植物から進化したと考えられ、より優れた光合成能力を有し、成長が早い。そのため、イネに C_4 光合成を行う遺伝子を注入し、生産効率の高いイネをつくろうとする研究が進められている。

2　気候と環境

食料の章でも、大きな環境問題に触れました。次はエネルギーですが、その前に、気候危機について広くみていきましょう。簡単に紹介しますが、実際にはそれだけで本1冊になる大問題もあります。悪いニュースばかりですが、最後までお付き合いください。短くまとめてありますが、現実をしっかりと目に焼き付けてください。そうすれば、この本の後半で機会や解決策について述べますが、そのときに何が求められているかもよくわかるでしょう。

すべての政治家が知っておくべき気候危機に関する14項目とは？

「知っておくべき」と書いたのは、これら14項目すべてを理解していない人は、政治家として不適格という意味です。この本の付録で、さらに詳しく説明します。

1　**最新の科学は、地球の気温が2℃上昇することは非常に危険ですが、1.5℃の上昇ならばそれほどでもないと述べています。**パリ協定にもそう書かれています。世界のすべての主要国が同意しています。トランプ前大統領は反発しましたが、他の国々は立場を崩しませんでした。

2　**私たちが経験している気温上昇は、これまでに燃やした炭素の総量にほぼ比例します。**ここから、私たちは「剰余炭素予算」を算出することができますが、すでにほとんど使われてしまいました。

3　**最も重要な温室効果ガスである二酸化炭素の排出量は、160年前から指数関数的に増加しています。**それぞれの年で見れば上下があります。世界大恐慌や世界大戦のときには多少の落ち込みがありましたが、その後には回復しています。変動の理由は様々な方法で説明できますがノイズにすぎません。長期トレンドでみると年間1.8％で驚くほど安定して増加しています。

4　**私たちはまだ炭素曲線をへこませていません。**最新のデータを見ても、これまでの気候変動に関する話し合いや行動に呼応して炭素曲線がぴくりとでも動いたことを示す証拠はほとんどないか、もしかしたらまったくありません。ガッカリですね（この現実を直視すれば、私たちが対処できる可能性は高まります。冷徹な観測結果が、私たちが解決すべきことを雄弁に語ります）。

5　いくつかの良いニュースがシミュレーションから得られてはいますが、現在の炭素排出量が続くと、1.5 ℃と 2 ℃の炭素予算はどちらもすぐになくなります。現状のままでは、2030〜2040 年の間に 1.5 ℃の予算は尽きるでしょう。

6　ブレーキがかかるまでには長い時間がかかります。ネット排出量がゼロになるまで気温上昇は止まりません。

7　燃料は掘り起こされるとほとんど燃やされてしまいます。地下に留めておかなければいけません。

8　リバウンドは無視されたり、見過ごされたり、よく理解されていなかったりすることが多く、多くの人が役に立つと考えている行動も、まったく役に立ちませんでした。これから役にも立たないでしょう。それは新技術や効率改善にもほぼあてはまります。

9　自然エネルギーの拡大は不可欠ですが、それだけで気候危機に対処することはできません。まさに、リバウンドと人類の飽くことなきエネルギー需要のためです。

10　したがって、地下に燃料を残しておくための世界的な合意が緊急に必要です。しかし、行動を小出しにするだけだと、企業が排出量をサプライチェーンに押しつけたり、各国が炭素を海外移転したりと、排出量が様々な方法でグローバルシステムの他の場所に移動されるだけになるので、成果をあげることはできません。

11　二酸化炭素以外の温室効果ガスも管理しなければなりません(第 1 章参照)。

12　化石燃料を採掘して燃焼させることが、採算がとれなくなるほど高くつくか、違法になるか、あるいはその両方になる必要があります。ただし、これ以外の世界的制約が可能であると考えられるのであれば、その限りではありません。

13　このような政策は、すべての人に対して効力を発揮しなければなければなりません。理論的には、一部の利害関係者が貧困に陥るような取決めを無理矢理認めてしまうことも可能かもしれませんが、基本的には全世界が合意して実現に向けて協力しなければなりません。それがどんなに難しいことであっても、課題に向き合うことが解決のための重要な第一歩です。

14　良い方法があるかどうかは定かでないのですが、大気中から炭素を回収する必要もあります。なぜそうなのかといえば、これまで効果的な対策を講じてこなかったので、私たちはすでに多くのリスクにさらされているからです。

この 14 項目をすべて消化するには、少し時間がかかるかもしれません。一息ついて振り返ってみてください。それぞれのポイントについては、付録でさらに詳しく説明します。

message

環境配慮事項が気候危機だけならまだよいのですが、他の大きな問題もチェックしてみましょう。すべてが十分に報道されているわけではありませんから。

生物多様性の状況は？　なぜそれが重要なのか？

陸や海で、私たちは問題に直面しています。森林破壊、単一栽培の耕作、過剰放牧、魚介類の乱獲、無数の有害物質やプラスチックなどの汚染物質の排出。こうした様々な状況を変えなければなりません。でも、本当にどのくらいすぐに、どのくらい気にする必要があるのでしょうか？

注意：敏感な読者は、次の段落を怖いと思うかもしれません。私もスキップしたいところですが、そうもいきません。

生物種がどれだけいるかということや、どれだけのスピードで絶滅しているのかについては、誰もわかりませんが推定値はあります。植物、動物、菌類など単細胞生物に至るまでのすべての種類を含めると、おそらく 500 万〜1,000 万の異なる種が存在します[1]。最大の陸上哺乳類は約 1 万年前に絶滅していたことがわかっていて、今では毎年 0.01〜0.1 %の割合で種が失われていると考えられます[2]。つまり、1,000 万種いるとすれば、毎年 1,000〜10,000 種が失われていることになります。微細なものを除くと、2017 年に「絶滅の恐れがある」とされた種は推定 25,000 種で、2000 年初頭の 11,000 種から増加しています[3]。生き残った種も個体数が激減しています。世界自然保護基金（WWF）が約 4,000 種を対象に行った調査では、1970 年以降だけで 58 %という大幅な減少が確認されています[4]。飛翔昆虫を対象とした調査では、わずか 27 年間で 75 %減少という恐ろしい結果が出ています[5]。ううむ！

生命を純粋に機能的なものとして、かつ人間中心の視点で見てしまえば（私はそうではありませんが)、生物多様性の絶対的必要性を証明することは簡単ではないでしょう。ハエが減れば人間の生活がもっと快適になると考えたくなるかもしれませんし、トラやホッキョクグマの数は私たちの日常生活とは無関係だと感じるかもしれません。生態系がもう少し削られても人類が必要とするものは供給できるかもしれません。なんと悲しい世界観でしょう。でも、もしそう考えるのであれば、リスクをとるのが一番簡単なことではないでしょうか？　そして、慎重にわかっていることを分析してみると、リスクは非常に大きいことが明らかになります。少なくとも病気に対する抵抗力の低下と、農作物や動物、魚の収穫量低下が予想されます[6]。もしも私たちが一歩進みすぎたことに突然気付いたとしたらどうなるでしょうか？　絶滅から戻ることはできません。

海洋の酸性化とはどのようなことで、それがなぜ問題なのか？

CO_2が原因の現象で、気候変動と同じくらい厄介なことになる可能性があります。

元アメリカ海洋大気庁長官ジェーン・ルブチェンコは、この現象を地球温暖化の邪悪な双子だと語っていますが、どういうわけか気候変動の５％も報道されていません。基本的なストーリーはこうです。化石燃料を燃やしたときに発生する CO_2 が海に吸収されて、海水の酸性化が起こり、その結果、海の生物が貝殻や骨格をつくる力が低下するのです[8]。それらを好んで食べる生物にも悪影響が及びます。トーマス・ラブジョイ（元世界銀行生物多様性チーフアドバイザー）は、このことを「海洋の食物連鎖の下に敷かれている絨毯を引き抜くようなこと」と表現していますが[9]、海洋生物が壊滅的に崩壊する可能性もあります。いったんこのような事態が起きれば、回復はきわめて困難でしょう。私たちも海からの食物を失うわけですが、それは、甚大な影響のうちのたった一つにすぎません。

どうしてこの問題は気候危機のように報道されないのでしょう？　おそらく、人々は気候変動の議論に疲れ果てて、エネルギーが尽きてしまったからでしょう。また、気候変動は洪水や南極の棚氷の崩壊など私たちが想像しやすいことなのですが、こちらの影響はもっと抽象的に感じられるからかもしれません。私たちは、悪いニュースや問題に疲れてしまいました。幸いなことに、この問題の解決策は、気候危機に対処すれば、おのずと得ることができます。だから、この問題についてもよく知れば、私たちのモチベーションも上がるでしょう。

何をすればいいのか、何ができるのか？

気候危機とまったく同じで、個人レベルでは、カーボン・フットプリントを削減し、世界が燃料を地下に残すような文化的・政治的条件を整えられるように力を尽くすことです。世界の温室効果ガスとしての CO_2 排出量を削減するのと政策的に同じことですが、炭素回収貯留（CCS、90 ページ参照）をするのであれば、地下に貯留された炭素が海に漏れないようにしなければなりません。

世界にはどれくらいプラスチックがあるのか？

これまでに生産されたのは推定 90 億トンです[10]。そのうち 54 億トンは、埋め立てられたり、陸や海に散乱したりしています。これを全部ラップにすると、地球全体を包むのに十分な量になります[11]（図 2.1）。

世界では毎年 4 億トン以上生産されています。これまでにつくられたプラスチックのうち、今も使われているのは 3 分の 1 以下、焼却されたのは 10 分の 1 以下、リサイクルされたのはわずか 7 %です。約 60 %はごみとして放置されています。プラスチックの埋立ては、少なくとも炭素を元々あった地下に戻すことだとはいえます。気候変動の観点からは最良の終着点でしょう。毎年 400 万〜1200 万トンが海に流れ込んでいると推定されていて[12]、はるかかなたのビーチや海底あるいは鳥の胃袋に収まっています。時には、食物連鎖に戻ることもあります。イギリスでとれる魚の 3 分の 1 から見つかります[13]。人類が自然界をあたりかまわず破壊しまくっていることのなかでも最も気が滅入るのは、小さなプラスチックのかけらが、多かれ少なかれずっと存在し続けるという事実です。今から数千年後にきれいなビーチに行ってみると、この数十年間に私たちが無意識にばらまいた微細な粒が色とりどりの砂となっているのを顕微鏡で見ることができる

図 2.1　全世界で捨てられているプラスチックをすべてラップにすれば、地球を包めてしまう

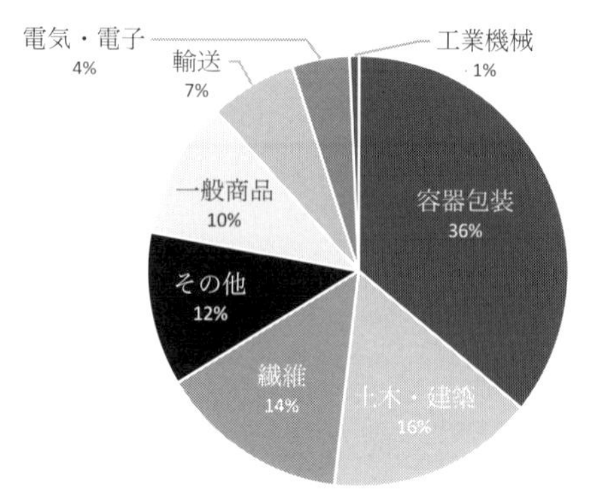

図 2.2 世界の 2015 年の産業利用別プラスチック生産量（%）。プラスチックの 3 分の 1 以上が容器包装に使用されている

しょう。いくら掃除をしても解決しません[14]。そして海中の量は、これから 10 年で 3 倍に増え、約 5,000 万〜約 1 億 5,000 万トンになるといわれています[15]。

プラスチックの 3 分の 1 以上が使い捨ての容器包装に使われます（図 2.2）。プラス面としては、リサイクル率が過去の平均値であるわずか 9 %から、現在では 20 %近くまで伸びたことです。しかし、マイナス面では、リサイクル率の伸びは生産量の伸びに比べて小さいので、毎年の廃棄量は減るどころか増えています[16]。

化石燃料は燃やした方がいいのか、それともプラスチックにした方がいいのか？

ホブソンの選択*1 です！　理想的には、化石燃料のまま土の中に残すことです。プラスチックの埋立ては、他に問題もありますが、少なくとも土に戻してはいます。

現在、1 年間に生産される石油を全部プラスチックに変えると、全世界にあるプラスチック総量の約 2 倍になります[17]。とんでもない考えのようですが、石油会社は世界が化石燃料を燃やさないようにしていると徐々に理解するようになって、プラスチック工場に自社製品を売り込もうとしているようです。けれども、気候危機がどれほど深刻であっても、CO_2 からプラスチック廃棄物への移行はもっと深刻です。もし、このようなビジネス戦略を提案している人がいたら、それは「有害」だと訴えてください[18]。

1 生物多様性条約の報告書“Sustaining life on earth”（2000年）では、1300万種とされています（https://tinyurl.com/cbdreport）。最近の研究では、約800万種と推定されています（C. Mora, D. P. Tittensor, S. Adl, A.G. Simpson and B. Worm（2011）How many species are there on the Earth and in the ocean？ *PLoS Biology* 9(8), e1001127. https://tinyurl.com/totalspecies）。けれども、1億種もありうるかもしれません（R. M. May（2010）Tropical arthropod species, more or less？ *Science* 329(5987), pp.41-42. https://tinyurl.com/speciesscience）。

2 世界自然保護基金（WWF）の試算によります。次を参照
https://tinyurl.com/wwfbio

3 推定値は国際自然保護連合（IUCN）のレッドリストによるものですが、種の分類や「脅威」の定義が変化したことが一因である可能性を示しています。レッドリストは次を参照 https://tinyurl.com/redlistiucn

4 World Wildlife Fund (WWF), Living Planet Report 2016.
https://tinyurl.com/wwflivingplanet

5 C. A. Hallmann, M. Sorg, E. Jongejans et al.（2017）There has been more than a 75 percent decline over 27 years in total flying insect biomass in protected areas. *PLoS One* 12(10), e0185809.
https://doi.org/10.1371/journal.pone.0185809

6 B.J. Cardinale, J. A. Duffy, A. Gonzalez et al.（2012）Biodiversity loss and its impact on humanity. *Nature* 486(7401), p.59. この論文は、数百編もの研究を引用しています。提供サービスについては、(1) 種内遺伝子の多様性が商業作物の収量を増加させる、(2) 樹木種の多様性がプランテーションの木材生産力を向上させる、(3) 草原の植物種の多様性が飼料の生産を向上させる、(4) 魚類の多様性の増加が漁業の収穫量の安定性を高める、などのデータがあります。制御プロセスやサービスについては、(1) 植物の多様性を高めると外来植物の侵入に対する抵抗力が増す、(2) 真菌やウイルスなど植物が感染する病原体は、多様な植物群落ではあまり発生しない、(3) 植物種の多様性が高まればバイオマスの生産力が上昇し、地上での炭素隔離が増加する、(4) 栄養分の無機化や土壌有機物は植物の豊かさに応じて増加する、などがあげられます。

7 オンラインマガジン“Yale Environment 360”に掲載されたジェーン・ルブチェンコのインタビュー：https://tinyurl.com/janelubchenco

8 海水のpHは産業革命以降0.1低下しました。大したことではないと思うかもしれませんが、海水の水素イオン濃度が少なくとも26％上昇したことに相当し、2100年には150％上昇すると予測されています（IPCC（2014）*Climate Change 2013*—The Physical Science Basis, Working Group I Contribution to the Fifth Assessment Report of the Intergovernmental Panel on Climate Change, Cambridge University Press の第3章を参照）。科学者たちは、酸性化の加速割合は、過去3億年に起きたどのような海洋の地球化学的変化より大きいと考えています。海洋生態系は前例のない未知の領域へと向かっている可能性があります（B. Hönisch, A.Ridgwell, D. Schmidt et al.（2012）The geological record of ocean acidification. *Science* 335(6072), pp.1058-1063）。

9　ナショナル・ジオグラフィックの次のアーカイブ・レポートから引用。
https://tinyurl.com/ThomasLovejoy

10　プラスチックの生産とその後に関するすべての数値は、断りのない限り以下から引用しました。R. Geyer, J. R. Jambeck and K. L. Law (2017) Production, use, and fate of all plastics ever made. *Science Advances* 3(7), e1700782. https://tinyurl.com/fate-of-plastic

11　私の計算によれば、地球を 1.33 回包むことができます。地球の表面積は 5 億 1,000 万 km^2 です。家庭用ラップの厚さを約 8 μm とすると、地球を包むのに必要な量は 40 億 m^3 になります。2015 年までに廃棄されたプラスチックは 54 億 m^3 で、(ラップの密度を 0.92 g/cm^3 とします) 地球を 1.33 回包めます。厚さを 2 倍にしても陸地を覆うことはできますし、月ならば楽に 4 回包めます。

12　J. R. Jambeck, R. Geyer, C. Wilcox et al. (2015) Plastic waste inputs from land into the ocean. *Science* 347(6223), pp. 768–771. この研究では、固形廃棄物発生量、人口密度、廃棄物管理に関する世界的データを基にして、海に流入するプラスチック廃棄物の推定が行われました。

13　A. L. Lusher, M. McHugh and R. C. Thompson (2013) Occurrence of microplastics in the gastrointestinal tract of pelagic and demersal fish from the English Channel. *Marine Pollution Bulletin* 67(1), pp. 94–99.
https://tinyurl.com/plasticinfish

14　細かい破片に分解することは時に生分解といわれますが、数百年を要することもあります。鉱物化とは違って分子が分解されることで、通常、海中ではまったく起こりません。

15　イギリス政府 , Foresight Review of Evidence: Plastic Pollution (2017).
https://tinyurl.com/foresightplastic, in turn referencing
J. R. Jambeck, R. Geyer, C. Wilcox et al. (2015); 上記 12 参照。

16　陸地や自然環境に投棄されるプラスチックは今後 10 年間増え続け、現在のレベルにまで戻るにはさらに 20 年かかるといわれています。

17　2015 年の石油生産量は日量約 9,200 万バレルで、年間では 45 億 6,100 万トンになります。ここでは、1 トンの石油から 1.37 トンの PET (ポリエチレンテレフタレート) (炭素重量ベース) が製造できると仮定しました。PET はペットボトルやポリエステルの製造に使用される最も一般的なプラスチックです。石油をすべてプラスチックの製造に使えば、2015 年までに 62 億 5,500 万トンが製造されます。これまでに製造されたすべてのプラスチックの 83 %に相当します。

18　この節はガーディアン紙から引用しました。Is there life after plastic ? The new inventions promising a clean world (2018 年 2 月)
https://tinyurl.com/lifeafterplastic

訳者注

※1　他に選択の余地がないこと。

3　エネルギー

この章で示すのは現在と未来のエネルギー全体像です。エネルギー源、移行の実現可能性、そして人類の根源的課題に向き合う旅です。

ここまで、食料や気候、環境についてみてきました。次は避けることのできないエネルギーシステムについてみてみましょう。私たちがこの惑星を良くも悪くも変えることができるのは、エネルギーの供給があるからです。エネルギーのかなりの部分が食事によって消費され、さらに数パーセントがバイオ燃料ですが、エネルギー生産と温室効果ガス排出の大部分は化石燃料によるものです。

まず、全体像をつかみます。どれだけのエネルギーを使っているのか、エネルギーはどこから来て、何に使われるかです。そして、そこから何ができるかを考えます。もちろん、「集中治療」が緊急に必要なのは、気候危機への対応です。技術レベルならば実現可能で希望のもてる解決法を見つけることができます。人気があるけれどもうまくいかないアイデアもあって、そのうちの一つか二つはかなり危ないので、否定していかなければなりません。

エネルギー成長の根底にある流れを理解することが欠かせませんから、まずそこからみていきます。この流れについては、驚くほど多くの政策立案者がいまだに理解していなかったり、わかったふりをしたりして、自分の役割を十分に果たしていないのが現状です。基本を理解すれば、人と地球の集中治療と長期的健康の両方を考える上で大いに役立ちます。

始めましょう！

どれほど使っているのか？

人間は全陸地に降り注ぐエネルギーの約 7,000 分の 1 を使用しています。平均すると 1 人 1 日 59 kWh です[1]。約 6 リットルのガソリンに相当し、高燃費のガソリン車であれば約 70 マイル（110 km）走行できます。

電気にすれば、1 人 1 日の平均エネルギー使用量は、同サイズの電気自動車で約 280 マイル（450 km）走行できます。あるいは、トースターと湯沸かしポットを常備できます。ジェット燃料で 59 kWh は、旅客機が 100 マイル人を飛行するのに十分な量です。食べ物に換算すると、22 人が 1 日に必要なカロリーです。

ここでの数字には、暖房のために燃やされる木材や食料のすべてが含まれています。食料をエネルギー計算に入れるのは、これまでみてきたように、食料と非食料のエネルギーシステムは、土地利用を通じてますます複雑に絡み合っているからです。

もちろん、全員が同じ量のエネルギーを使っているわけではありません。平均的ヨーロッパ人は世界平均の約2倍、平均的アメリカ人なら約4倍使い、平均的アフリカ人は約5分の1しか使っていません。暖房のない家で寝る人は、世界平均の約3％しか使いませんが[2]、プライベートジェットで1人旅をする人は、約1,000倍使います。

使用量はどう変化してきたか？

常に増え続けてきました。増加率も上がり続けています。私たちは50年前に比べると3倍以上のエネルギーを使っています。

私たちはほぼ毎年、前年より多くのエネルギーを使ってきました。短期的な変動はあるかもしれませんが一般的な傾向としては、少なくともエジプト人が人（奴隷）の力でピラミッドを建設していた頃から、そしておそらくそれよりずっと前からエネルギー使用量の増加が続いています。こういうことです。エネルギーが多ければ多いほど、さらに多くのエネルギーを手に入れることができますし、エネルギーの獲得と使用の両面で、さらに様々な効率的な方法を発明することができるようになるのです。エネルギーの成長とイノベーションや効率性向上は常に手に手をとり合ってきました。チームとなって競争し、スピードを上げてきました。この本の冒頭で述べたように、このエネルギー使用量の増加が、最近になって私たちを人新世へ導きました。この壊れやすい惑星と比べても、私たちが大きく力をもつようになりました。大きな失敗をしたくなければ、これまでとはまったく異なる方法で生活しなければならない時代にいきなり突入してしまったのです。

時の経過とともに、増加率も確実に上昇してきました。数百年前には、年平均の数分の1パーセント程度だったはずです。200年前から50年前までの平均は約1％でしたが、過去50年間の平均は2.4％と大幅に上昇しました。

歴史を振り返ってみると、木材から石炭、石油、ガスへと大きく変化し、変化量が小さいものとして水力、原子力、風力、太陽光が、次々と新しいエネルギー源として登場してきました。グラフを見れば、新しいエネルギー源が登場したか

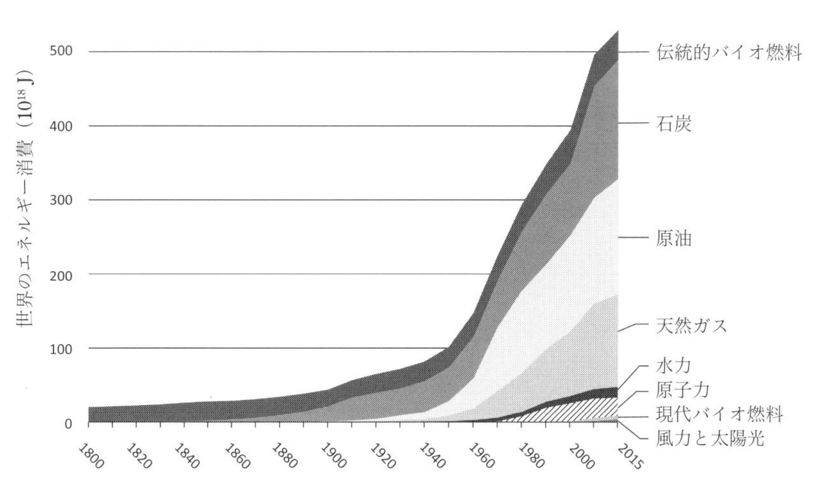

図 3.1　世界の一次エネルギー消費量（1800〜2015 年）。新しいエネルギー源は古いものに取って代わるのではなく、全体を増やしている

らといって、それまでのエネルギー源が減少することなどあまりないことがわかります。新しいエネルギー源は古いものを代替するのではなく、全体を増強するために使われてきました（図 3.1）。木質燃料の使用がわずかに減少したことが例外的にあるくらいです。自然エネルギーに注目が集まっていますが、この単純な観察結果に注目しなければいけません。

（ごく近年に着目すると、増加傾向が落ち込んでいることがわかります。過去 10 年間の平均は 1.6 %前後でしたが、過去 5 年間は 1.3 %ほどに低下しました。BP 社によると、2016 年は 1.0 %の成長にとどまっています。これを見て喜ぶ人もいますが、私は慎重です。その理由は数ページ後で将来のエネルギー利用のところで説明します。とりあえず、短期的には常に浮き沈みがあるということにしておきましょう）

何に使っているのか？

約 5 %が人の食料のために、38 %が人や物資の運搬に使われています。残りは家庭用とビジネス用でほぼ 2 分されます。

家庭用は 28 %で、調理や暖房に使われ、冷房も増えてきています。工業用の 16 %のかなりの部分が、食品の生産や調理、交通インフラと車両の提供、そし

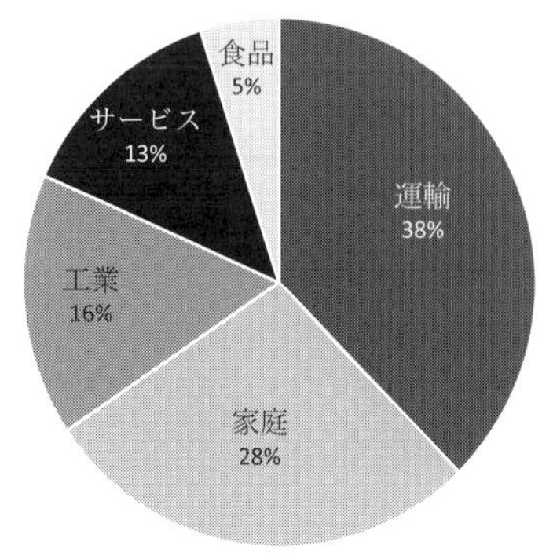

図 3.2 イギリスの用途別エネルギー

て調理器具や暖房器具も含めた住宅の建設と維持に費やされています（図 3.2）。つまり、食べること、移動すること、暖をとることが人類のエネルギー使用のかなりの部分を占めているということになります。この数値はイギリスの統計に基づいています[3]。

どこから得ているのか？

83 %は化石燃料です。原子力は 2 %以下です。再生可能エネルギーは 4 %近くで、そのうち 3 分の 2 は水力です[4]。

私たちに供給されるエネルギーは、ごく一部である核燃料や（月のエネルギーともいえる）潮力を除けば、すべて太陽に由来します（図 3.3）。ほとんどが大昔に植物が二酸化炭素を取り込んで化石燃料として蓄えてきたもので、私たちはこれをますます多く使っています。今日のエネルギー源の 6 分の 1 は今の太陽光から得られる植物、風、雨、太陽電池などになります。通常、植物は太陽光の 1〜2 %を光合成によって取り込み、その一部が食料や木材、最新のバイオ燃料として利用されます。

太陽光パネルは植物よりずっと優れた方法で太陽エネルギーを取り込むことができます。安価なものでも 16 %、効率の良い（しかし高価な）ものなら 22 %取り込むことができます。近い将来、40 %程度まで可能になるかもしれません。太陽は大地や海を暖め、空気を膨張させて流動させ、水を蒸発させて雨や雪を降らせます。こうして太陽エネルギーのごく一部が風や水のエネルギーに変換されます。私たちはそのうちのまたごく一部を風力や水力のタービンで回収しています。

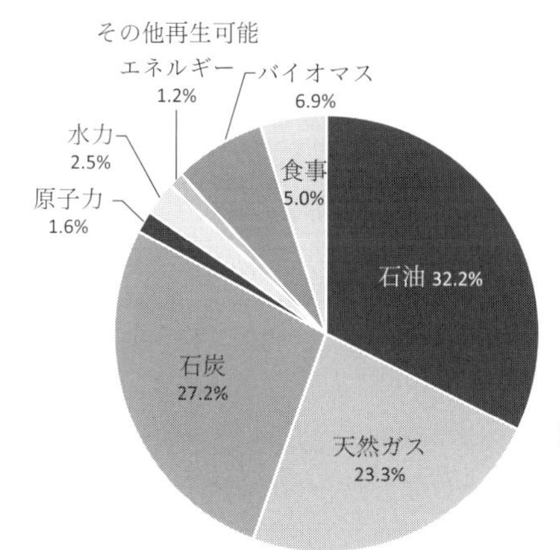

図 3.3 2017年の世界のエネルギー供給量は、食べ物も含め 18.6 TW（10^{12} W）。1人あたり 2.5 kW（または 1 人あたり 59 kWh/ 日）に相当する

column

なぜ図 3.3 では自然エネルギーの割合が他の本のグラフより小さいのか？

再生可能エネルギーと原子力の数値が他で見られるグラフと比べて小さいのは、2.6 というマークアップ係数を乗じていないからです。どうしてそのようなことをするのでしょうか？　それは、発電所の効率が良くないので、1 kWh の電気をつくるためには 2.6 kWh の化石燃料が必要だからです。化石燃料が全部発電に使われているのであれば、この係数を適用することは合理的ですが、実際はそうではありません。現在のエネルギーミックスに含まれる自然エネルギーは全部が発電所の化石燃料を代替していると考えられています。しかし、自然エネルギーが大きな割合を占めるようになれば、それが当てはまらなくなり、太陽エネルギーや風力エネルギーも熱源として利用することになります。1 kWh の電気は 1 kWh の化石燃料ほどには熱を提供しません。例えば BP 社が世界エネルギー年鑑で行っているようなマークアップ係数を使えば場合、原子力は 5 %、水力は 6.5 %となり、その他の自然エネルギーも 3 %程度と、少しだけ見栄えが良くなります[5]。

message

私たちが何をどこから調達し、何に使っているかをみてきましたが、ここから今日のエネルギー供給における最大の問題をみていきましょう。

化石燃料はどれほど悪いか？

私たちは石炭、石油、ガスから多大の恩恵を受けてきましたが、今は地下からの掘削をやめることが急務となりました。

化石燃料のおかげで、現代社会に生きる私たちは様々な恩恵を受けてきました。特に重要なのは、健康が向上し、寿命が延びたことです。しかし、燃焼で排出される二酸化炭素が大問題であることは明らかで、私たちはできる限り速やかに化石燃料を捨てなければなりません。

column

化石燃料に反対する根拠の超高速サマリー

多数の科学者による広範かつ詳細な研究によって、化石燃料の燃焼による二酸化炭素の排出が人為的気候変動の最大の原因であり、今世紀中に人類にとって非常に危険な状態になることが明らかになっています。しかし、それがいつになり、どの程度悪いものなのかは誰にもわかりません。気候変動の原因を抑制し、元に戻すには長い時間がかかるため、深刻な症状が出る何十年も前から対策を講じなければなりません。その必要性が長年にわたって議論されてきたにもかかわらず、現在の私たちは温室効果ガスを大気中に放出する速度を加速させています。2015年にようやく勝ち取った気候変動に関するパリ協定では、世界のほぼすべての国（トランプ政権だったアメリカを除く）が、緊急の行動が必要であることに同意しました。この簡潔ですが重要な成果は、非常に長い時間をかけて得られたものですが、必要な行動を確実に実行させるためにはまだ不十分です。私たちは、化石燃料の燃焼を速やかに廃止し、クリーンまたは「再生可能」な資源と置き換えなければなりません。

付録「気候危機の基礎（気候変動の緊急事態について誰もが知っておくべき14のポイント）」（239〜249ページ）を参照。

付録では、気候危機について知っていただきたい14の事項について、より詳しく説明します。ここでは関連する質問にすぐ入りたいので、詳細は主題から省きました。そして、より幅広く気候変動以外のことにも目を向け、気候危機はその一症状にすぎないもっと大きな問題をより深く掘り下げ、未知の水域に至った人類がどのように道を切り開いていけるかをより実践的に考え、そして私たちに何ができるのかを考えていきたいと思います。この本の末尾に飛んで、書かれているポイントを急いでチェックする価値があるかもしれません。なぜなら、そこにあることは必須であり、興味深いけれども、あまり広く知られていないからです。簡潔にまとめてみました。もしあなたに選択肢があるなら、14のポイントすべてを理解していない政治家には投票しないでください。

message

化石燃料をなくさなければいけないことがわかったら、代替手段を検討しなければいけません。意外なものもあれば、限定的なものもあり、役に立たないものやもっと悪いものもあります。

太陽からどれだけのエネルギーがくるのか？

地上のすべての人に16,300 kWの太陽エネルギーが届いています[6]。私たちの一人ひとりがオリンピックプールの水を毎日沸かすのに十分な量です[7]。

エネルギーのほとんどは海に届くので、人の手には届きません。陸地に届くのは3分の1以下です。それでも私たちが使うエネルギーの約2,000倍あり、一人ひとりが2,700個のポットを常時沸かし続けることができます。世界の全員が飛行機で飛び続けるためのエネルギーの約10倍に相当します[8]。私たちだけでなく、他の多くの植物や動物にとっても、十分なエネルギーです。

太陽エネルギーは利用できるか？

全陸地面積の0.1 %以下（228マイル×228マイル：367 km四方）のソーラーパネルで、今日のエネルギー需要を満たすことができます[9]。

今のところエネルギー供給の1 %にも満たない太陽光発電ですが、十分注目に値する技術であり、数年前に多くの人が予想していたよりはるかに速く普及しています。過去10年間の太陽光発電の成長率は、年平均50 %という驚異的な数字を記録しています[10]。太陽光発電は今日のエネルギー需要を十二分に満たす可能性を秘めていて、選択しさえすれば化石燃料を地下に残すことができます。私が土地面積から行った計算では効率16％の安価な太陽電池の利用を前提にしていましたが、高品質のものは約22％に達していて、数十年以内には40％まで改善することが可能と考えられます[11]。ここでは太陽光発電に伴う技術的課題はとりあえず置いておきました。その中でも、エネルギー貯蔵、長距離送電、航空燃料の代替などは困難な課題でしょう。これらの課題にも目を向ければ、すべて克服できるでしょう。また、太陽電池の製造に必要な材料の不足や、建設を中断しなければならなくなるような環境問題の深刻化も考慮していません。世界の一部地域では太陽光発電がうまく働いていますが、太陽エネルギーは全体的に豊富なので、ほとんどの地域で今も十分に利用できるはずです。イギリスやオランダのように人口が多くて太陽光が十分に届かない地域では、風力や水力など他の持続可能なエネルギー源を利用して補うことができます(詳しくは後述します)。

この調子で設置を増やしていけば、30年後には現在のエネルギー需要をすべて満たすことができます。太陽光発電の価格も、設置率が2倍になるたびに約20％ずつ下がってきていて、その状況は長く続く可能性があります[12]。問題は規模が大きくなると、増加率を保つのが難しくなるということです。すでに年率30％程度にまで落ち込み始めています。これでもまだ大きいのですが、この減少傾向はよくありません。太陽電池が「銀の弾丸*1」であることに懐疑的な人たちは、動物の力から石炭、蒸気から内燃機関といった、過去のエネルギー転換には長い時間がかかったと指摘します[13]。これに対する反論は、他の多くの生物種はいうに及ばず、人類のためにも迅速なエネルギー転換を行うことが必要であると、これほど世界的に認められたことはかつてなかったということです。そうすることで何かを変えることができるはずでしょう？　確かに、私たち人間は意識して影響を及ぼすことができるはずです。

これまでに、どれだけ太陽光発電ができたのか？

2.4％のエネルギー成長が続くと、300年後には地上の隅々にまで太陽電池を置かなければならなくなります。そうなると、植物や動物のための土地はなくなり、日光浴はできず、工場でつくった食事だけになります。

すべてはエネルギーの増加を歴史上初めて意図的に抑えられるかどうかにかかっています。エネルギーが増えればソーラーパネルも増えます。100年ごとにエネルギー使用量が約10倍になる長期的傾向が続けば、2117年には陸地の約1％が必要になります。2217年には10％が必要になり、300年後には現在の効率のままでは乾いた土地のほぼすべてを太陽光パネルで覆わなければなりません(図3.4)。そうなれば、食料を育てる場所はなくなり、太陽光を肌に当てることも、陸上生物が利用することもできなくなります。これらの合計値は、今日の太陽光発電所で見られるパネル間のスペースを無視しています。だから、エネルギーの増加を抑えるか、あるいは世界がますます巨大な太陽電池になってしまうことに慣れるか、どちらかしかないのです（私としては、太陽電池は必要ですが、外見は駐車場のようで美しいとは思えません)。

理論的には、太陽電池の効率を約3倍高めることができるかもしれません。そうすれば、食料生産のための土地を無視すれば、さらに約50年やっていけます。ソーラーパネルを海全体に敷き詰めることができれば、さらに50年、約2400年の寿命が得られるかもしれません。

もしも人類がエネルギー需要の増加を抑えることができれば、化石燃料や原子

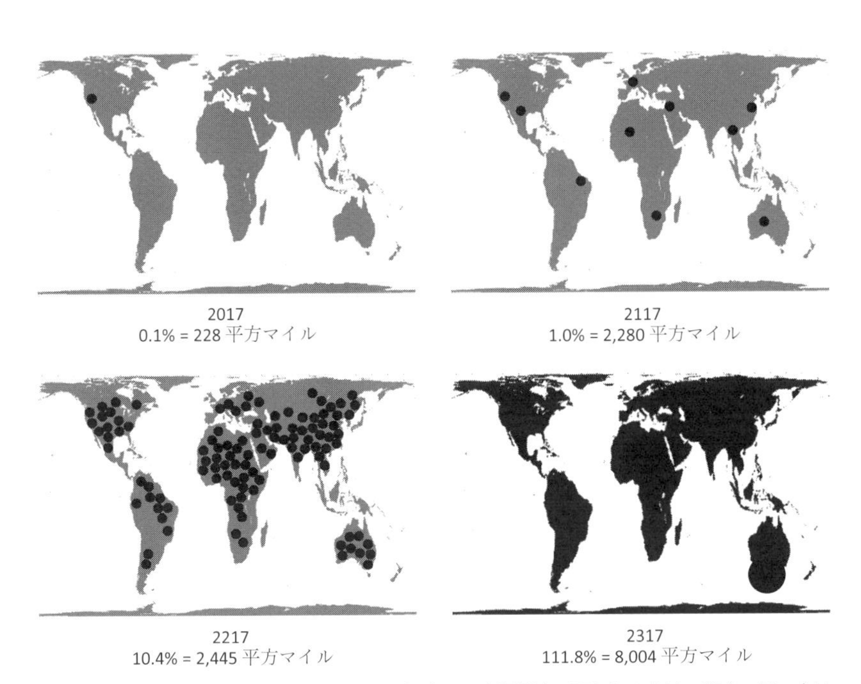

図3.4　現在のエネルギー成長が維持された場合に、太陽電池で覆われる土地の割合。黒い点は縮尺に合わせてある

力、核融合、さらには許容し難い土地利用も必要とせずに、エネルギー不足は真に過去のものとなるでしょう。抑制できなければ、私たちはいつか限界に直面します。

太陽光が豊かな国はどこ？

上位5カ国は、オーストラリア、ロシア、中国、ブラジル、アメリカです。これらの国で世界の陸地が受ける太陽光の36％を占めます。

図3.5の地図は、国の大きさは総日照量に比例し、灰色が濃いほど1人あたりの日照量が多いことを示しています[14]。

上位5カ国は拮抗しています。オーストラリアは砂漠が多くて太陽光全体の7.5％を占めて1位、アメリカは6％強で5位です。ロシアは北の果てですが国土が広大なので中国より50％多く、アメリカの2倍で、上位グループに入ります。

総日照量は再生可能エネルギーや食料生産を多く行えるのはどこなのかを知る上で有用な指標です（この点については後で詳しく説明します）。複雑な問題もあります。ブラジルでは熱帯雨林を維持するために、土地の大部分は太陽光発電や農業のためには使わないほうがよいでしょう。ロシアでは太陽光は空の低い角度から農業には絶望的な凍てつく荒野に来るので大量の太陽電池が必要です。オーストラリアの砂漠は太陽光発電には最適ですが、今のところ農業には向いていません。

1人あたりの日照量は、世界のエネルギーや食料における国の重要性ではなく、低炭素社会におけるその国のエネルギーの相対的豊富さを示します。オーストラリアはこの指標においても優れていて、1人あたりの太陽光がイギリスの200倍という驚異的な数値を示します。そう考えれば、最も新自由主義的なオーストラリア政府でさえ、低炭素世界を強力に推進することが戦略的利益につながると考えるでしょう。クリーンエネルギーの豊富さが、石炭を放置することで失うものを上回ることは間違いありません。

アフリカが大きいことは予想できますが、人口増加により、灰色はもっと薄まっていくでしょう。

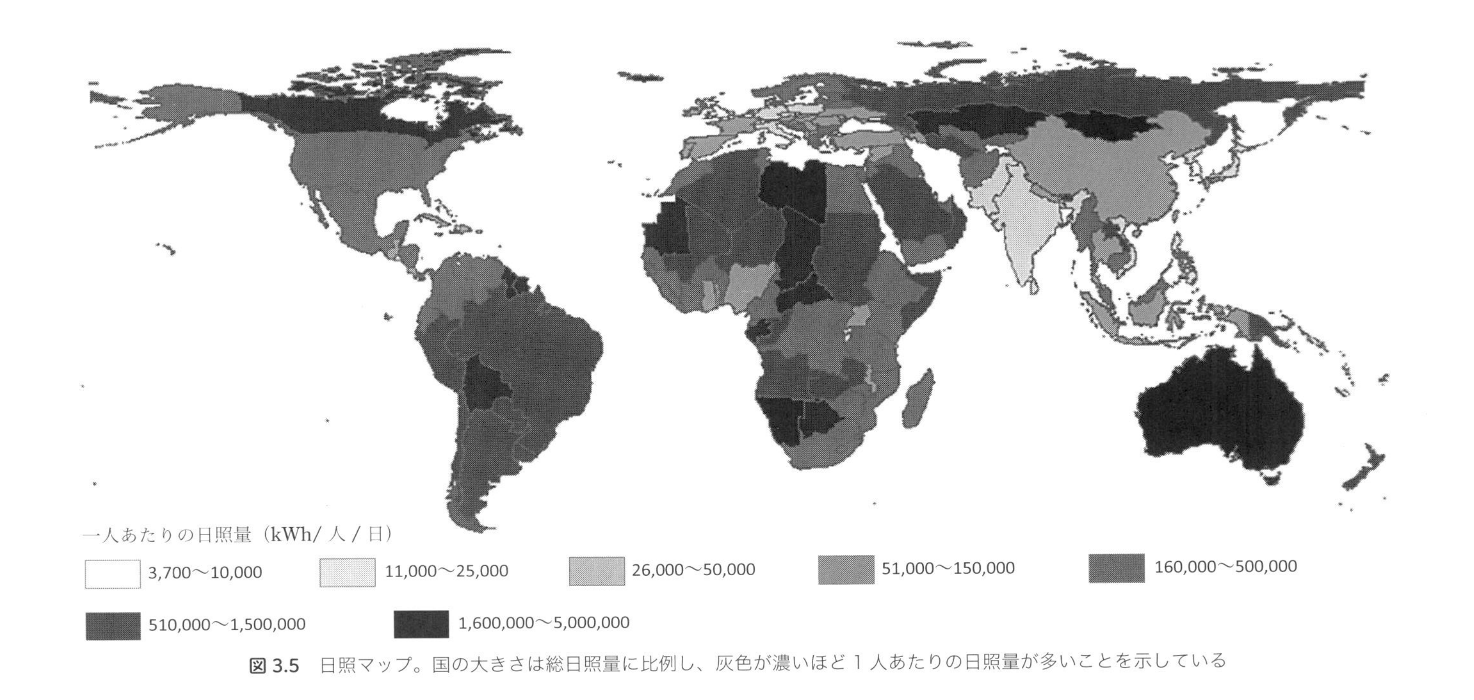

図 3.5 日照マップ。国の大きさは総日照量に比例し、灰色が濃いほど１人あたりの日照量が多いことを示している

1人あたりの太陽光が少ない国はどこ？

最も少ないのは、バングラデシュ、オランダ、韓国、ベルギー、イギリス、ルワンダ、日本です。

ここでは人口1,000万人未満の3カ国は除きました。貧しいバングラデシュは、気候変動の影響で洪水に見舞われやすいだけでなく、1人あたりの日照量は1日3,700 kWhしかありません。現在の高品質のソーラーパネルでも太陽光の20％程度しか取り込むことができないので、国土の8％を太陽電池で覆わないと、今日の世界平均のエネルギー需要を満たすことはできません。私の計算では、電池の間には隙間がないことを前提にしていますが、問題は他にもあります。人口増加は負担を増大させますし、農地が8％失われるだけでも、多くの人口を養わなければならない国にとってはかなり深刻です。バングラデシュは、エネルギーと後述する食料の両方を輸入しなければ発展は難しいでしょう。

イギリス[†]は人口が多く寒い国ですが、1人あたりの太陽光はバングラデシュの2.5倍あります。国民はエネルギー消費の多い生活を送っています。また、風力、波浪、潮汐、さらには水力発電の可能性があるという利点があります。原子力もあります（この議論は数ページ後に行います）。イギリスが低炭素エネルギーに移行することは可能だと思いますが、多くの国と比較すると解決のためには複雑で興味深い政策の組合せが必要でしょう。

日照マップでは、インドの1人あたりの日照量はバングラデシュの3倍あり、日本より10％ほど多いのですが、人口が多いために薄い灰色になります。ヨーロッパ全体は薄い灰色で、面積も狭いのです。

太陽が出ていないときはどうするか？

基本的な解決策が四つあります。

1　太陽が出ているときにエネルギーを蓄える。

2　他のエネルギー源から供給する。

3　需要を太陽光に合わせる。

4　太陽は常にどこかで輝いているので、全世界に送電する。

日照は断続的なので管理は大変ですが、パニックになるほどの問題でもありま

---

† ちなみにイギリスは、天候が悪く、人も多く、そして、民主主義とは何かという点でも誤解があるように私には思えるのですが、それでも住むにはとても良い所です。

せん。

短時間の蓄電であれば、電池の技術は急速に発展し、容量も増えています。エネルギーの需要と蓄電池製造のタイミングがマッチしていないという問題に対処するために、自動車や家庭にある電池を使うというアイデアも生まれています。電池は大抵の機械に組み込むことができますが、長距離を航行する船や飛行機では重量が問題となりますし、製造にはかなりの資源が必要です[15]。また、どんなに優れた電池でも時間が経てば消耗します。水力による蓄電も重要ですが、設備を増やすことは容易ではありません。電気が余ったときに水をダムに汲み上げておき、電気が必要になれば汲み上げに使ったポンプを逆回転させてタービンとして使って発電します。このプロセスは効率的で、水力発電所はいったん建設されてしまえば、運転に必要な物的資源はありません。浚渫のエネルギーは発電量に比較すれば問題になりません。しかし、発電量はダム湖の容量で制限されますし、容量を拡大するために新たにダムを建設すると、普通は大きな環境負荷が生じます。

太陽エネルギーから変換された電気を使って、水素と二酸化炭素から便利で永続的な液体炭化水素をつくることができます。これならば現在の（汚染は出ますが）ほとんどの自動車や飛行機に使うことができます。効率は約 60 %になります。かなりのロスですが、生成された炭化水素を再び電気に変換するのでなければ、必ずしも問題だとはいえません。けれども、また電気に変換して使うとなると、さらにロスが発生して、最終エネルギー供給量は当初の 20 %程度にまで落ち込んでしまいます。

おそらく水素は、再生可能エネルギー発電の不安定性に伴う問題のすべてを解決する未来の貯蔵庫として、最も期待できます。電気エネルギーは 80 %の効率で水素燃料に変換することができます。そして、約 60 %の効率で発電するときまでずっと貯蔵することができます。運用のための資材もほとんど必要ありません。水素は軽いので体積に問題はありますが、少なくともかなりの長距離を輸送できる可能性があります。

その他にもフライホイール*2 や圧縮空気*3 など、さまざまなエネルギー貯蔵技術が開発中です[16]。

太陽が出ていないときの発電については、風力や水力、そして慎重に運用するバイオ燃料が補完します。中期的には原子力を限定的に導入するケースもあるかもしれません。77 ページを参照してください。

日照時間に合わせて需要を調整する方法としては、日中の自動車への充電があります。大規模な冷蔵作業は送電網から供給される電力の変動に合わせて行うことができますし、家庭での使用のタイミングも需要のピークを避けるように調整することができます。こうしたことを可能にするスマート技術と、それを進めるための電力価格体系の運用は実行に移そうと思えば、すべて実現可能です。

最後に送電です。中国は国内の端から端まで電気を送る巨大な送電線に投資しています。昼間の地域から夜の地域へ送電するためには、中国全土よりさらに長距離の送電線が必要になるので、途中の電力損失はありますが、次第に実現可能になってきています。

全体として電力の不安定さと貯蔵の問題に対処する解決策は、おおむね順調に進んでいます。肝心なのは投資です。

風力発電はどこまで役立つのか？

地上に届く太陽エネルギーの約 2 %が風力エネルギーになります[17]。

けれども、風の大半ははるか上空のジェット気流で、まったく手が届きません。低空でも風はほとんどはるか沖合の海上で吹いていて、洋上風力発電には使えません。陸上や沿岸域の低層風でも地理的な制約が多く、利用できる風は限られます。10 km^2 以上の広さの風力発電所でも、土地 1 m^2 あたり 1 W ほどしか発電できません。なぜなら、空気の運動エネルギーには限界があり、大規模な風力発電所では、タービンが次のタービンに届く風を減速させるからです。イギリスのように風の強い場所でも、風力発電は助けにはなりますが解決策の主力にはなりません。イギリス全土を一つの巨大な風力発電所にしたところで、1 人 1 日あたり 87 kWh しか発電できません[19]。これは現在の世界平均のエネルギー使用量よりは 50 %近く多いものの、イギリスのエネルギー需要には及びません。そして、この感心できないシナリオでは、リッチモンド公園やスカフェル・パイク、セント・ポール大聖堂のてっぺんなど、あらゆる場所に風車が設置されることになります。イギリスには熱心なアンチ風力の団体があって、そこまで極端にやることになれば私もこの団体に加わります。

1 人あたりの風量が最も多い国はどこ？

風力には太陽光発電ほどの潜在能力はありませんが、貢献はできます。図 3.6 は、各国の風の運動エネルギーを示していて、おおよその感覚がつかめるでしょ

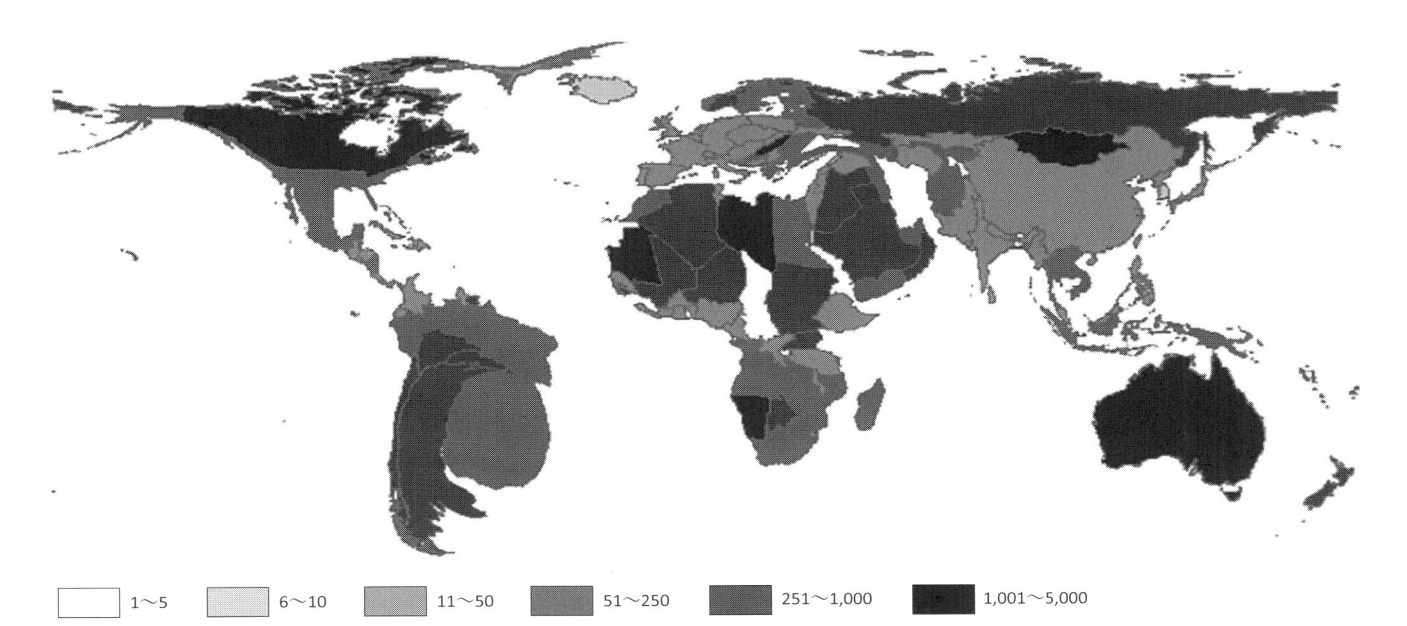

図 3.6　風力地図*[4]。国の大きさは上空の風の運動エネルギーに比例し、灰色が濃いほど 1 人あたりの風力エネルギーが多い。洋上風力は考慮していない

う[20]。ただしとてもラフなので、地形の適合性や洋上の可能性は無視しています。

太陽光と風力の地図は多くの点で共通していて、人口密度が高くて太陽光の弱い所では風力も同様です。喜ばしいのは、ヨーロッパでは洋上風力が多いのですが、それを除いても太陽光ではなく風力という観点からみてもヨーロッパは大きく、色もやや暗くなっています。少し暗い灰色だということです。

全体的にみれば、風力発電は太陽光発電に比べて制限が多く、変動もありますが、エネルギーミックスの重要な部分を占めることができます。太陽光の弱いところでは風力をうまく利用することで部分的に補完できますし、日照時間が短い日や月には風が強いことも多いので、それなりの助けにはなります。

太陽光は雨水より良いか？

地上に降る雨を全部タービンに通して、雨水が海に到達するまでの全位置エネルギーを回収したとしても、水力発電では現在のエネルギー需要を満たすだけです。

水力発電の世界的な成長が振るわないのは、地理的限界に直面し始めているからです。どの高度にどのくらいの雨が降っているかを調べれば、世界の降水が有する最大潜在エネルギーを理論的に見積もることができます。雨水が全部、完璧に効率の良いタービンを通り、地上に降ってから海面に到達するまでに回収される全エネルギーを見積もることができるのです。見積もり方にもよるのですが、現在の世界のエネルギー使用量の3分の2から100％強になります[21]。そうみると、水力発電を増やす余地は十分にあるように思えますが、すべての雨から潜在エネルギーを取り出すという考えはまったく非現実的であることを忘れてはいけません（まともに考えれば、すべての渓流だけでなく、すべての丘陵地まで完全になくしてしまうことを意味するからです）。潜在的に水がもつエネルギーの5％をタービンにかけることができると仮定してみましょう。大規模ダムの建設には地理的な制約があって、深刻な環境的・社会的コストが伴うことを考えても、この程度ならば可能でしょう。タービンの効率は80％とします。これを前提とすると、今日の世界の総水力発電量は0.45 TW（$TW=10^{12}$ W）になります。実際にはその3分の2かそれ以上が達成されているかもしれません[22]。

この計算は粗いものですが、太陽光は少なくとも今世紀中はほぼ無制限であるのに対し、水力はすでに最大値に近づいていることがわかります。これからも多少は増えるかもしれませんが、大きく伸びることはないでしょう。

原子力は厄介か？

はい。けれども、冷戦時代の古い議論は、気候変動のリスクや安全性の向上を踏まえて再検討する必要があります。偏りがなく信頼できる分析は少ないのですが、中期的エネルギーミックスの中で原子力に出番があるかどうかを考えることは必要です。

1980年代には偏った議論が行われていましたが、その後、多くの変化がありました。原子力を支持する人たちは、私たちのエネルギーシステムはかつてないほど集中的ケアが必要になり、原子力産業はより安全になったと主張します。

しかし、核廃棄物の半減期は今も昔も変わらずに長いのです。ひとたび発生した核廃棄物は、何万年も私たちの手元に残ります。本当にひどい事故や意図的な妨害行為があれば、ほぼ無期限に全世界を悩ませることになることに変わりはありません。すでに何度か小規模なトラブルが起きていますし、テロによってそのような事故がどこまで起きるのかも未知数です。魅力的な提案とはいえません。

しかし、もう一つの現実として、私たちはエネルギー供給に大きな問題を抱えています。化石燃料は、本当に地下にとどめておかなければなりません。どんなに厄介でも、現実的に考えましょう。原子力は太陽光に比べて非常に高価にみえますが、コストを単純に比較するだけでは、太陽光や風力にはない安定した発電が可能であるという本質的な点を見逃してしまいます。イギリスや日本は1人あたりの日照量が少ない国の代表格で、風力、水力、地熱などの電力が寄せ集められて、複雑で不安定なエネルギーミックスを支えていますが、これに加えて原子力の安定した基盤があればうまくやれるようになるかもしれません。

この問題を適切に判断するには、コスト、ベネフィット、リスク、機会費用、タイムスケールなどについてとても複雑な分析をしなければいけません。そして、信頼できる人々によって分析されなければなりません。分析にあたる人は、より広い観点から原子力の位置づけを評価できなければいけません。私たちは、その人たちが適切な専門知識、情報をもち、そして重要なのは、公平で科学的な評価を行うことができるしっかりした動機をもっていることを確認しなければいけません。これが問題なのです。原子力産業は信頼されていませんが、それには歴史的に正当な理由があります。政治家や企業の間には既得権益があふれています。イギリスでは現在のところ、同じ業界の中でも様々な組織があり、お互いの間でさえも適切な協力関係を築くことができていません。ましてや他のエネルギー分野と連携して、あらゆる新技術を考慮した統合的な解決策を模索することなどはできていません。この本の後半に「真実と信頼」についての章を設けましたが、そうした理由の一つが核の問題です。

こうしたリスクまで考えないとしても、私たちは原子力への期待は限定的なものにとどめておくべきでしょう。数十年経っても原子力が世界のエネルギー供給の 1.6 %という今の端役のような立場から、大きく発展することは難しいでしょう。現在、稼働年限が迫っている発電所の数は、新たに建設される発電所の数を上回っていて、新規建設は、数百万枚の太陽電池を設置するよりはるかに難しい課題になります。

断固とした反原発の人は、原子力のない低炭素の未来について首尾一貫した計画をもたなければいけません。原発推進の人は、原子力によってどのように炭素のない世界を実現するかについて一貫した計画を示し、再生可能エネルギーやエネルギー貯蔵だけでは、より良い低炭素は実現できないことを示さなければいけません。

すべては核融合で解決するのか？

答えは、人類に無限のエネルギーを託せられるかどうかにかかっています。

核融合は、人類のエネルギー問題を永遠に解決する偉大な銀の弾丸になるという見方があります。しかし、その前に、私たちは大規模なエネルギー供給をしたから人新世に突入したのであって、無限のエネルギーにはあらゆる危険性が伴うことを忘れてはいけません。二日酔いから逃れるために翌朝にもビールを飲む「向かい酒」のようなものです。私は前に一度だけ試したことがありますが、お勧めしません。

バイオ燃料は全然ダメか？

バイオエタノールにしてトヨタ・カローラを 1.1 マイル（1.8 km）走らせるのに必要な小麦があれば、1 人 1 日分の食料を賄うことができます。

食料と燃料の非常に厳しいトレードオフです。ここで考えているのは、いわゆる「第一世代」のバイオ燃料で、食用作物を使って液体炭化水素を製造するものです。アメリカでは全人口を養うカロリーよりもずっと多くのカロリーの食物がこのために使われています[24]。セルロースから液体燃料をつくる方法が解明されて、収穫量の多いエネルギー作物（第二世代バイオ燃料）を使えるようになれば、効率は良くなりますが、それでも 5 倍ほどです。後ほど輸送分野でみますが、バイオ燃料のために土地を使うことがどれほど非効率なのかは太陽光発電と比較することで定量化できます。重要なのは、バイオ燃料は化石燃料の多くを代替することはできないということです。なぜなら、炭化水素を少しばかり節約しようとすると、すべての人に食料を供給しなければならないという今の大問題にさらに大きな圧力をかけることになるからです。ただし、食用作物を生産できない土地なら、高収量のエネルギー作物の出番があります。農作物の残渣を利用することも可能です。あるバイオ燃料に関する研究によれば、これら二つの方法に廃棄物を利用したバイオ燃料を加えれば、現在のエネルギー需要の約 20 %に相当する可能性があるとしています[25]。生物多様性や土壌の質への影響が小さければ、やる価値があるようにも思えます。けれども、生産力の低い土地を利用する場合には、生産以外の生態系サービスを脅かさないように細心の注意を払わなければいけません。作物残渣を農業から取り除いてしまうと、土壌中の有機物が減少してしまうことも考慮する必要があります。

「第三世代」のバイオ燃料ともいわれる藻類が銀の弾丸だという人もいます。微細藻類は驚異的な速さで成長し、世界の二酸化炭素固定量の 40 %を担っています。すべての藻類が油類を生産できます。このような微生物が何百万種もいる可能性があり、効率的なバイオ燃料をもたらす豊かな遺伝資源になる可能性はあります。しかし、藻類は商業化にはほど遠く、種の選択（品種改良や遺伝子操作）から油類の精製・加工に至るまでに、さまざまな課題があります[26]。エクソン社は 1 億ドルを投資した後に撤退しました。エネルギー転換計画に盛り込むには、あまりにも遠い話といえましょう。

質問に答えるとすれば、適度なバイオ燃料なら、まったくダメというわけではありませんが、細心の注意を払わなければいけません。慎重に扱いさえすれば、エネルギーミックスの中で少量ですが有用な一部を提供することができます。しかし、低炭素社会への移行期に野放しの自由市場に任せてしまうと、大惨事にもなりかねません。富裕層向けにバイオ燃料をつくる方が、貧困層に必要な食料を提供するより利益が出るということになれば単一栽培が進み、引換えに自然の生息地がさらに荒れることになるかもしれません。

最後になりますが、フライドポテトを揚げた後の油で車を動かすというアイデアには何の問題もありません。しかし、この方法で大規模にやろうとすると、莫大なフライドポテトが消費されなければならず、その結果、貧しい食生活を送る何十億もの人々が命を落とすことにもなりかねません。

シェールガスは？

メリットとディメリットの分析ときちんと行い、しっかり規制されるようになるまではまったく無理です。それができれば、理論的にはやる価値が多少はみえてくるかもしれません。でも、ほぼ確実に無理です。

天然ガスは石炭や石油より少ない温室効果ガス排出量で同量の熱を生み出します。このことから、低炭素社会への移行期の燃料としてシェールガスの利用が理論的には可能になります。再生可能エネルギーが軌道に乗るまでの間、石炭や石油の使用を控えるために使うということです。しかし、四つの問題が発生します。

- 第一に、ガスはメタンですが、私たちが削減しようとしている二酸化炭素よりも100年で25倍も強力な温室効果を発揮します。大気中に少しでも漏れてしまえば、気候変動対策としてのメリットはすべて失われます。深刻な漏えいがあれば、採掘されたガスは石炭よりずっと悪いものになります（図3.7）。掘削時の漏えいだけでなく、将来、ガス井が閉鎖された後、ずっと密閉され続けられるかどうかという問題もあります。（メタンの大気中の半減期は約12年です。したがって温室効果を発揮するのは大気中に放出されてから比較的短い期間に限られます。100年ではなく50年のタイムスケールでみるとメタンは二酸化炭素の約50倍の影響力をもちます）。
- 第二に、採掘には多くのエネルギーが必要なので、何も問題が起こらなかったとしても、炭素の削減効果はわずかなものに留まります。
- 第三に、イギリスでは、採掘推進の主要企業であるクアドリラ社がすぐに許可を得たとしても、生産開始までには10年はかかるでしょう。その頃には、イギリスはすべての石炭から離脱しているはずです。採掘したガスを他国に売って、石炭をやめる手助けをすることもできますが、この選択肢は採掘推進派も示していないため、可能性は低いでしょう。
- 第四に、シェールガスの採掘には、水源に混入してはならない化学物質を使います。アメリカでは住宅地から離れた場所で行われることが多いため、あまり問題にはならないのかもしれません。しかし、イギリス（や他の人口密度の高い国）では、大きな問題です。

シェールガスを良い案にするためには、関連する議論がすべて信頼できる方法で評価されなければなりません。この点は原子力と同じです。十分な専門知識をもち、必要な情報にアクセスでき、仕事をするためのリソースをもち、さらに重

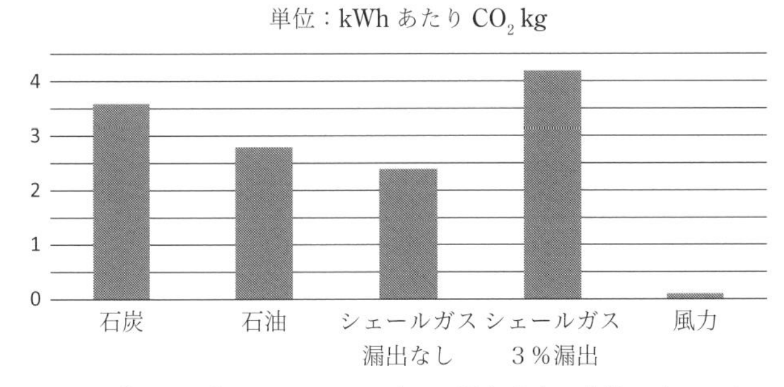

図 3.7 他のエネルギーと比較したシェールガスの炭素強度。非常に良いシナリオであればシェールガスは石油に優るが、わずか３％でも長期にわたって大気中に漏れると、石炭より悪い結果になる

要なことは、経済的既得権者から十分に独立した立場にあって、公平に行おうという動機をもつ人たちが信頼できる分析を行うことが必要なのです。それができなければ、シェールガスの採掘は検討するべきではありません。イギリスでは、このような状況からはほど遠く、正しい方向に向かう兆しはまだありません。シェールガスの問題は、人新世の複雑な状況を乗り越えるためには、より高い水準の信頼が必要であることを示す、もう一つの例にすぎません。さらに、条件があって、化学物質やメタンの漏出を防ぐ優れた規制を設ける必要もあります。

結論としては、最も良い場合でも温室効果ガスの排出という点では、シェールガス採掘のメリットはわずかなものにすぎません。十分に信頼されていないということも考えれば答えは明確にノーです。もっと実りある分野に注意を向けた方がよいでしょう。

message

クリーンエネルギー供給についての選択肢をみてきましたが、ここからは世界のエネルギー利用に目を向けます。これが気候変動対策に関する多くの常識を覆します。そして、残念なことに、エネルギー政策の立案者は、それを理解していないか、無視しています。

自然エネルギーが増えれば化石燃料は減るか？

そうとは限りません。問題は自然エネルギーを石炭や石油、ガスに加えて使うのか、代わりとして使うかどうかです。

過去150年のエネルギーの歴史を振り返ると、新しいエネルギーの登場は他のエネルギーの成長を弱めることはあっても、止めることはありませんでした。石炭は石油の登場で多少弱まりましたが、その後も成長を続けました。ガスが登場しても、石油の成長を弱めただけでした。新しいエネルギーが登場するたびに、より多くのエネルギーが使用されてきたのです。そして、しばらくの間はエネルギーが比較的豊富にあると感じられ、他のエネルギーに対する需要はやや抑えられてきました。

太陽光などの自然エネルギーが大幅に増えれば、化石燃料をやめることが比較的簡単になる時期が来るかもしれませんが、それだけでは自動的にはやめられません。政策立案者は、このことをしっかりと理解する必要があります。理解していない人には投票しないでください。

エネルギー効率の良さとは何か？

エネルギーは何に使われるかにかかわらず、効率改善と需要増加は互いに相まって進行します。

1865年、ウィリアム・スタンリー・ジェヴォンズは、イギリスはより効率的に石炭を使用しても、結局は使用量が減るのではなく、より多く必要になると指摘しました。「ジェヴォンズ・パラドックス」として知られています（図3.8）。エネルギーの効率化は想定されるような需要の減少ではなく、必ず総需要の増加につながります。この現象は1865年当時と同様、今日でも広くあてはまり、エネルギー政策や気候変動政策に大きな影響を与えています。直観としては違うように思えるかもしれませんが、よく考えてみれば理解できます。このように考えてみてください。ある家族が1晩暖をとるのには1トンの石炭が必要で、その家族が（新年のお祝いのような特別なときには）暖かい冬の夜を楽しむために貯金するとします。そのうち、より効率の良いストーブが発明されて、同じ1トンの石炭で2晩暖かく過ごせるようになったとします。石炭の価値が2倍になったので、家族は暖かい夜を3晩過ごせるだけの石炭を買おうと、もっと働きます。そのうちの1晩は石炭がもっと役立つように新しい断熱材を入れるために働き、もう1晩は石炭予算の増加分を稼ぐために暖かい部屋で働くかもしれま

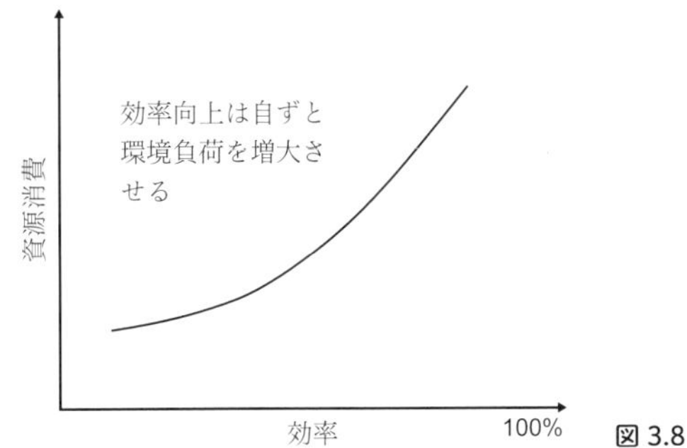

図 3.8 ジェヴォンズ・パラドックス

せん。その結果、需要が大幅に増加します。そして、新しい採掘技術への投資に加えて規模の経済も働き、1トンあたりの石炭価格は少し下がり、家族の負担は減ります。このような状況が続くのです。これがジェヴォンズ・パラドックスの仕組みの例えですが、原理は分かってもらえたでしょうか。

長年にわたり、あらゆるものの生産で何倍もの効率化が実現されてきました。LED照明は、石油やガスのランプに比べて何百倍もエネルギー効率が良いのです。マイクロチップは紙に比べて何百万倍も効率的にデータを保存でき、クラウドはさらに効率的にデータを保存します。電車は、馬はもちろん蒸気機関車より何倍も高効率です。こうして、エネルギー使用量は効率向上に伴って増加することになり、それが現実に起きているのです。

効率が上がったにもかかわらずより多くのエネルギーが使われるようになるのではなく、効率が上がったからこそより多くのエネルギーが使われるようになるというのが現実なのです。すごい！　ここでちょっと立ち止まって、政策的意味を考えてみましょう。効率の向上は与えられた量のエネルギーからより多くの利益を得るのに役立つのですが、意図的に規制しない限り、結局は総消費量の増加につながるのです。

二重ガラスを外したり、タイヤの空気を抜いたりしないで聞いてください。効率化が将来的に役に立たないといっているのではありません。それだけでは何の役にも立たないといっているのです。

（ジェヴォンズ・パラドックスについては、長年にわたって熱い議論が交わされてきたと書いておくのがフェアでしょう。これについての詳細と、否定派がなぜ間違っているのかについては、章末資料に示しました[28]。）

では、効率化とは何なのか？

より高い効率が必要なのはもちろんですが、一方で、消費を増やしてもそれを無駄にしてしまわないことも学ばなければいけません。

これまでとは異なる方法で効率を上げていかなければいけません。効率が向上すると消費意欲が高まり、無数のリバウンド効果によって節約した分が失われるというこれまでの経験を受け入れるのではなく、意識して節約した分を貯めるのです。消費時点のアプローチとは決定的に異なります。実現のためには、特に化石燃料といった**資源使用量を制限**することです。化石燃料の使用量が強制的に削減されれば、リバウンドはなくなり、ダイナミックに変化します。そうなれば、効率の向上は初めて有害な隠れた環境影響を伴わない福祉の力になります。それが、私たちが必要とし、求めるものを手に入れるための重要な道になります。も

column

デジタル経済は低炭素社会を実現するか？

情報通信技術（ICT）業界では、ICTによって全世界で効率化が進み、そのことがこの業界自身のカーボン・フットプリントを補って余りあるのだから、ICTは低炭素世界をもたらすという話になっています[29]。確かに、デジタルの情報容量は紙に比べて何百万倍もあって効率的です。オンライン会議は飛行機で移動して出席する対面の会議に比べれば何千倍も効率的です。けれども、情報容量が拡大したことで、紙の一部を残しながら、その何兆倍もの情報を保存していることも事実です。また、オンライン会議でフライトを節約できることもありますが、それがなければ起きなかったフライトにつながる関係ができてしまうこともあります。世界的な炭素排出が制限されなければ、膨大な数のリバウンド経路によって、効率化でもたらされた炭素の削減効果が帳消しになります。ICTはより効率的な物流を可能にしますが、リバウンドで輸送量がさらに増加することにもなりかねません。確かにICT産業が効率の向上をもたらすという主張は正しく、これによって生活の質を犠牲にすることなく炭素排出規制を行うことが容易になります。しかし、ICT産業が炭素排出を強力に抑えない限り、低炭素社会は実現できません。むしろ、逆の結果にもなりかねません。

う一つの道は、これまでに説明したクリーンエネルギーの生産です。そして、この本の後半で第三の重要な道を紹介します。それは、世界に悪影響を及ぼすものを実際に少なくすることです。それはまともではない考え方でしょうか？　すぐにわかります。

message

さて、エネルギーのダイナミクスについて十分にみてきたので、世界の排出量を削減するためには実際に何が必要なのかを考えていきましょう。

化石燃料からの移行中でも、電力のクリーン化が簡単なのはなぜ？

自然エネルギーによる電気は、火力発電所に投入される石炭や石油のエネルギーの2.5倍を代替することができます。ただし、熱源を代替するのはそれほど容易ではありません。

エネルギーはどう使うかによって有用性が異なります。あるエネルギーを別のエネルギーに変換すると、必ず損失が生じます。石油や石炭から電気を得るには、火力発電所で蒸気タービンを動かすのですが、その際にエネルギーの60％以上が普通は排熱として逃げてしまい、電気になるのは40％にもなりません[30]。太陽光や風力、水力は燃焼を伴わずに電気を取り出しますので、このような問題はありません。ですから、電気を使うのであれば、自然エネルギーの1 kWhは、石炭や石油の2.5 kWhに相当するわけです。クリーンエネルギーに移行する初期段階では、この拡大係数が自然エネルギーの普及を後押しします。

自動車でもほぼ同じ理由で同様の拡大が起きます。電気モーターは内燃機関に比べて効率が良いので、電気なら同じエネルギーの液体炭化水素より2、3倍長い距離を走れます。

けれども、すべての電力が再生可能エネルギーでまかなわれ、すべての交通機関が電化されたら、今度は熱源も化石燃料の代わりに再生可能エネルギーを使わなければならなくなります。この時点で、再生可能エネルギーは一気に優位性を失います。家庭や製鉄所の高炉を暖めるエネルギーは、電気でも石炭、石油、ガスと変わらないからです。ここからの移行は困難になります。再生可能エネルギーの割合について話を聞くときは、それがエネルギーミックス全体に占める割合なのか、それとも電力の中だけの話なのかをはっきりしなければいけません。

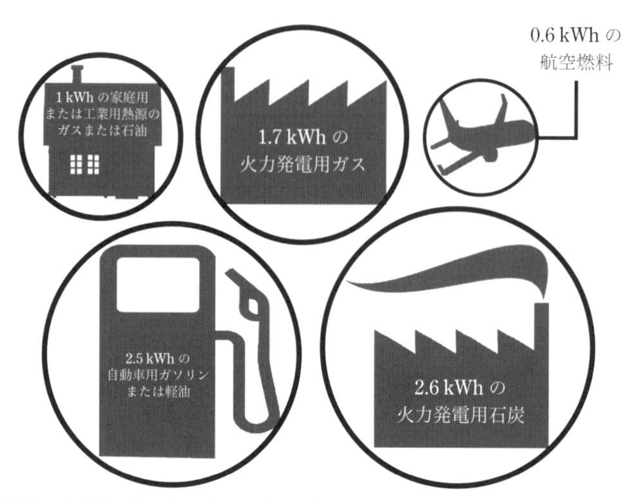

図 3.9　1 kWh の再生可能エネルギー電力で代替できる化石燃料の量は使い方によって大きく異なる（円の面積が代替できる量を示している）

クリーンエネルギー移行の最後の難関は、液体炭化水素が必要な航空分野などでも再生可能エネルギーを使わなければならなくなったときです。再生可能エネルギーで液体炭化水素を生産しようとすると、おそらく 0.6 程度の削減係数を掛けなければいけません。いい換えれば、1 kWh の航空燃料を生産するためには、約 2 kWh の太陽光発電が必要になるのです（図 3.9）。

1 kWh 再生可能エネルギーはどれだけの化石燃料を代替できるか？

火力発電用石炭の 2.6 kWh
火力発電用ガスの 1.7 kWh
自動車用のガソリンまたは軽油の 2.5 kWh
家庭用または工業用熱源のガスまたは石油の 1 kWh
航空燃料の 0.6 kWh

どうすれば燃料を確保できるのか？

クリーンエネルギーだけでは効果はあまり期待できず、効率化だけではまったく効果がないので、化石燃料の採掘制限は避けて通れません。

私たちは、クリーンエネルギー供給量と総エネルギー使用量との差を埋めるために化石燃料を使います。つまり化石燃料を抑える二つのレバーは、クリーンエネルギー供給量を増やすことと、総エネルギー需要を抑えることです。そして三つ目のレバーが化石燃料の供給を制限することです。これが、私がいうハードキャップ（上限の設定）で、炭素排出のリバウンド効果をなくすものです。

クリーンエネルギー供給量を増やすためには、積極的に投資する必要があります。対象には再生可能エネルギー（特に太陽光）の供給拡大とインフラ整備、さらには太陽光の有効活用に必要な蓄電や送電などの付随技術の研究開発も含まれます。すべて実現可能です。資金はどこから来るのでしょうか？　幸運なことに、化石燃料からの撤退（ダイベストメント）から多くの投資機会が生まれます。昨日までのエネルギーシステムから明日のエネルギーシステムへの転換はビジネスチャンスにも満ちていて、雇用にもプラスになります（ビジネスと雇用の概念は、どちらも「人新世向き」になるように多少つくり変える必要がありますが、それについては後で述べます）。

自然エネルギーが非常に優れているから、石炭に向けられていた関心がなくなり、採掘が面倒になって、供給も制限されるだろうと期待するのはよくないのです。また、世界の一部地域が正しいことをすれば、何とかなるだろうと思ってもダメです（付録「気候危機の基礎知識」のポイント9を参照）。**燃料を地下に残すためには強制力のある世界的取決めが必要です。**それがどれほど難しくみえてもです。なぜなら、他に何に方法がないからです。2015年のパリ協定は、そこに向けて前進しましたが、道のりは長いのです。その後、（2016年の）マラケシュや（2017年の）ボンで開催された気候変動会議でも、ほとんど進展がありませんでした。

こうした制度が可能になるには、条件があります。限られた炭素予算の中で、限られた量の化石燃料をどうにかして分け合わなければいけません。また、その制度によって各国が受ける影響は非常に異なることも考慮しなければなりません。すべての人にとってうまくいかない限り、実現しないからです。

気候変動の初期段階の様子は、地域によってまったく異なります。モルディブは水没し、バングラデシュは洪水に見舞われ、カリフォルニアは燃えますが、ロシアでは農作物の収穫が増え、これまでは氷結して1年のうち4カ月は使えなかった港が1年中使えるようになり、化石燃料資源へのアクセスもよくなります*5。クリーンな代替エネルギーが見つからなければ、貧しい国の国民福祉は炭素制約によって確実に悪くなるでしょう。豊かな国では国民福祉とGDPの関係性はすでに崩れていますが、エネルギーと幸福度の関係性もおそらく崩れ去っているでしょう。

炭素削減の国際交渉は非常に困難なものとなります。なぜならば、各国に及ぶ影響がそれぞれに異なることを理解し、世界がこれまで経験したことのない国際的フェアプレーの意識をもって取り組まなければならないからです。

このような困難があっても、世界の化石燃料を地下に残しておくための国際交渉が不可避であるという現実は変わりません。

勝者は敗者に補償しなければなりません。実現のためには、すべての当事者のための低炭素社会という意味が十分に理解されなければならず、しかもそれに加えて、そのような交渉を行える強いフェアプレー精神と善意が不可欠です。今はまだずっと先のことのように感じられますが、それは私たちがまだこれまでの考え方や習慣に縛られていて、必要な変化が不可能に思えるからです。けれども、この本の後の章で、どうれば実現できるかを考えます。

その他にも考えなければいけない条件として、文化的、政治的なものや、地域や国、地球規模の社会の動かし方に関わるものがあります。このような本質的テーマについても、数章後に説明します。

化石燃料はどの国に多くあって、どう対処するのか？

上位 5 カ国はどこも太陽に恵まれているので、化石燃料の代わりにクリーンエネルギーを使うことができます。オーストラリアは笑っていられるでしょうが、ベネズエラなどは打撃を受けます。調整できなければですが。

図 3.10 は化石燃料の埋蔵量が多い 11 カ国を示していて、これらの国だけで世界の確認埋蔵量の 80 %以上を占めます。また、それぞれの国が受ける太陽光の世界全体に対する割合も示しています。注意深くみれば、世界のエネルギー舞台でクリーンエネルギーに移行することが、それぞれの国にとってどのような意味をもつかを表す一つの指標として使うことができます。どのような希望や不安があるかについても簡単に理解できます。アメリカ、中国、ロシア、オーストラリア、インドのトップ 5 は、化石燃料だけでなく太陽光も豊富にあるので、クリーンエネルギーへの移行は脅威であると同時にチャンスでもあります。特にオーストラリアは汚い石炭の埋蔵量の多さと引換えに太陽エネルギーを浴びることもできます。カナダやサウジアラビアにも良い影響がありそうです。

一方、ベネズエラは、石油ランキングで重要な地位を占めていますが、太陽光ランキングでは相対的に貧しい地位に甘んじることになるでしょう[*6]。このこと

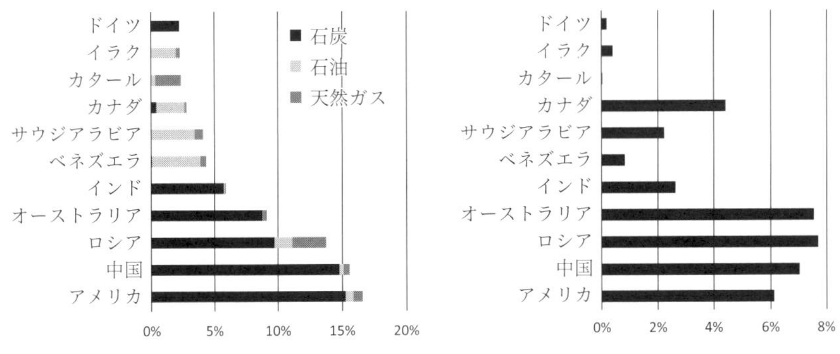

図 3.10 化石燃料埋蔵量が多い国の埋蔵量と太陽光の世界シェア

は、イラクや一時的には太陽電池革命をリードしたドイツも同じです。石油資源には恵まれていますが、国土面積が狭いので太陽光が多くとれないカタールには、低炭素社会は大変な脅威になります。

それは国際交渉にどのような意味をもつか？

資源としての太陽光を比較してみましたが、それは決して勝者と敗者を完璧にわける尺度ではありません。他にも考慮すべき要素がたくさんあります。エネルギーの切替えに必要な資源、太陽以外のエネルギー源の利用可能性、太陽光の「使い勝手」などです。赤道近くの太陽光は1年中比較的まとまってありますが、ロシアやカナダの太陽光は薄く分散していて、しかも夏季に集中しています。図3.10は、低炭素社会への移行が、国によってまったく異なる意味をもつことを改めて浮き彫りにします。大喜びする国もあれば、恐れて当然の国もあります。こうした異なる状況を考慮せずに、国際交渉をすることはできないでしょう。私たちはカタールを貧困に陥れようとしているのですか？　それが違うのならば、世界のすべての国の目で世界を見て、交渉する必要があるはずです。

気候変動に対処することの緊急性は国により異なります。海面上昇で水没しかかっている島国と、冬になっても港が凍らなくなり、凍った荒地が肥沃の大地に変わり、豊富な化石燃料にアクセスできるようになる巨大な国とでは、当然、状況が違います。

この本の後半では、一見不可能にはみえても欠かすことのできない国際交渉や、共有という大問題についてもう少し触れていきます。子どもたちは成長するにつれて共有することを学びます。今や人類も成長するにつれてそうならなければなりません。

大気中の炭素を回収する必要があるのでは？

必要な行動の進み具合や、現在のクリーンな供給と総エネルギー需要との間にあるギャップ、そしてこれまでの人類の反応の鈍さを考えると必須です。けれども、選択肢は限られていて、欠点もあります。

気温上昇を 2 ℃未満に抑えるすべての現実的シナリオは、大気中の炭素を回収するかどうかにかかっていて、非常に重要です。排出量をどれほど制限したとしても、最終的には気候変動による悪影響は避けられず、さらに壊滅的な変化を引き起こす危険性があります。これまで想定しなかったような変化が起きるかもしれません。そう考えると、炭素隔離技術を開発して利用することはきわめて理にかなっています。

もっともシンプルな自然の解決策は植樹です。ある研究によると[32]、世界で約 1 兆本の木を植えれば、100 年間で約 7,500 億トンの二酸化炭素を吸収できる可能性があります。現在の排出量の約 20 年分に相当します。心強いことですが忘れてならないのは、それがほとんど一過性の勝利だということです。森林は成熟してしまうと、吸収率が大幅に低下します。このカードを切っても排出量を削減しなくなったら面倒なことになります。その他の自然による除去方法として、農法*7 による土壌の炭素貯留や、近年生息数が激減している地域での海草の再植などの海洋緑化スキームがあります。これらは健全で重要ですが、植樹と同様、できることは限られます。

燃焼時点での**炭素回収貯留（CCS）**は除去とはいえませんが、資金さえあればすぐに実施できる技術です*8。化石燃料がエネルギーとして使われている間は便利ですが、大規模な施設にしか対応していないので、それ相応の排出しか回収できないでしょう。その一歩先を行くのが、**バイオエネルギー CCS（BECCS）**です。植物を栽培してバイオ燃料として燃焼させ、排ガス中の炭素を回収して CCS で地下貯留するという考え方です。気候が壊滅的な影響を受けた場合の緊急措置として開発されたものですが、なぜか気候変動緩和策の主流になっています。大規模な実証実験はまだ行われていませんし、炭素を閉じ込める方法が思うほど永続的ではないかもしれません。閉じ込めた二酸化炭素が漏れ出したりすれば大変なことになるかもしれません。また、他の自然の炭素回収法と同様、どこに貯留するかという問題など、BECCSにも一定の限界があることがわかっています。食料生産や土地にも負担がかかるので、第1章で述べた課題への対処を難しくします。

機器による**空気の直接回収と炭素貯留（DACCS）**は、プロセスを稼働させる再生可能エネルギー源を見つけることができれば、少なくとも理論的にはゲームチェンジャーになれる可能性があります。しかし、残念ながらDACCSの大規模化はまだ実現されてなく、まだ技術的な不確定要素もあります。本格的な資金投入を続ければ、原爆開発のように素早くスケールアップできるのか、それともがん治療法のようにゆっくりとしかできないのかは、はっきりとはわかりません。また、DACCSにはBECCSと同じように、炭素貯留が期待するほど永続的ではないことが明らかになってしまうリスクがあります。2013年、ダンカン・クラークと私は“The Burning Question”で、このような不確実な新技術に頼るのは賢明ではないと書きました。今、私がここでいいたいのは、この技術はとても面倒なものかもしれないのですが、私たちはできる限りの手段を講じる必要があり、DACCSもその一つでなければならないということです。

バイオ炭とは炭を畑に撒いて炭素を回収することです。貯蔵は永久的なものではありませんが、数百年はもつでしょうから、十分な効果が期待できます。一定の能力をもつ選択肢であり、土壌の肥沃度を高めて、第1章でみた食料と土地に関するあらゆる課題に役立つという利点もあります。

最後に、**岩石の風化促進**も有効手段ですが限定的です。すでに毎年10億トン以上のCO_2が岩石風化で自然に隔離されています。この「強化」プロセスとして、細かく砕かれた玄武岩やダナイト（かんらん岩の一種）を地面に薄く敷いて、より速い速度でCO_2を吸収する方法があります。ある研究は、ダナイトを使用すると1トンあたりわずか60ドルで、年間950億トンという大量のCO_2を吸収する可能性があると推定しています。現在の世界の排出量の2倍以上に相当します。しかし、ダナイトにはクロムやニッケルなどの有害金属も含まれているという欠点もあります。一方、200ドルでCO_2を1トン吸収する玄武岩には、カリウムを加えれば土壌の肥沃度も向上できるという利点があります[31]。しかし、玄武岩の回収可能量はCO_2で年間50億トン弱で、ダナイトに比べるとかなり少ないと推定されています。これでは導入する価値はあるものの、ゲームチェンジャーにはなりません。岩石風化作用は、地下や海中でのCO_2貯留に伴うリスクや、モノカルチャーの植林で行う貯留と同様に土地利用上のマイナス面を回避することもできます。

これらの方法も徐々に取り入れていく必要があるかもしれません。けれども、どのような形のネガティブエミッション*9も、炭素排出削減行動に代替できるものではないということははっきりさせておかなければなりません。

炭素はオフセットできるか？

ネガティブエミッションの範囲は限定的なので、排出削減に代えられるものではありません。「ネットゼロ」目標は排出削減と炭素除去とに分けて考えなければいけません。そうしないと、一方がもう一方と取り引されて排出量が残ってしまう偽の「オフセット」で安心してしまうからです。オフセットの提案は実際にはほとんどなりたちませんが、非常に高価なものの中には一つか二つ可能なものがあります。

カーボンオフセットとは、炭素削減活動に資金提供して自分の排出によるダメージから回復させるという考え方です。よく聞かれるのは「ボランタリー・オフセット」市場です。自分のフットプリントと同量の炭素を他で削減するスキームに資金を支払い、自分のフライトやライフスタイル、あるいは自分の会社がネットゼロカーボンだといえるようにするということです。

最近の流行は（私はダメだといっているわけではありませんが）、気候の緊急事態を宣言し、排出量をネットゼロにする目標を設定することです。多くの人や組織がライフスタイルやビジネスモデルの実質的変化を避ける最も簡単な方法は、二酸化炭素を削減するのではなく、「オフセット」することではないかと考えています。これは魅力的な考えで、航空会社などが思わず手を伸ばしたくなる手頃な価格で目の前にぶら下げてきます。2019年の世界のボランタリー・オフセット市場は約3億ドルに急増し、実に1億トンのCO_2を相殺するといいました[33]。炭素1トンあたりわずか3ドルです。このような価格であれば、ロンドンからサンフランシスコまでの往復航空券の気候影響を6ドルで補うことができます。平均的イギリス人であれば、年間わずか40ドルで自分のライフスタイル全体をオフセットすることができます。それが本当なら私は喜んで今すぐ登録して、二酸化炭素の心配から解放されたいと思います。全世界が同じことを、年間1,700億ドル（世界のGDPの0.2％）というわずかな金額でできてしまいます。でも、よく考えてみればそれは夢物語だということがわかります。

いわゆる「オフセット」スキームと称されるものは、次の簡単なテストで評価されなければいけません。

1　本当に大気中の炭素を除去しているか？　（あえていうまでもないのですが、除去していないものもたくさんあります）
2　検証できるか？
3　いずれにしてもやらなければならないことに加えてすることなのか？　（このテストに合格することは非常に難しいか、そうでなければ不可能です。なぜなら、ほとんどすべてのネガティブエミッションの能力は限られていて、私たちはすでにそれらの全部が必要なくらいの状況に陥っているからです）
4　大きな環境のコストやリスクが発生しないか？

では、人気のあるオフセットスキームを、安価ですがインチキなものから確実ですが高くつくものまでみていきましょう。

安価なスキームの中には、大気中の炭素をまったく取り除かずに誰か他の人の炭素削減を助けるというとても怪しげなものがあります。例えば、アフリカの村に燃料効率の良いストーブを購入するとか、およそ伐採されそうもない森林を保護するとか、あなたやあなたの会社のフットプリントとは無関係なところに供給される再生可能エネルギーに資金提供するとかいうものです。

安価でもそれなりに信頼性が高いのは、植物、特に樹木が光合成でCO_2を吸収するスキームです。けれども、植林が実際に行われたかどうかを確認することは、プロジェクトが地球の裏側にあるような場合にはほとんど無理です。様々な認証制度から選べたとしても、自分のお金が本当に思ったところに使われたのかや、1本の木によるオフセットをしたといっているのが自分だけなのかを知ることは困難です。このような障害を克服できれば、植樹が重要であることは間違いありません。しかし、もう一つの問題点は、その効果が有限であるということです。植林を排出量削減の代替策にすると、このネガティブエミッションの選択肢をすべて使い果たしてしまえば、最終的には高炭素社会になってしまいます。例えば、2020年1月、スカイ社（イギリスのメディア企業で、現在はコムキャスト社の系列）は海草の栽培を行うことを発表し、それが水中植林というネットゼロ戦略の一環であり、お得なオフセットであると発表しました。これもまた可能性は有限です。

2020年、醸造所とレストランのチェーン店であるブリュードッグ社は、自社事業とサプライチェーンの両方で強力な脱炭素プログラムを実施すると発表しました。スコットランドにある自社所有地を含む土地で、慎重に検討され生態学的に配慮された植林計画を行い、まずは自社排出量の2倍の炭素を大気中から回収するというものです。気候変動に対して行動を起こした企業の代表的な例です。私はこのプロジェクトに助言を与えたいと思い、関心をもっていることを伝えました。そして、私のスタッフが65件の認証された森林保護プロジェクトを審査したのですが、満足できるプロジェクトはほんの一握りしかありませんでした。

自然の力による除去技術の次には、空気を取り込む技術的解決策が登場します。これらの技術には、高額な費用、リスク、効果の限界などいろいろな課題があります。

炭素貯留が本当に永続的でリスクがないものにできるなら、また、世界の再生可能エネルギーの能力がすぐには限界に達しないとするならば、空気を直接取り込むことは、上記のすべてのテストに合格する可能性は最も高く、有望なカーボンオフセットになります。問題は、1トンあたりのコストが3ドルではなく、オフセット市場の平均価格がDACCSでは1トンあたり1,000ポンドを超えることです。さらにこの原稿を書いている時点では、商業的に利用可能なのはアイスランドの小規模なパイロット計画だけで、年間50トンしか分離されていません[34]。それでも、さまざまな先駆的企業が技術開発を行っていて、彼らを信じれば1トンあたりの価格は100ドル以下に下がるそうで、そうならば良いニュースです。しかも、理論的にはDACCSで大気中から除去できる可能性がある炭素量にはそれほど制限はないことです。

オフセットとネットゼロターゲットについて考え方をまとめます。

1 炭素排出量の削減は不可欠であり、ネガティブエミッションはそれに代わるものではありません。いわゆるオフセットと呼ばれる活動に資金提供するのは良いことでしょう。しかし、炭素削減とは別の活動であり、「オフセット」という言葉は誤解を招く恐れがあります。
2 ネットゼロ目標は、炭素削減目標と炭素除去目標とに分けて考える必要がある。そうしないと、オフセットを言い訳にして緩和の責任を逃れようとする強い誘惑にかられてしまいます。
3 DACCSはおそらく例外ですが炭素除去スキームには一定の限界があります。リスクが高く、高価で、まだ実験段階であり、世界のエネルギー必要量を増加させます。
4 リスクはあるものの、DACCSは、「オフセット」という言葉を使いたい人にとっては、おそらく最も正当なメカニズムでしょう。自然による除去方法は上手に行い、慎重に検証されれば、短期的には受け入れられるかもしれません。

2100年にはどのくらいのエネルギーを使うことになるのか？

年2.4％の成長が続けば、2100年には現在の7倍使うことになります。

これまでの経緯を踏まえると根本的な変化でも起こらない限り、同じ成長パターンが継続するということが最もありそうです。具体的には、2.4％が最もありそうな成長率であると思われます。超長期的な平均値が低いことや、過去10年間に成長率が少し低下したことに意味があると考え、それより低いだろうと考えることもできるし、成長率が過去数世紀にわたって着実に上昇してきたことを踏まえ、もっと高くなると考えることもできます。

この流れは次の二つのどちらかが起きれば変わるかもしれません。一つ目は、人類が人新世への到来に対応できずに文明が大崩壊してしまうことです。この本は、それが起こらないようにすることについて述べています。

二つ目は、私たちが成熟した種になることです。もはや「成長」とは物理的な力をもつことではないと理解します。私たちは学ぶことでより慎重になり、土地を破壊せずに満足することを学び、そしてもっと優しい生物種になるでしょう。新しく賢明な人類は、悪影響を及ぼさないと確信したときにだけ、エネルギーの供給と使用を増やします。

私は未来を占う水晶玉をもっているわけではありませんが、今世紀中にこのシナリオのどちらも起こらないとしたら驚きです。

多くの組織が詳細なエネルギーシナリオを作成し、時には予測もします。その中には、エネルギー使用量はおのずと減っていくというものもあります[35]。人間のエネルギーに対する欲求は、あえて意識しなくても自然になくなるかもしれないという人もいます。考えを大きく変えなくても、必要なだけのエネルギーはもう十分にあるという段階に自動的に到達するかもしれないということです。そのように考える人たちは、一部の先進国ではエネルギーの成長が抑えられたり、消費が減少したりしていることから、貧しい国がこれに追いついたときには誰もが十分なエネルギーを手にしていると考えます。残念ながら、そのような考え方をする人には、私たちがより多くのエネルギーを求めていることを想像する力がないと思います。古代エジプトには、奴隷を100倍もっていればエネルギー需要は永遠に満たされると考えた人もいたのではないでしょうか。イノベーションと効率化によって、私たちが今世紀にもっとエネルギーを消費したくなる例をあげると、海水を淡水化して農業用水に利用することは、グラフェン*10の利用技術によってより現実的になりつつあります。これによって、砂漠での農業に大きな可能性が生まれます。素晴らしいことですが、新たに膨大なエネルギー需要が発生します。別の例としては、宇宙旅行という新しい試みがあります。「自然のピーク」論の最後の欠点は、特定の国だけを見て世界のエネルギー動向を推測することは不可能だということです。エネルギー成長の流れは地球規模で展開され、ある場所で起こることは他の場所で起こることに影響し、また逆に影響も受けます。

エネルギーはこれからも十分足りるか？

長期的には大問題です。エネルギー供給はもう増やさなくてもよいというところになんとしてでももっていく必要があります。個人やコミュニティでは実現していますが、世界レベルで実現させることが課題です。

私が会う人々の間にも次のように様々な意見があります。エネルギーは常に増えているので、これからも必ずそうなる。エネルギーの増加は自然に止まるだろう。私たちは自分たちが置かれている状況に対してあまりにも対応が悪いので絶滅するだろう。私たちはいつもうまくやってきたので、これからもうまくやるだろう（恐竜も絶滅するまでそういっていたかもしれません）。市場の力で太陽光発電が化石燃料に取って代わるだろう。どのような移行も長い時間が必要だったから、クリーンエネルギーへの移行にも長い時間かかるだろう。世界的な協力は人類の能力では無理だ。不平等のレベルは「人間の本質」によって決まる。人間は嫌な思いをして初めて目を覚ますから、避けられないほど嫌なことが自分の身に降りかかるまで待ったほうがいい（とんでもなく嫌な思いを考えているようです）。

すべて決定論のように思えますが、私は決定論者ではありません。自由意思というものはないことを証明できるという科学者に私は同意しません。どのようにしても、誰にも証明できないと思いますし、それについて長時間かけて議論することに意味はありません。多くの人がそうであるように、私も自分が想像の産物であるかもしれないと考えたこともあります。もちろんそれを否定することはできません。しかし、自由な意思をもっている人は、より積極的な人生を送る傾向があるように思えました。別のいい方をすれば、決定論は難題に挑戦しないですまそうとする方法です。

長年の習慣を変えるには努力が必要です。そして、人類のエネルギー成長の流れはその習慣にとても深く染みついています。

人類がエネルギー使用量を自らの意思でコントロールしようとするならば、ゲームのレベルを上げる必要があるでしょう。

本書ではエビデンスに基づき、何が変化を可能にするかという根本的な問題を掘り下げていきます。私たちにそのような変化を起こす能力があるかどうかを探ります。おそらくやってみる価値はあると思います。変化を起こすことができないとは証明されていません。けれども、新しいやり方で考えることを学ばなければなりません。どれほど難しそうなことであっても、私たちはそこに入っていかなければなりません。なぜならば、私たち人類はいつの日か成長しなければならないからです。

エネルギー解決策まとめ

- 化石燃料を地下に残すこととともにそれに代わるクリーンなエネルギー供給を増やすことの**両方**を行わなければなりません。後者は前者のきっかけにはなりません。
- 燃料を地下に残すための**国際的合意が必要**です。パリ協定は一つの意思表示ですが、確実な取決めからはほど遠いのです。
- 効率の向上は非常に重要ですが、それだけではエネルギー必要量の削減にはつながりません。通常は逆の効果が生じて、生産量がさらに増加し、総エネルギー需要は減少ではなく増加します。
- クリーンエネルギー革命に向けて物事を一気に解決できる技術的解決策はありません。
  - ➢**太陽光**は現在のエネルギーミックスへの貢献度は低いのですが、これまでのところ世界で最も優れた再生可能エネルギーです。これまでに経験したエネルギー転換よりもはるかに早いスピードで普及させる必要があります。
  - ➢支援技術も必要で、しっかり投資すれば間に合います。
  - ➢**風力**や**水力**は便利ですが、限界があります。
  - ➢**原子力は厄介**で、ハイリスクで、放射性廃棄物を伴い、コストが高く、急速に普及させるのは非常に難しいのですが、他のエネルギー源より信頼性が高く、入手可能なほぼすべてのエネルギー源が将来必要になる可能性があるため、現在の混乱状況を踏まえれば、特に1人あたりの太陽光が少ない国ではエネルギーミックスの中で原子力の存在余地はまだあるかもしれません。

➢バイオ燃料はどのような規模であっても、食料供給と生物多様性の両方に影響が及ぶので、細心の注意を払わなければなりません。

この本は、これらの技術的な解決策を大まかに紹介しただけですが、そうした解決策があることや急速に出現していることを明らかにするには十分でしょう。苦労したり、つらい思いを味わったりする必要はありません。移行過程でもより良い生活を送れるチャンスは確かにあります。

・問題の大きさと緊急性、そしてこれまで人間が行ってきた対応が慎重すぎてきたことを考えると、**大気中から炭素を回収する**必要が生じることはほぼ確実でしょう。その技術はまだ十分に理解も開発もされていないのですが。

・**エネルギー需要をしっかりと抑えれば抑える**ほど、クリーンな供給への移行も容易になります。私たちは、どこかの時点でエネルギー成長をやめなければなりません。もう十分だということを学ばなければなりません。

エネルギー：一人ひとりは何ができるか？

個人のエネルギー管理については、多くのアドバイスを受けているでしょうから、ここでは簡単なことに留めます。より重要なことは、大きなシステム上の課題として考えることです。個人の行動は、システム全体に影響を与えます。

・問題を理解し優先する政治家に投票しましょう。そのような候補者がいなければ、最も近い人に投票しましょう。あなたが何を求めているかを候補者に伝えましょう。

・可能な範囲で、エネルギー効率の高いサプライチェーンや低炭素技術、インフラを支援するためにお金を使いましょう。例えば、自動車が要るのであれば、できれば電気自動車にして、家には断熱材やソーラーパネルを設置し、年金の投資先を化石燃料から外して必要な解決策を進めるところにするように年金基金に働きかけましょう。

・エネルギーをあまり必要としないことをうまく楽しみましょう。例えば、散歩、本、家族や友人とのパーティー、各種社会活動、地元での余暇、化石燃料に頼らない趣味などです。

・すでに知っている方法や、どこかで簡単にアドバイスしてもらえる方法で、エネルギー消費を減らしましょう。例えば、エネルギー効率の良い家庭生活、ガソリンを大量消費する車から小型自動車や電気自動車への乗換え、カーシェアリング、航空旅行の抑制などです。これから買おうとするものを製造し輸送するのに必要なエネルギーについて考えましょう。ガラクタは買わずに良いものを長持ちさせましょう。

・友達をなくしたり、誰かを傷つけたりすることなく、仕事でも遊びのうえでも、役に立たない習慣や考え方をやめるようにしましょう。

・自分を責めてはいけません。楽しみながら、エネルギーフットプリントを削減しましょう。人生をより良くする方法を見つけよう。自分でやることを選びましょう。傷つくことも受け入れ、前に進みましょう。

短いリストですが、すべて実行することが大切です。

エネルギーと気候だけが単なる技術的な問題でしょうか。国際合意を実現するためには、他にも多くのことが必要です。グローバルガバナンス、公正、経済、成長、不平等、真実、信頼、価値観、そして私たちがどう考えるかという問題にまで及びます。これらについては後ほど説明しますが、その前に、もう一つの物理的な問題群である旅行と輸送について考えます。この問題も食料や土地、海、エネルギー、気候と避けがたく絡み合っています。

---

1 食品を除き、データはBP Statistical Review of World Energy 2017によります。食品データはFAOが示す平均食事エネルギー必要量の1日あたり2,353 kcalをやや上回る2,545 kcalとしました。

2 Captain CalculatorのCalories Burned During Sleepをはじめとする様々な資料から、体重65 kgの人の1時間あたり65 kcalを基準としました。
https://tinyurl.com/sleepcalories

3 食品以外のデータはすべてEnergy Consumption in the UK, 2018, BEIS,
https://tinyurl.com/UKenergyuseによります。食品の推定値はこの本の分析結果から引用しています。

4 注3を参照。

5 BP Statistical Review of World Energy 2017基本データです。原子力および再生可能エネルギーによる一次エネルギーとしての電力は、石油発電所の発電効率38 %を用いて石油換算に変換しました。マークアップ係数は2.6になります。
https://tinyurl.com/bpreview17

6　地球の断面積は 1.274×1,014 m^2 で、太陽定数（1 m^2 あたりの垂直方向太陽光入射量）は 1,361 W/m^2 なので、全体で 1.74×10^{17} W となります。しかし、30 %は反射されるので、残りは約 953 W/m^2、全体で 1.22×10^{17} W です。人口が 75 億人ですから 1 人あたり 16,277 kW、1 日あたり 391,000 kWh となります。人が 1 人あたり 59 kWh を使用しているのと比較すると、差は歴然です。私たちは 6,621 分の 1 を使っていることになります。

7　3,000 m^3 のプールの水温を 90 ℃上昇させるとします。

8　一般的なケトルを 1.8 kW としました。飛行については、乗員 500 人の A 380 の長距離路線をベースに、センサス社のデイビッド・パーキンソン氏が開発した航空排出モデルを使用しました。A 380 の飛行では乗客 1 人あたり約 500 kW を消費します。

9　太陽光発電に最適の場所ではなく、適当に広がる場所に安価な効率 16 %の太陽光パネルを設置するという、控えめな前提に基づいています。

10　データは BP Statistical Review of World Energy 2017 より。

11　私は「おそらく」としました。クリス・グドール氏は 40 %の効率はかなり強気にみえるとしています。超高効率ペロブスカイト－タンデム太陽電池が必要になります。

12　太陽光革命に関する楽観的見方については、Profile 社から出版されたクリス・グドール氏の“The Switch”をお勧めします。

13　例えば、バーツラフ・シュミル氏の 2015 年の著書“Energy Transitions: History, Requirements, Prospects”（ABC-CLIO 社刊）があります。

14　計算には、NASA の光量に関するデータ（https://power.larc.nasa.gov/new/）と、世界銀行の国土面積と人口に関するデータ（https://data.worldbank.org/indicator/SP.POP.TOTL）、それに、ARC 社の GIS ソフトウェアを使用しました。

15　電池のための資源採掘。ほとんどのリチウムイオン電池はコバルトを使用しますが、その多くがコンゴ民主共和国の未規制の鉱山で採掘され、児童労働や多くの事故、原因不明の病気などが発生しています。2016 年の時点でアムネスティ・インターナショナルは、どこの政府も企業に対してコバルトのサプライチェーンに関する報告を求めていないことを確認しています。企業行動については、2017 年にアムネスティはアップルとサムスンを「適切」、マイクロソフト、レノボ、ルノー、ボーダフォン、ファーウェイ、L&F、Tinjin、B&M、比亜迪、光宇集団、SHenzhan、中興通訊は「行動がとられていない」と評価しました。アムネスティ・インターナショナル、2017 年 11 月、Time to Recharge: Corporate Action and Inaction to Tackle Abuses in the Cobalt Supply Chain を参照。

16　Marcus Budt, D. Wolf, R. Span and J. Yan（2016）A review on compressed air energy storage: basic principles, past milestones and recent developments. *Applied Energy* 170, pp. 250–268.

17　Vaclav Smill, “Energy Transitions: Global and National Perspectives”, 2nd edition, Praeger, 2016.

18　Adams and Keith（2013）Are global wind power resource estimates overstated ? *Environmental Research Letters*, 8（1 March）, p. 015021.

19　イギリスの国土面積を 242,495 km^2、人口 66.6 百万人としました。

20 この地図は各国の地上 50 m の空気層における平均総運動エネルギーを推定したものです。太陽光の推定値とは比較できません。前者は 1 日あたりのエネルギーの測定値であり、後者はエネルギーが利用される前の、ある時点のエネルギーの測定値だからです。地形や沖合の利用可能性などの非常に重要な要素を無視しています。風速は NASA: https://power.larc.nasa.gov/new/（accessed 2019）から、空気密度、土地面積、KE＝(1/2)mv^2 から運動エネルギー（KE）を算出しています。また、平均平方ではなく、平均風速の二乗を使用していることにも注意してください。本当は前者が望ましいのですが、データがありませんでした。

21 50 km^2 ごとの降水量と高度データを ARC の GIS ソフトを使って 19.5 TW と推定しました。シュミル（2016）は *Energy Transitions* 誌で 11.75 TW と推定しています。彼の推定値の方が良いと思いますがが、どちらも水力発電の可能性を桁のレベルでつかむためのものです。

22 降雨のもつ潜在的エネルギーとして高い方の私の値を採用すると、19.5 TW×5 %×80 %＝0.78 TW になります。シュミルの 11.75 という数値を用い、私の場合と同じ前提条件にすると、すでにほぼすべてのエネルギーを開発しつくしたことになります。仮定した 5 %という変換効率が重要になってきます。

23 マサチューセッツ工科大学が母体となったコモンウェルス・フュージョン・システムズによると、あと 15 年でグリッドに供給できるようになるそうです。*MIT Technology Review*, 2018 年 3 月 9 日 https://tinyurl.com/fusion15yrs

24 FAO は、体格や活動レベルから国ごとに調整していますが、アメリカで健康的な生活に必要な食事エネルギーは 1 日あたり 2,500 kcal です。世界平均よりもやや高いのですが、これはアメリカ人の平均的な体形が大きいためです。アメリカでは 1 人 1 日あたり 4,000 kcal 以上がバイオ燃料として使われています。

25 W. D. Huang and Y. H. P. Zhang (2013) Energy efficiency analysis: Biomass-to-wheel efficiency related with biofuels production, fuel distribution, and Powertrain systems. *PLoS One*. http://dx.doi.org/10.1371/journal.pone.0022113

26 バイオ燃料の原料となる藻類についての詳しい情報は、M. Hannon, J. Gimpel, M. Tran, B. Rasala and S. Mayfield (2010) Biofuels from algae: challenges and potential. *Biofuels* 1(5), pp. 763–784. https://tinyurl.com/ya8zuty3

27 William Stanley Jevons, “The Coal Question”, Macmillan, 1865. ジェヴォンズは、効率を上げれば石炭の魅力が増して、需要は減るどころか増えると指摘しています。

28 よく考えれば、効率化によるリバウンドは認めざるを得ないのですが、重要なことは、これを合計すると常に 100 %を超えるかどうかです。私がみてきた分析ではどれも、検討された反発経路に制限を設ければそうはならないといえます。実際には、経済の切り離された一部分をみたり、短期間の観察をするだけでは、効率向上の効果を分析することはできません。唯一の現実的な測定方法は、世界中のすべての分野における効率向上によるリバウンド効果を、世界のエネルギー使用量について追跡することです。そうすると、過去 50 年間平均で 102.4 %のエネルギーのリバウンドがあることがわかります（つまり、世界のエネルギー使用量の年間成長率）。

2007 年にリバウンドについて慎重に分析した論文が、イギリスエネルギー研究評議会から発表されました（The Rebound Effect Report: https://tinyurl.com/UKERCrebound）。127ページの大作です。この論文は、リバウンドをさまざまなタイプ（代替リバウンド、インカム／アウトカムリバウンド、具現化リバウンド、二次リバウンド）に分類しました。そして、リバウンドは非常に重要ではあるものの、通常、リバウンドの合計が100％を超えることはなく、資源利用の効率性が高まっても資源消費量は減らないというジェボンズ・パラドックスは一般的には存在しないと結論されました。しかし、この論文もすべてのリバウンドを完全には考慮していません。この研究に含まれていないリバウンドの例としては、より効率的な照明によって働きやすい環境が整うとか、海から石油を取り出すもっと良いアイデアが生まれるというようなものがあります。

他にもリバウンドをもっと大きく過小評価している研究があります。次の注を参照。

29 例えば、GESI（Global e-Sustainability Initiative）の報告書「SMARTer 2030」（www.smarter2030.gesi.org）では、情報通信技術によって2030年までに世界の炭素を20％削減できるとしていますが、リバウンドは考慮されていません。リバウンド効果については付録で認めていますが、マクロ経済的なリバウンド経路が無視されているために、その効果が著しく過小評価されています。

30 BP社が毎年発表している「Statistical Review of Energy」でも、この方法が用いられています。そのため、再生可能エネルギーの発電量も同じ量の電力を発電するために必要な石油の重量である石油換算トン数で表されます。BP社は、石炭と石油による発電所の効率をわずか38％としています。ガスタービンは、これよりはるかに効率的です。

31 J. Strefler, T. Amann, N. Bauer et al.（2018）Potential and costs of carbon dioxide removal by enhanced weathering of rocks. *Environmental Research Letters*, doi: 10.1088/1748-9326/aaa9c4.

https://preview.tinyurl.com/rockweatherring. Chris Goodallと彼の週刊Carbon Commentaryニュースレターは、無料で購読できる低炭素技術の最新情報の優れた情報源です www.carboncommentary.com/

32 J.-F. Bastin, Y. Finegold, C. Garcia et al.（2019）The global tree restoration potential. *Science* 5, pp. 76–79.　地球上には9億haの植林の余地があって、5170億本の木で2050億トンの炭素を貯蔵できます。

33 Boom times are back for carbon offsetting industry, *Financial Times*, December 2019, available from: https://on.ft.com/2vGGbHM

34 このスキームはClimeworksが運営していて、以下のサイトから入手できます。www.climeworks.com/

35 例えばDNV GL Energy Transition Outlook 2017（https://eto.dnvgl.com）は、エネルギー需要は2050年頃にピークを迎え、その後は順調に減少すると予測しています。しかし、これはエネルギーの効率向上を年率2.5％（過去20年間は1.4％）と想定し、需要はこれとは無関係であると仮定しています。いい換えればリバウンド効果はゼロです。また、これまでで最も楽観的な人口予測（ピーク時は94億人、Wittgenstein Centre for Demography and Global Human Capital参照、https://tinyurl.com/2017wittgen）を用いており、人口増加率の減少のリバウンドも考慮されていません。このような状況下でも、気温上昇は2.5℃程度と、まったく受け入れがたいことになると予測しています。同様に、Statoil社のEnergy Perspectives 2017 Long-term macro and market outlookの更新シナリオでは、2050年までにエネルギー需要が8％減少するとしています。https://tinyurl.com/2017statoil

訳者注

*1　難題を簡単に解決できる手段。
*2　電気を円盤の回転エネルギーに変換して一時的に貯蔵する技術。
*3　電気で空気を圧縮し、そのときに発生する熱を回収・貯蔵して、電気が必要なときに高圧空気を貯蔵していた熱とともに膨張させてタービンを回転させる技術。
*4　単位が欠落。風力と同じか。
*5　北極海の氷が夏季に溶けるようになるので、海底にある化石燃料資源へのアクセスがよくなる。
*6　ベネズエラの確認原油埋蔵量はサウジアラビアを上回り世界1位であるが、政治の失敗によりハイパーインフレーションが起き、国民は貧困化して犯罪が多発し、多数の国民が国外に脱出しようとしている。
*7　土地を耕さない不耕起農法を行えば、より多くの炭素が土壌に蓄積される。
*8　排ガスに含まれる二酸化炭素を分離し、これを地下深くに注入して永久に貯留すること。
*9　二酸化炭素を吸収すること。
*10　1章訳者注*21参照。

4 運　輸

運輸が世界のエネルギー使用量に占める割合は大きく、ほとんど液体化石燃料です。化石燃料には、移動可能かつ高密度でエネルギー貯蔵ができるという大きな利便性があり、自動車や船、飛行機には最適です。これを他のエネルギーに置き換えるには、技術的にもインフラ的にも多くの課題があります。私たちの運輸需要が減れば、それだけ課題解決は容易になります。

ここでは、世界の運輸状況と特徴を紹介します。

私たちはどれだけ移動しているのか？

人は世界平均で 1 年間に 3,921 マイル（6310 km）移動します。そのうちの 57 %が自動車、23 %が徒歩、7 %が鉄道、13 %が飛行機です（図 4.1）。

歩く距離にはアンデス山脈を歩く人から、朝、お茶を淹れるために冷蔵庫、ポット、食器棚の間を歩く人まで、さまざまな移動が含まれます[1]。今世紀に入ってから、すべての移動が増えています。徒歩の場合、人口増加に伴って年率で 1.3 %増加しています。飛行機のマイル数は年率 7 %と大幅に増加し（10 年で倍増ですね)、自動車のマイル数は 4.7 %増加しています[2]。

自転車は自動車や飛行機、列車、徒歩に比べると、移動手段としてはさほど重

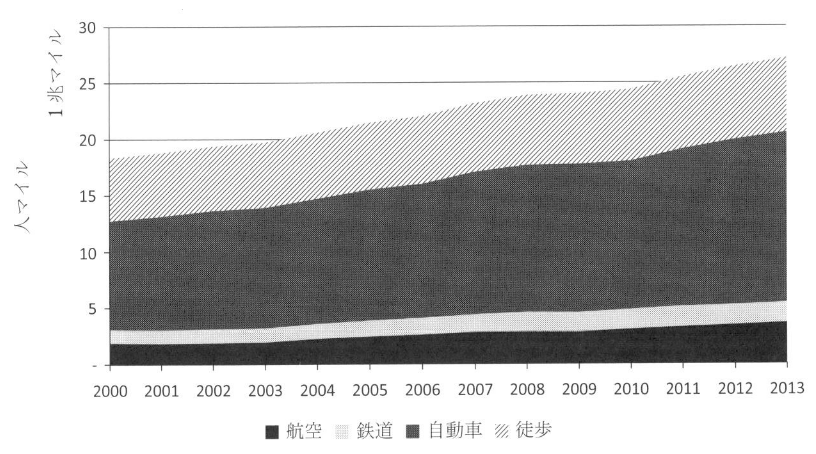

図 4.1　世界の輸送手段別年間総移動量

要ではありません。世界の多くの人は自転車をまったく使いません。使っている人もほとんどが数マイル程度の移動です。冷蔵庫とポットの間を自転車で移動する人はまずいないことを考えれば、それも納得できます。平均的オランダ人の自転車利用距離は1日1.4マイル（約2.3 km）[3]ですが、スペインでは73％の人がまったく自転車に乗らないと答え[4]、1日の平均距離はわずか100 mです。イギリスでは1日あたり265 mで、わずかに上回っています[5]。

これから先、どれだけ旅行したいのか？

遠くへ行きたいと思う気持ちは、そろそろ限界に近づいていると考える人もいます。その人たちはこう考えます。豊かな国ではもうこれ以上移動したくないと思う人が現れていて、他の国々もそれに追いつき、人口が安定すれば交通量を増やす必要もなくなるだろうと。この議論は心地よく、私もそう信じたいです。確かに飛行機の旅行は、どのクラスの座席でも、どんな映画が見られても、食事や飲み物のメニューが何であっても、本質的には退屈な場所であることに変わりありません。しかし、総合的にみれば、エネルギー需要が増えなくなるという議論と同様、旅行需要も自然に落ち着くという考えは、それを支持しない証拠の分析や想像力が欠如した結果ではないでしょうか。この原稿を書いている間にも、中国はイギリスで高速鉄道を建設中で、リチャード・ブランソン*1は宇宙旅行を計画中です。そして、自動運転の車は移動時間というごく自然な制約を受けずに、子どもが家に置き忘れた運動具まで思いつくものは何でも届けてくれる、限りない移動の可能性を新たに開きます。

人が成長しようとする根本的な力を変えられない限り、移動したいという欲求が自然に減退するのを望むのは楽観的にすぎます。より多く移動すれば生活の質が本当に向上するかどうかとは関係ありません。後述するように、私は必ずしもすべての成長に反対しているわけではありませんが、旅行を抑えることは有益です。

化石燃料を使わなくなれば、ほとんどの輸送手段には土地が必要になります。太陽光パネルで発電するためや、バイオ燃料用の作物を育てるためや、人が自分の足を動かすための食物を育てるためです。

それぞれの交通手段の相対的な持続可能性は、1 m^2 の土地で何マイル移動できるかで示されます。わかりやすい事例を紹介しましょう。

1 m^2 の土地から得られる移動距離は何マイル？

カリフォルニア州に置かれた 1 m^2 の太陽光パネルは、電気自動車なら年間1,081 マイル（1,740 km）、電動自転車なら 21,243 マイル（34,190 km）走る大量の電力を供給することができます。

同じ面積で栽培された小麦を食べれば、それで得られるエネルギーで年間 13 マイル（21 km）歩くか、自転車をこいで 25 マイル（40 km）移動できます（次ページ図 4.2）。

ヤナギ低木からつくるバイオ燃料を入れた車だと、走行距離はせいぜい 5 マイル（8 km）です。

電動自転車と電気自動車が示す数字には勇気づけられます。安価な太陽光パネルでも太陽エネルギーの約 16 %を電気に変換できるのに対して、植物の光合成では普通は 2 %以上のエネルギーを得ることはできません。食用に変換されるエネルギーはさらに少ないことを考えれば、従来の自転車やバイオ燃料と比較すると、太陽光パネルの驚異的に高い効率も直感的に理解できます。そして、電気自動車や電動自転車が電気を機械エネルギーに変換する効率が最大 80 %であるのに対し、内燃機関では 25 %以下、人間の筋肉はその中間の 60 %程度しかありません。

石炭やガスによる火力発電所がすべて廃止されると、人が自転車を漕ぐために食べる小麦のエネルギーと太陽光パネルから得られる電力とを比較すれば、従来型の自転車でさえ二酸化炭素排出量の点で電気自動車に大きく負けることになります。しかし、自転車を捨ててしまう前に、頭に入れておいてほしいことがあります。すなわち、健康上のメリットや必要な全電力を再生可能エネルギーでまかなうにはまだ時間がかかるという厳しい現実と、自動車の製造から廃棄までの環境影響をここでは無視しているという事実です。そして何より、サイクリングが純粋に楽しいということも忘れてはいけません。

100 %の変換効率が得られたとしても、1 m^2 の土地で栽培された小麦から得られるバイオ燃料では自動車は約 1 マイル（約 1.6 km）しか走りません。また、1 人の人間が 1 日に必要なカロリーの小麦では、自動車を 2.7 マイル（4.3 km）走らせるだけのバイオ燃料しか得られません。非常に厳しいトレードオフです。新技術を利用すれば、ヤナギなどの繊維作物からバイオ燃料をつくることができますが、実現できたとしても、1 日分の食料と引き換えにしても自動車は 20 マイル（32 km）しか走りません。すべてのエネルギー政策に関わる人が把握しておかなければならない非常に重要なメッセージは次の通りです（表4.1）。

バイオディーゼルは低炭素であるとされていますが、エネルギー問題解決の主力にはなりません。これに頼ると世界の食料システムに大きな負担がかかり、栄

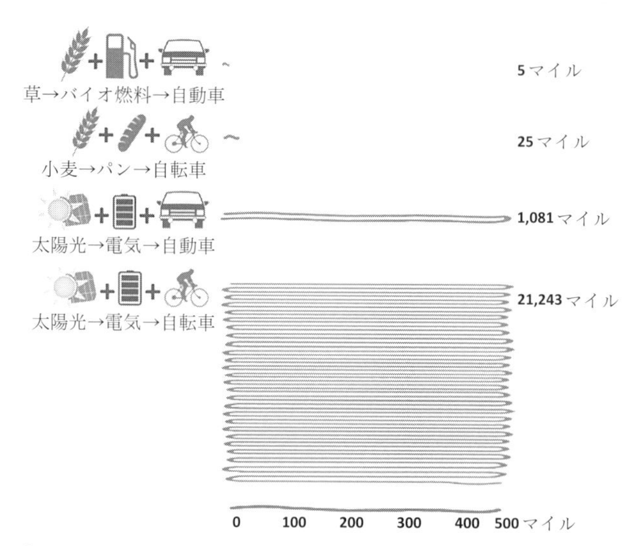

図4.2 1 m² の農地から得られるバイオ燃料やカリフォルニアに設置された同面積の太陽光パネルから得られた電力による走行距離。上から順に、小麦（世界平均収量）をバイオ燃料にして動く小型車、小麦を食べた人が動かす自転車（これも世界平均）、日産リーフ電気自動車、電動自転車（電動自転車の場合、人は一切ペダルと踏まないと仮定）

表4.1 カリフォルニアの 1 m² の土地で、太陽光パネルか小麦やヤナギの栽培によって得られたエネルギーで可能なトラベルマイル

	マイル /m²/ 年
電動自転車（PV：太陽光パネル）	21,243
電車（旅客マイル、PV）	4,033
日産リーフ電気自動車（PV）	1,081
テスラ電気自動車（PV）	927
自転車（パン）	45
ウォーキング（パン）	22
エアバス A380（旅客マイル）：(セルロースからのバイオ燃料)	12
バイオディーゼル列車（旅客キロ、小麦燃料）	5
バイオ燃料自動車（ヤナギ）	5
乗馬（小麦を食べさせた馬）	3
バイオ燃料車（小麦燃料）	1

養不良を広げてしまう恐れがあります（78ページ「バイオ燃料は全然ダメか？」参照）。

詳細な計算方法や注意点は章末にあります[6]。

都市交通をどう改善するか？

理想的な都市は、コンパクトで移動しやすいことです。建物は高層で、レクリエーション用の緑地以外はおおむね近接しています。中心部から離れても、家屋はほどほどの大きさで、一戸建てはまったくありません（必要ないのは明らかで、スペースを無駄にして冷暖房の効率を下げるだけです）。そうすれば、ほとんどの健常者は徒歩か自転車で行きたいところに行けます。

残念なことに、都市はすでに建設されていて、建て直すことは容易ではありません。シリコンバレーでは、低層の戸建て住宅が無駄に広がっていて、多くの住宅には複数の駐車スペースがあり、店にもそれぞれ駐車場があります。この街がうまく設計されていれば、子どもたちは友達の家に歩いて行けたし、誰でも郊外まで徒歩5分で行けたはずなのに、車なしではどこにも行けません。このような都市計画にしてしまったので、再設計は難しくなりました。すぐ近くのサンフランシスコでは、坂道こそひどいですが、三方を海に囲まれるという土地の制約から解放されて、歩行者や自転車で賑わっています。

都市では、そこにある建物とは良し悪しにかかわらず共存し、最大限に活用しなければなりません。交通問題を解決するためには、三つの行動が必要です。第一にクリーンな車両にすることです。自転車、電動自転車、電気自動車など、すべて電動車両です。第二に交通インフラです。自転車道、歩道、地上と地下の鉄道、バス、路面電車、そしてパーク・アンド・ライドです*2。第三にITを整備して、ポケットから車のキーを取り出すくらい簡単に、エネルギー消費が少ない移動手段から移動手段へと乗り換えられるようにすることです。ITは決まったルートの公共交通機関を示すだけでなく、顧客のニーズに合わせた乗り合いタクシーの料金も調整します。こうすれば道路を走る自動車の総数は減少し、人が車をもつ必要性も減少します。すべて実現可能です。2019年にオスロは市街地への自動車乗入れを禁止しましたし、コペンハーゲンとアムステルダムはもう自転車の天下です。

カーシェアリングは生活を良くするか悪くするか？

あなたがいつも自分の車を運転し、しかも自分のガラクタで一杯にしたいなら、カーシェアリングは最悪です。悩まないで最適な乗り物でもっと多く移動したいと思い、他の人と社会的なつながりをもつことにこだわりがなければ、かなり良い方法です。

車の座席の間にキーを落としてでもいない限り、キーを取り出して旅に出るというシンプルさを否定することはできません。このような理由から、自家用車は計画を立てずに気ままに移動したい人には当然の選択肢です。旅先に荷物をたくさん持っていきたい人にも、自家用車は捨てがたいです。慣れない車の運転を考える必要もありません。けれども、自分専用のカプセルのために支払う代償は、どのような旅をしても同じ車に縛られることであり（複数台所有している場合を除く）、自分の車の駐車場からしか旅を始めることができず、カーシェアリングのもつ環境やコスト面での効率の良さも体験できません。

今では、ほとんどの人が車を持っていて、借りるのはやや面倒です。時間がかかり、勝手にできず、たいていは面倒な場所から車を取って、また返却しなければいけません。旅の1行程を電車で移動すると、残りで車を使おうとしてもだいたい難しいのです。世界のカーシェア市場はまだ10億ドル程度で、車社会全体ではごくわずかです。

でも、これから変わります。カーシェアリングの世界でもインフラが大幅に改善され、公共交通機関の選択肢も増え、それらを統合するアプリも発達します。必要になれば、自転車や電動自転車、駐車スペースを確保しやすい小型乗用車から家具移動用のバンまで、目的に最も適した車にすぐにアクセスできるようになります。自分のニーズに合った最小のクルマで移動できるし、それを使わなくても自分の責任ではありません。至福のときです。電車に乗っても、必要なら降車駅でシェアカーに飛び乗ることができます。その世界では車は数こそ少ないのですが、それぞれ有効に使われます。もちろん、自転車の方が圧倒的に多いのです。空気もきれいです。北欧の都市がそこに向けてリードしています。

電気自動車を買うべきか？

まず、車をもつ必要があるかどうか考えてください。必要になるまで車は買わないでください。買うのであればなるべく電気自動車にして、できるだけ経済的なものにしましょう。そして長く使いましょう。

石油が燃料の自動車を運転することによるカーボン・フットプリントの約3分の2は燃料ですが、残りは自動車の製造と廃棄に伴う排出です。ですから、よほど燃費の悪い車でない限り、車はしっかり整備して長く乗り続けるべきです。

電気自動車は内燃機関に比べてエンジン効率が非常に高いので、電力がすべて石炭発電所から供給されていたとしても、使用時の二酸化炭素排出量は石油自動車より少なくなります。発電の非効率や、石炭の燃焼による非常に多くの排出量を補っても余りあります。しかし、全体的なメリットはわずかで、最も効率の良い車を購入した場合にのみにあてはまります。残念ながら再生可能エネルギーで走るといわれて車を買い、それが本当だという契約をしたとしてもうまくいきません。なぜなら、当分の間、再生可能エネルギーは十分にないからです。あなたが再生可能エネルギーを使い切ってしまえば、他の人が電力を消費するためにもっと多くの石炭を使うことになります。

長距離移動や充電ステーションの不足で100%の電気自動車が現実的ではない場合には、バッテリーで50マイル（約80 km）走行できて、必要に応じて発電機を動かすためだけに燃料を使用するハイブリッド車にするのがよいかもしれません。実際にはフル充電しておけば走行距離の90%以上は電気で走れるでしょう。

message

交通機関のクリーンアップは二酸化炭素やエネルギーだけではなく、人々の健康にも直結します。

私のディーゼル車はすぐにでも捨てないといけないか？

都会で多く走るのならすぐにでも。

渋滞する都会でディーゼル車を1マイル（約1.6 km）走らせると、人の寿命が12分縮みます。あなたが他の人に与える小さな影響をすべて足すとそうなります。

イギリスでは、年間4万人[7]が大気汚染で死亡し、そのうち8,900人が自動車によるものです。交通事故死1,775人の5倍です。

本論から外れますが、データを見るとバスが通るたびに息を止めたくなります。自転車に乗る私は我慢できません。

粒子状物質と二酸化窒素（NO_2）が主な有害物質です。ディーゼル車はガソリン車や電気自動車に比べると、この2物質をはるかに多く排出します*3。私のように都会を自転車や徒歩で移動する人であれば、これらの汚染物質がどう作用するのか気になるのは当然のことです。

粒子状物質の中でも最も小さい粒子（大きさが400分の1 mm以下の粒子でPM 2.5と呼ばれます）が最も毒性が強く、吸い込むと成分が血流に入り込むこともあります。ディーゼル車は、ガソリン車の約15倍排出します[8]。ブレーキパッドやタイヤ、路面からも粒子状物質がいくらか（自動車からの発生量約10 %）発生するため、電気自動車であっても問題です。天候にもよりますが、PM 2.5は通常、数日から数週間、大気中に存在します。風が強ければ早く拡散しますが、他の場所から流れてくることもあります。雨が降れば流されますが、乾燥していると車が地面に落ちたPM 2.5をすくい上げ、再び空気中に飛ばします。木が大気の浄化に役立つと考えられがちですが、残念ですが逆です。木の葉は粒子状物質を吸着するのですが、それよりも大きな効果があります。樹木が風のバリアとなって、交通量の多い大通りでは、粒子状物質を道の上に保ち続けてしまいます。

都会で運転すると排気管から出る粒子状物質がそのまま歩行者の肺に入ってしまう可能性が高くなるのですが、郊外では粒子状物質が分散されて空気中から沈降するまでの間に人に触れる可能性はずっと低くなります。どこを走るかによって、健康影響は大きく変わります。

二酸化窒素はPM 2.5とは違って、瞬時に生成されるものではありません。自動車のエンジンやガスの燃焼、薪ストーブなどで空気が高温になると、一酸化窒素が発生します*4。これが有害な二酸化窒素に変わるのは数秒から数分後に、空気中のオゾンや酸素と反応したときです[9]。タイムズ・スクエアやオックスフォード・ストリートを歩いている人や、バスの後ろで立ち往生している自転車に乗っている人にとっては、この遅れは良いニュースです。あなたに影響を与える前に、少しだけ拡散する機会があるからです。悪い点は、二酸化窒素は粒子物質よりも長持ちする傾向があり、雨では洗い流されないということです。だから、郊外が都会よりましだとはいえ、どこに行っても私たちが吸う空気には世界中で発生した二酸化窒素が含まれています。

電気自動車には排気管がありませんが、電力が送電線から供給されていれば、

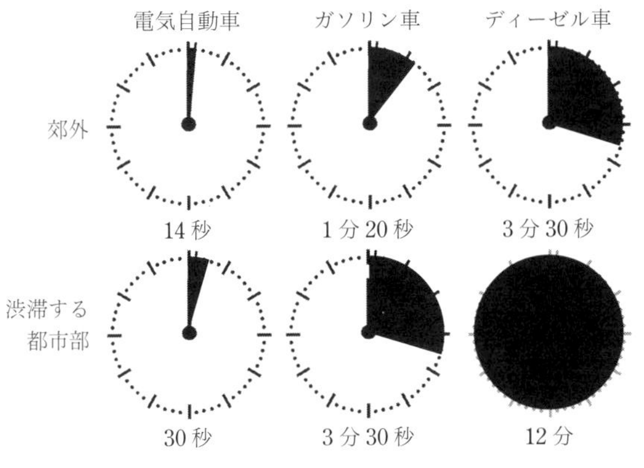

図 4.3 1マイルの走行によって失われる寿命。すべて中型（1トン）の高性能車であると仮定

粒子状物質も二酸化窒素もそれまでに発電所から大量に排出されていたでしょう。

図 4.3 が、あなたが何をしたいかを決めるのに役立てばいいと思います。この図は、それぞれの種類の移動とそれぞれの車について、1マイル走行するごとに失われる寿命の分数を示しています[10]。ディーゼル車で渋滞した都会を 5 マイル走行すると、すれ違った 1 人の寿命が 1 時間短くなります[11]。あなたがロンドンのタクシー運転手であれば、明らかでしょうか。黒塗りのタクシーをガソリン車に変えるか、いっそのこと電気自動車にすれば、他の人たちのためになります。理想的なのは、大きさを半分にすることです。ディーゼル車にも、少しだけクリーンなものもあります。この節では、フォルクスワーゲン車の排ガススキャンダルに触れずには終われません。マサチューセッツ工科大学の試算によると、同社がドイツ国内で販売していたディーゼル車の排出ガス制御を不正に行うソフトウェア*5 を導入したことによって、その車の使用期間中に 1,200 人を死亡させたことになります[12]。世界的にみれば、この数字はもっと高くなるはずです。故意に人を死亡させることや大量殺人との間に違いがあるとしても、私にはほとんど同じにしかみえません。関係者の中には責任を問われたり、失職したりした人もいましたが、なぜこの種の犯罪を通り魔や麻薬売買より軽視するのか、私にはわかりません。

イギリスでは、二酸化炭素の排出量が少ないとされるディーゼル車が人気です。けれども、そのメリットはわずかです。ディーゼル車にすれば 1 ガロンあたりの走行距離がガソリン車より数マイル伸びる一方で、1ガロンあたりの炭素量は約13％多くなります。

二酸化炭素や粒子状物質、二酸化窒素の点では、ディーゼル車が最下位、ガソリン車が中位、そして電気自動車が圧倒的に上位になります。どれを選ぶにしても、小さな車にして、あまり運転しないようにし、シェアするのがよいでしょう。

自動運転車は災いかそれとも希望か？

私たちがどう使いこなすかによります。

自動運転車は道をうまくすり抜け、運転を最適化するので、間違いなく効率的が上がります。最初の問題は、世界全体の炭素使用量に上限を設けない限り効率化がさらなる問題を引き起こすことです。自動運転車の場合に特に顕著になります。はるかにストレスが少なくて、より安全だからです。通勤途中に居眠りすることもできるし、会議に出るために何百マイルも移動しても夜は車中でぐっすり眠れます。毎朝、子どもたちを遠く離れた学校に送れるし、弁当を忘れたら、また車を走らせて届ければいいのです。こうしてエネルギー使用量が増加する機会がぐっと多くなります。

このような生活様式に陥る前に、本質的ですが少し変わった問いを、じっくりと自問してみましょう。このような技術革新によって、生活の質が向上するのかそれとも悪化するのかという問いです。発明されたからといって、採用しなければならないというわけではありません。後述するように、そのプレッシャーに抗うのは難しいのかもしれませんが、自動運転車で生活するということは、ハンドルを握ることや、まったく車に乗らないことよりよいのでしょうか？　私の直感では、目新しさがなくなると、結局は頻繁に飛行機で移動するのと同じくらいつまらないことになってしまうように思えます。

自動運転車の問題は、二つに帰すると思います。炭素に上限を設けることができるか？　そして、もっと深くいえば、足るを知ることができるかということです。答えがイエスであれば、自動運転車は人新世における持続可能な生活に貢献できるでしょう。そうでなければ、事態が悪化するだけです

低炭素社会でどうすれば飛行できるか？

550人の乗客を乗せたエアバスA380が、ニューヨークから香港まで飛行す

ると192トンの燃料が消費されます。その重さはエアバス離陸時の全重量の約36％に相当します。化石燃料を使わずに必要なエネルギーを搭載できるかどうかが課題です。

低炭素飛行は難問ですが解決策はあります。最もありそうなのはバイオ燃料の使用です。しかし、78ページで見たように、燃料と食料の間トレードオフは非常に厳しいものです。仮にバイオ燃料を小麦からつくろうとすると、同じ量の小麦だけで乗客全員が4年間生きていくのに必要なカロリーを十分満たせます。生産のためにはカリフォルニアの一等地1.5平方マイル（3.9 km^2）が1年間必要です[13]。今日のすべての航空需要を満たすのに必要な小麦は、全世界の人に1日1人あたり約2,100 kcalを供給できる量に相当し、人類の総カロリー必要量とほぼ同じになります。ススキのようなイネ科植物を栽培し、そこからバイオ燃料をつくることが技術的に可能になれば、小麦より4倍ほど効率が上がるようですが、それでも数値があまりにも大きくなり、飛行は困難です。

もっと良い方法があるかもしれません。電気飛行機の問題点は、バッテリーのエネルギー密度が化石燃料ほど高くないため、機体が重くなってなかなか飛べません。ジェット燃料1 kgに相当するエネルギーを運ぶには、約20 kgのリチウムイオン電池が必要です。私はこのような理由から電気飛行機は諦めていました。けれども、イージージェット社が短距離路線の飛行を計画していることを知り、もう少し様子をみることにしました。A 380は、積載量1トンあたりの1飛行マイルに必要なエネルギーという点では、世界で最も効率の良い民間機です。巨大であるという利点もあります。最適解を見つけるために、物理学者でありパイロットでもソフトウェアエンジニアでも航空管制アドバイザーでもある私の友人が、ちょっとした飛行シミュレーションモデルをつくったので遊んでみました。まず、A 380に燃料の代わりにバッテリーを積みました。次に、電気飛行機は従来のジェット機よりも貯められたエネルギーを運動に変換する能力が高いと仮定しました（化石燃料を燃やしたときの廃熱が本質的に不経済であることや、電気自動車が石油自動車より効率的であることを考えると、効率を2.5倍にするのが妥当だと思います）。その結果、ロンドンからベルリンまで600マイルのフライトを快適にこなすことができる飛行機ができました。私たちはそこまできています！　将来、バッテリーのエネルギー密度が向上すれば、それに比例して航続距離も長くなります。緊急時には予備エネルギーが必要になるので、そのためには電気に変換する発電機も必要になりますが、化石燃料を持ち運ぶのが一番良い方法でしょう。電動フライトも捨てたものではありません。

三つ目の選択肢は、太陽光発電で空気中の二酸化炭素から航空燃料をつくるというアイデアです。ソーラー革命が期待通りに進めば、近い将来の長距離フライトにはこれが最適となるでしょう。変換の過程で約 40 %のエネルギーロスが発生しますが大丈夫です。私の試算では、適当な砂漠に太陽光パネルを設置して、約 25 m^2 の太陽光パネルを 1 年間使えば、ニューヨークから香港まで乗客 1 人を運ぶことができます[14]。小麦からつくるバイオ燃料よりも土地利用効率は 270 倍も高くなります[15]。私の数字は非常に粗いのですが、はっきりとしたメッセージを伝えるには十分です。石炭産業から撤退するオーストラリアにとって良い機会になります。

低炭素社会でも飛ぶことは可能になりそうです。ただし、「どれだけの量を使うかは考える必要はない」ということでは決してないので誤解しないでください。化石燃料の使用量は、総エネルギー使用量と非化石エネルギー量との差であり、飛行機は大量のエネルギーを使うことを忘れないでください。あなたに選挙権があるのなら、飛行による大きな環境影響をしっかりと検討することなく空港の拡張を語るような政治家には投票しないでください。

最後に、太陽光パネルを翼に搭載する飛行機は、A 地点から B 地点への移動を目的とする人のためではなく、冒険家のものであるということをいい添えます。

飛行するべきか？

ビジネスでも、恋愛でも、遊びでも、卒業旅行でも…

膨大なカーボン・フットプリントを否定することはできません。ロンドンから香港までエコノミークラスで往復すると、平均的なイギリス人の年間二酸化炭素排出量の約 4 分の 1 になります[16]。あなたを責めているのではなく、ただの事実です。その価値があるかどうか、なぜ行くのか、そして、その旅で何をしたいのかによります。トレードオフです。

ビジネスで飛ぶ人は、その仕事が世界の持続可能な未来を築くのに役立つかどうかによるかもしれません。より広い世界観とグローバルな共感力を身につけて帰国できるかもしれません。愛する人が地球の反対側に住んでいる人は、ジレンマに陥るかもしれません。単に休暇を過ごしたいだけなら、あなたとあなたの良心の問題ですが、行くと決めたなら素晴らしい時間を過ごすことが大事です。

ケビン・アンダーソンはイギリスのティンダルセンターで気候政策を研究する教授で、私はとても尊敬しています。彼は飛行しないという強い姿勢を貫いています。中国で気候変動対策の会議があっても電車で移動します。これは重要なポイントであり、本物のリーダーシップの輝かしい例です。しかし、彼の仕事は十分に優れているので、仕事に役立つフライトであれば、その価値があると私は思います。

もし飛行するのであれば（私も時々しますが）、それを特別な機会であり贅沢であるとしてください。エコノミークラスで（飛行機の占有率を下げます）、旅を最大限に楽しんでください。世界を見るために旅をするのであれば、長い時間をかけて、新しい経験をして、あなたの家の近所で見てきたこととは違う考え方、生き方をする人々と出会いましょう。

オンライン会議はエネルギーと二酸化炭素を節約するか？

今のところ、ノーです。フライトを１回減らすよりも、１回増やす可能性の方がわずかに高いのです。オンライン会議は低炭素社会により近づけますが、それだけでは役に立ちません。

大手のハイテク企業とたくさん仕事をしてきましたが、彼らはオンライン会議技術によってフライトを減らし、それによって世界で何百万トンもの二酸化炭素を節約できるといいたいようです。けれども、この本をここまで読んでくださった方は、リバウンド効果がそうした主張を覆してしまうことはもうお分かりでしょう。これを説明するために、私がイギリスとカリフォルニアの間でかなりの回数のフライトをするようになった経緯を紹介します。シリコンバレーの人たちが私の本を読んで気に入ってくれました。彼らは私にメールで連絡してきました。何度か電話やビデオチャットもしました。お互いに気心が知れてきたので、彼らは私に仕事を依頼することになり、私は大西洋横断の旅を６回しました（そのすべてが、世界が化石燃料を使わないことに同意する条件を整えるために、大手のハイテク企業に少しでも協力してもらうという名目で行われました）。オンライン会議が行われなかったならば、対面の会議が行われることもなかったでしょう。

ここでもまた、マクロなシステムレベルでは、イノベーションや技術、効率の向上は、総資源消費量を減少させるのではなく、むしろ増加させる過程の一部にすぎないということがわかります。

しかし、考え方を変えれば、もし世界が地球規模の炭素制約を本当に必要とし、採択するのであれば、オンライン会議は私たちの生活やビジネスを今まで通りに行える重要な技術になるでしょう。

船はどれほど悪いか？　電気船はできるか？

海上輸送は航空輸送に比べて30倍以上もエネルギー効率が良いのですが、その分、我慢も必要です。

15,000トンの荷物を15ノットで運ぶ貨物船は、香港からロンドンまでの6,000マイルの航海で通常、470トンの燃料を消費します[17]。約1.5 m進むごとに1 kWhのエネルギーが必要になります。逆にいえば、速度を落とさなければ、1トンマイルあたり約0.07 kWhのエネルギーが必要です。普通の自動車を1マイル運転するのとほぼ同じエネルギーコストで、リンゴかオレンジかバナナの20個を遠くから海上輸送することができます。海上貨物輸送はグローバル経済を支える重要な要素です。太陽光が降り注ぐ広々とした場所で栽培された食品を、寒冷地で人口密度の高い所に住む人々が食べることができるだけではなく、この文章を読んでいるあなたの周りにあるほとんどのもののサプライチェーンを可能にしています。速度を2倍の30ノットに上げると、所要時間は2週間から1週間に短縮されますが、水の抵抗は速度の2乗に比例するので、エネルギー使用量は4倍になります。我慢が肝心ですね。

航空貨物では1トンマイルあたり約2 kWhを必要としますが[18]、同日中に届けることができます。空輸される商品のごく一部は、主に贅沢品（冬のアスパラガスや流行最先端のファストファッションの服など）です。サプライチェーンの物流管理がうまくいかなくて危機に陥ったときには、航空貨物に頼ることになります（私が以前、ブーツメーカーに勤務していたとき、在庫管理に失敗したときの緊急手段として航空貨物を使いましたがとても高くつきました）。

しかし、海運のエネルギーとカーボン・フットプリントは「お買い得」ではありますが、近い将来に化石燃料をやめなければならないことも明らかです。従来のコンテナ船は、乗用車やトラックには使えない黒いタールを含んだひどく厄介で汚染度の高い重油を使用しています。

電動海上貨物についての基本的物理学は以下の通りです。バッテリーのエネルギー密度は燃料より約20倍低いので、飛行機と同じように船舶でも燃料よりバッテリーの方がずっと重くなります。しかし、船舶では燃料の重量が総重量に占める割合が飛行機よりもずっと小さいという違いがあります。電気モーターの効率が従来の船のエンジンと変わらなかったとしても、9,000 トン強のバッテリーを搭載すれば 6,000 トンの貨物を積んで航行することができます。積載量が 60 %減るわけですが、まったくダメというほどでもありません。電気モーターの効率が通常の船舶エンジンの 2 倍になったら、4,500 トンのバッテリーで 10,500 トンの貨物を搭載することができます。ただし、明日から簡単に導入できそうだという結論に飛びつく前に、世界のバッテリー供給に新たな負担がかかるということも忘れてはいけません。

デッキに帆やソーラーパネルを設置するのは良いアイデアで、導入する価値はあります。でも、わずかな利得しか得られません。問題なのは、船上で得られる風や太陽光のエネルギーに比べると、現在の船舶のサイズがきわめて大きいということです。

最後に旅客について。船旅は環境に良さそうに思いがちですが、残念なことに旅客輸送となると、船の本来の効率の良さが海に流れてしまいます。というのは、乗客はリンゴとバナナのように旅行中ずっと横に並ばされたままにされるのは好まないからです。豪華なクルーズ船では、乗客はキャビンだけでなく、プールやカジノ、ダイニングホールなどいろいろな所にもアクセスできなければならないので、効率はさらに悪くなります（私は乗船したことはないのですが、そう聞いています）。これにより、炭素コストは乗客 1 マイルあたり 0.22 kg となり、小型ガソリン車に 1 人で乗ったり、飛行機で移動したりするのと変わらなくなります[19]。海の旅でも、比較的短距離の旅行、セーリング、水上自転車、いかだ船なら、まだやることができます（章末にお勧めの 3 冊を掲載しています[20]）。
（28 ページの「地元産がベストか？」も参照してください）

電動自転車か普通の自転車か？

どちらでも結構です。

もしも私が、最も持続可能な移動手段は昔ながらの自転車ではなく、電動自転車であると書かされるようになってしまったら、すごく残念です。テクノロジーが私たちをより悪い世界へ導いていると感じるでしょう。数ページ前で、太陽光パネルを設置した土地から得られた電気で走る電動自転車は、同じ面積の土地で栽培された食料を食べた人が乗る従来の自転車と比べると、約 200 倍の距離を走ることができると紹介しました。悲しいですがそれが事実です。

幸いなことに、両方とも受け入れる余地があります。電動自転車は従来の自転車では不可能だった低炭素の旅を可能にします。四輪車に比べて渋滞や公害、騒音を緩和し、エネルギー消費量も大幅に削減します。スマートシティ・ビジネスにとっては大きなチャンスとなります。これがあれば、スタッフは時間通りに会議に出席でき、汗もかかず、幸せな気分になり、そのうえ、お金も節約できます。

ただし、自転車の安全性にはもっと気をつけなければなりません。高出力の電動自転車は、バイクと同等のスピードと危険性をもつうえに、歩行者はバイクほど気がつきにくいです[*6]。

電動自転車が登場しても、体も鍛えられる簡素な古き良き自転車に死亡宣告が下されるということでは断じてありません。私と仕事をする人たちは、私の汗や服のしわを見逃してくれます。その代わりに私が運動から元気を得て、彼らと充実した仕事ができていると考えたいのです。

message

最後に、旅行に関する夢物語について述べます。それがいたずらに広がらないように現実はしっかりみなければいけません。

他の惑星に移住するのはいつか？

人類の全エネルギー供給量を使っても、1年にわずか1機の小型有人宇宙船を銀河系外に送り出せるだけです。

私たちが惑星Bに移ることができれば、「地球での生活」の必要性は一時的なものになると考えたくなるかもしれません。それは、先人たちが地球の隅々まで進出してきた拡張主義的な考え方のままでよいということを意味するのかもしれません。私たち人類が他の惑星に進出するのは時間の問題であると発言する著名な科学者もいます[21]。しかし、基本の物理学がこのアイデアをたちまち覆してしまいます。

地球と似た環境にある可能性がある惑星で最も近いのはプロキシマ・ケンタウリBです。宇宙のスケールでみれば4光年という近くにあります。宇宙船内の娯楽が充実して40年の旅でも我慢できるのであれば、光速の10分の1の速度で飛行すればよいことになります。しかし、その速さに到達するためには、膨大な運動エネルギーが必要です。体重70 kgの50人がこの速度で移動するために必要な運動エネルギーは人類が1日に地球規模で使うエネルギーとほぼ同じです。しかも、このときに彼らは下着1枚です[22]。それでは即死してしまうので、宇宙船が必要です。できるだけ楽観的に考えるために、1人あたりの重量を600 kgにしましょう。私が乗っている小型車シトロエンC1と同じ重さですが、40年もずっと乗り続けてはいられません。スペースシャトルの重量が80トンであることを考えれば、それでも超軽量の旅行で、旅行セットや食料など、飛行中や、新天地で生活を始めるための荷物は一切考慮していません。推進エンジンのエネルギー損失も考慮していません。最後に、秒速3万kmのスピードで新天地に突っ込んでしまわないように、目的地近くではどう減速するかも考えないといけません。そのためにもエネルギーは間違いなく必要で、それも運ぶ必要があります。これらを考慮すると、たとえ少数の人を乗せた小さな宇宙船でも、全人類の年間エネルギー供給量が必要になり、地球上に残された人々には何も残らなくなることは明らかです。

この議論がファンタジーであることは明らかですが、私の簡単な計算でも恒星間旅行は「地球での生活」の代替手段ではないということです。スタートレックはフィクションです。私たちは現在も、予見可能な未来でも、ワープスピードで飛行したりワームホールを通って移動したりすることは決してできないでしょう。

もっと可能性がありそうなこともありますが、実用性は低いでしょう。地球の軌道上や火星に移住することです。この場合には、水漏れしないコンテナに永久に住むことになります。それならば、鉱山の洞窟やコンクリート製の倉庫内に住むようなものなので、できないことはないかもしれませんが、同じように面倒なことになるでしょう。

さらに可能性があるのは、私たちのDNAをカプセルにつめて宇宙にばら撒き、どこかで何とか根付くだろうという自己陶酔的な希望をもつことです。もしかしたら、私たちよりも優れた生命体が遺伝子コードを手に入れ、私たちを再現してくれるかもしれません(彼らがわざわざそうするかどうかは別問題ですが)。いずれにしても、私たちあるいは次の数世代が地球上で生きていくうえでの現実的な課題解決には何の役にも立ちません。

どのような形であれ、地球はこれからもずっと私たちの唯一の故郷であり続けます。惑星Bはありません。

1 世界111カ国、70万人以上の日常的な活動レベルを調査した結果、スマートフォンユーザーの平均的な歩行数は1日あたり4,961歩でした。1日10,000歩が推奨されていますが、これは5マイル（8 km）に相当するので、1日平均2.5マイル（4 km）歩いていることになります。これに世界の総人口と1年の365日を掛け合わせると、全人口の1年間の総歩行距離が算出できます。

T. Althoff, R. Sosic, J. L. Hicks et al.（2017）Large-scale physical activity data reveal worldwide activity inequality. *Nature* 547, pp.336–369.

2 旅客キロデータは、航空はICAO（国際民間航空機関）、鉄道は世界銀行、道路交通はOECD（経済協力開発機構）から入手し、マイルに換算しました。

3 EU energy and transport in figures, Statistical pocketbook（2002）.

4 European Commision（2013）. Special Eurobarometer 406: Attitudes of Europeans towards Urban Mobility. https://tinyurl.com/ydyxcqa2

5 UK National Travel Survey 2017（Department for Transport）は、平均的イギリス人は年間60マイルを自転車で移動すると推定しています。ボートによる移動距離は少ないと考えられ、この調査には含まれていません。
https://tinyurl.com/y7tqayh6

6 もう少し詳しく説明します。自転車と車の電力は、太陽が降り注ぐ南カリフォルニアのソーラーパネルから供給されると仮定しました。曇りがちのイギリスでは、太陽も低い位置にあるので、走行距離は約3分の2にしかなりません。ペダルをこぐサイクリングでは、世界の平均的な小麦の収穫量を使用し、パン焼きに必要なエネルギーは無視して動力源となるパンは簡単につくることができると仮定し、大まかに1マイルで50 kcalとし、歩行ではその2倍としました。

7 Public Health England（2014）Estimating Local Mortality Burdens associated with Particulate Air Pollution（https://tinyurl.com/deathsdiesel）and Royal College of Physicians（2016）Every breath we take: the lifelong impact of air pollution（https://tinyurl.com/pollutiondiesel）

8 ディーゼル車のPM 2.5排出量はガソリン車の15倍、NO_xは5倍です。軽自動車の場合、この比率は23倍と1.65倍になります。出所はUK National Atmospheric Emissions Inventory（NAEI）. Fleet weighted road traffic emissions factors. https://tinyurl.com/emissionsroad

9 一酸化窒素（NO）は、さまざまな自然現象（土壌微生物、森林火災）や人為現象（化石燃料の燃焼）によって発生します。一酸化窒素は不対電子をもつフリーラジカルで、空気中の酸素（O_2）と素早く反応して二酸化窒素（NO_2）になります。

$$2\,NO + O_2 \longrightarrow 2\,NO_2$$

NOはオゾン（O_3）と反応して酸素とNO_2になることもあります。

$$NO + O_3 \longrightarrow NO_2 + O_2$$

二酸化窒素は赤褐色の気体で、スモッグの主成分です。

10 スモール・ワールド・コンサルティング社による都市で自動車を電動化する場合の企業のメリットについての分析結果から抜粋したものです。詳細は、直接お問い合わせください（info@swconsulting.co.uk）。

11 大気汚染による4万人の死亡によって、平均12年の寿命が失われていると考えられます。ここから1マイルあたりに失われる寿命が何分かを算出しました。1人が1時間の寿命を失うという意味ではもちろんなく、多くの人が一瞬を失うという意味です。統計的な分析です。私の計算で考慮していないのは、交通による大気汚染は人間の肺のすぐ近くにあるので、工場の煙突から出る煙のようなものと比べれば、健康影響を引き起こす可能性が不均衡に高いということです。したがって、私の推定値はどれもかなり、あるいはきわめて安全側に偏っています。

12 Summarised in the *Independent* article: https://tinyurl.com/scandalvw. Original report: G. P. Chossière, R. Malina, A. Ashok et al. (2017) Public health impacts of excess NO_x emissions from Volkswagen diesel passenger vehicles in Germany. *Environmental Research Letters* 12(3), p. 034014.

13 結果は以下の通りです。550人の乗客を乗せたA380がニューヨークJFK空港から香港までの8,062マイルの飛行で使用するジェット燃料は192トンです（ここでもデイビッド・パーキンソン作成の航空シミュレータを使用）。この飛行機をバイオ燃料で飛行させるには（技術の改良が必要ですが）2,166トンの小麦が必要です（今日の平均的な小麦からバイオ燃料への変換効率を27 %とし、小麦1 kgあたりのエネルギーを3,390 kcalとします）。カリフォルニア州の小麦収穫量は約0.56 kg/m^2/年なので、1.5平方マイルが必要です。FAOによると人の平均的食料必要量は2,353 kcalです。したがって、乗客1人あたり4年分のカロリーが飛行に必要ということになります。

14 カリフォルニア州に太陽光パネルが水平に隙間なく配置されていると仮定しました。1日の平均日射量は1 m^2あたり5.1 kWhで、パネル効率は20.4 %、エネルギーをバッテリーに充電する効率は85 %としました。

15 念のために確認しますが、この270倍という係数はどこからきているのでしょうか？　それは、太陽エネルギーを取り込むのを太陽光パネルでする場合と小麦でする場合の効率比と、電気から燃料をつくる効率を向上させた場合と小麦から燃料をつくる場合の効率比とを掛け合わせて得られました。

16 私の最初の著書、"How Bad Are Bananas？　The Carbon Footprint of Everything"をご覧ください。そこでは、他の多くの移動手段について比較検討しました。

17 香港からロンドンに向かう貨物船は、効率を上げるために速度を15ノットに抑えると、有効重量1トンにつき1マイルあたり約0.03 kWhしか消費しません（燃料使用量から算出しています。N.Bialystocki and D. Konovessis (2016) On the estimation of ship's fuel consumption and speed curve: a statistical approach. *Journal of Ocean Engineering and Science* 1(2), pp.157-166.）. 輸送には2週間かかります。

18 デイビッド・パーキンソンの航空モデルによると、効率を考えて2,000海里ごとに飛行を区切るとA380では1トン1マイルあたりの消費量は約2 kWhになります。

19 ハーモニー・オブ・ザ・シーズ号は9,000人の乗員乗客を乗せ、1海里（1.15マイル）あたり0.7トンの船舶用燃料を消費します。環境・食料・農村地域省は、この燃料の排出係数を1トンあたりCO_2eを3,248 kgとしています。1人1マイルあたりで0.22 kgのCO_2eを意味します。これらの計算では、船本体の製造に伴って発生した炭素は考慮していません。出典：https://tinyurl.com/HarmonySeas

20 水上自転車については、スティーブ・スミスの"Pedalling to Hawaii"は、私がこれまでに読んだ奇抜な冒険物語のトップレベルです。いかだ船については、トール・ヘイエルダールの"The Kontiki Expedition"も上位に入ります。ヨットでは、エレン・マッカーサーの"Taking on the World"ですね。

21 例えば、スティーブン・ホーキング博士は2016年のBBCリース講演で、聴衆からの質問にこう答えています。「宇宙に自給自足のコロニーをつくるのは、少なくともこれから100年は無理でしょうから、その間は慎重にならざるを得ません」
https://tinyurl.com/ReithHawking

22 運動エネルギー（KE）$=1/2\ mv^2$、$m=50\times70$ kg$=3{,}500$ kg、光速 $c=300{,}000{,}000$ m/s、$v=c/10$、KE$=1.5\times10^{18}$ J$=440$ TWh または1日につき18.3 TW（T：10^{12}）。

訳者注

＊1 ヴァージン・アトランティック航空の創設者。

＊2 自家用車から公共交通に簡単に乗り換えられるように駅近くに駐車場を整備すること。

＊3 日本では1990年代以降、ディーゼル排ガスの規制が段階的に強化されたので、2020年度の環境基準達成率は浮遊粒子状物質と二酸化窒素（NO_2）のどちらも100％で、PM 2.5も98％以上だった。

＊4 空気の成分である酸素と窒素が高温で反応して一酸化窒素が生成する。122ページ9参照。

＊5 排ガス試験時には基準値をクリアできる結果がでるようにエンジンを制御し、実際の走行時にはそれが働かないようにするソフトウエア。

＊6 日本で普及している電動自転車は電動だけでは自走することができない電動アシスト自転車であり、道路交通法上の駆動補助機付自転車に該当する。自走機能をもつペダル付電動自転車は原動機付自転車、いわゆる原付となり、運転免許が必要で、ヘルメット着用の義務などがある。

5　成長、お金、指標

化石燃料を使わなくてもエネルギー需要を満たすことが物理的に可能であることをみてきました。土地や海洋の環境管理を改善すれば、誰もが健康的な食生活を送れることもわかりました。同時に交通需要を満たせることもわかりました。生物多様性、災害リスク、プラスチック汚染についても触れました。これらはすべて、幸いにも科学技術の観点から解決できます。

それだけならよかったのですが。

この本が目指しているのは、人生を今より良くする方法を見つけることです。地球の救済は、まだ応急処置にすぎません。より良い生活の実現のためにも、危機管理のためにも、経済を大幅に見直さなければならないのは明らかです。私たちが置かれているこれまでになかった状況を考えると、何千年にもわたって改善されてきたことも、違う視点で見れば人新世での目的には適っていないということも十分にありえます。そのような見解を述べたのは私が初めてではありません[1]。

経済は価値観から始まったものなのでしょうか。それとも逆なのでしょうか。どちらもありそうですが、経済的利益や個人主義が重たい世界になればなるほど、協調的にやっていくのは確かに難しくなります。

私は経済学者ではありませんから、物事を新たに見直すことができたとしても、あまり詳細に立ち入らない方がいいでしょう。

これまで経験し、追及してきた成長パターンを振り返り、どれが今の私たちに良かったのかを考えてみましょう。お金については市場や投資、富の分配、消費の方法が、空、陸、海の課題に対処するうえでどう役立つのか、あるいは妨げになるのかを探ります。

主流の経済学の多くが問われることになるでしょう。

人新世では、どのような成長が健全なのか？

子どもは成長するにつれて身体が大きくなりますが、大人が健康的に成長し続けようと思えば、肉体ではない成長の形を見つけなければなりません。人類も同じような変化を遂げなければなりません。

これまでの人類がまったく関わったことのない大変化が起きていることは明ら

かです。イノベーションは新技術と効率の向上をもたらし、より多くのエネルギー使用を可能にし、さらなるイノベーションをもたらしてきました。これが成長と拡大のメカニズムでした。

人類は常に物理的成長で物事をすましてきました。エネルギーや人口、インフラ、寿命、お金。どれが増えてもまったく問題にしませんでした。たとえそれが炭素や鉱物の採取や汚染など、思いつく限りの人間による影響が増大することと密接に関係していたとしてもです。しかし、人新世では、何がまだ問題のない成長で、何がそうでないのかは、突然わからなくなります。私たちは、成長を不可欠なものと考えたり、問題の根源として否定したりするのではなく、成長に関わる問題を詳しく調べて、今日の世界ではどのような成長が望ましく、どのような成長が望ましくないのかを問い直すべきなのです。

成長のパターンには健全なものから不健全なものまで様々あり、一方の極にはがんのように制御不能で有害な形態があります。対極には救命胴衣のように直ちに膨らませて使わなければならないものがあります。その中間には、チョコレートでできたティーポットのように毒にも薬にもならない形態もあります[*1]。それらを図にして、移行の方向性を示しました（図5.1）。よく見られる指数曲線になるようにしていますが、指数曲線を駆け上がるという考え方で安心する伝統的な考えの経済学者を安心させたいだけなので、気にしないでください。

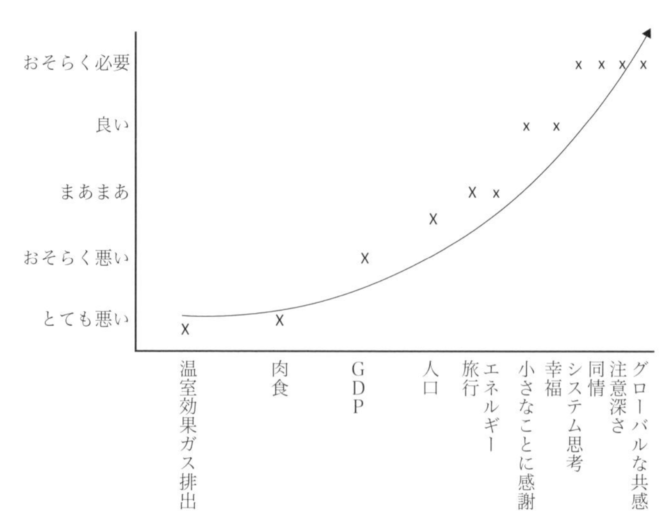

図5.1 人類が成熟していく過程を、成長の変化としてイメージした図。指数関数形は、伝統的な考えの経済学者を安心させるためだけのもの

ここからは、さまざまな成長についての私の考えです。

温室効果ガスの排出：気候危機を悪化させるので有害です。

肉の消費：人間だけでなく動植物にまで及ぶリスクは明らかです。

エネルギー利用：必ずしも有害だとはいえませんが、気候危機などで地球を破壊する人間の能力と結びついているのでかなり危険です。核融合の時代が来なければ、今後数百年のうちに太陽から地球に届くエネルギーの限界に直面することになります。

消　費：有害。ここではすべての物理的消費を意味しています。

GDP：良かったとしても的外れです。GDP は炭素とエネルギー両方の増加と関連してきたので、GDP が増加すれば炭素の増加も避けられないと考える人は、GDP の成長も停止させなければならないという論理的結論に達します。しかし、GDP はもともと人間がつくり出した抽象的なものにすぎず、物理的活動と必然的に関連しているわけではありません。まったくお金を使わなかったり交換したりしなくても、誰もがまったく同じような生活を送ることは物理的には可能でしょう。一方で、GDP の成長が諸悪の根源であるという考えにも、私は同意していません。少なくとも理論的には次のような方法で GDP を成長させることは可能だと思います。物理的影響の少ない新サービス（例えば、隣人のケアや様々な人との触れ合い、クラウドコンピューティングなど）に課金し、ガソリン車のような影響の大きい活動は廃止するか、より多く課金することでも、GDP を増やすことは論理的に可能です[2]。

人　口：分布が適切であれば、多少の増加は許容されます。影響は一人ひとりの生き方によって大きく変わります。10 億人が無茶をすればあっという間に地球は壊れますが、150 億人が慎重に暮らしていけば豊かな環境と調和して生きることもできます。人口が増えれば増えるほど、一人ひとりがより慎重になる必要があります。人口が減少すれば生活も楽になるわけですが、120 億人という事態にパニックになる必要もありません。ただし、70 ％増加しても生き伸びていくためには、条件が一つあります。資源を人々に分配するのです。すなわち、十分な食料とエネルギーが生産されている所に人が移動するか、あるいは資源の方が人のいるところに流れていくかということです。具体的にいえば、今の農業生産でも 2050 年に予想される 97 億人を養うことは可能ですが、それが可能なのは南北アメリカで生産された食料がアフリカにも流れていく場合に限られます。

航空旅行：予測可能な将来にわたって有害です。114 ページで、たとえ短距離や長距離のフライトで電気を利用できるようになったとしても、航空が炭素排出に及ぼす圧力は非常に大きいことを説明しました。政策立案者はこのことを理解する必要があります。理解していなければ、仕事を続けるべきではありません。

テクノロジー：何を開発し、どう使うかをしっかり選ぶことができればよいでしょう。「できるから」という理由で製品を開発する、効率が向上すれば誰かが必ず使う、他人が使っているから自分も使わなければ競争できないので使う。そうしたこれまでのパターンを終わらせなければいけません。このような状況が続けば、将来、壊滅的になります。テクノロジーに支配されるのではなく、テクノロジーを支配しなければいけません。続きは数ページ後に紹介します。

寿　命：質の高い生き方を指すのであれば、もちろん良いことです。私たちの生命維持能力は今後ますます高まっていくでしょう。けれども、その生命がいつまで生きるに値するかをよりしっかり見極める必要がでてくるでしょう。人はいつどのように死ぬことが許されるのか。人を生かすためにどの資源の利用が優先されるのか。そうしたことについて新たな議論が必要になると思います。医療サービスで命を救うことには機会費用が伴うという残酷な現実があります。私たちはこの事実から目を背けるのではなく、しっかりと受け止めるべきです。平均寿命の伸びが人口増加に影響を与えることも忘れてはいけません。

幸　福：GDP 成長率よりもはるかに優れた目標ですが、測定できるかどうかが問題です。幸福を数値化可能な指標にまとめてしまおうとしても、うまくいかない可能性があります。

気づき：きわめて重要です。小さなことにも感謝することは、人が成長するうえで大切で欠かせないことです。人の経験のあらゆる側面を意識することとは、何をするか、何をみるか、何をもっているかではなく、どれだけ感謝できるかです（ちなみに、私はこの点について自分が特に優れているといいたいわけではありません）。

まとめると、私たちは成長目的を根本的に見直す必要があります。成長の味わいと形を変えなければいけません。成長する中で、成熟し、気づき、思いやりをもたなければいけません。自分がもっているものや周りのことに感謝できるように能力を高めなければなりません。決して野心を捨てることではなく、野心を変化させることなのです。

これらについてもう少し詳しく見てみましょう。

なぜ GDP は指標として不適切なのか？

今まで無料だったものが有料になると GDP は上がります。普通に行われている親切行為が少なくなれば、国の GDP は上がるかもしれません。赤ちゃんや体の弱い隣人の世話を友達がしてくれなければ、それが商業活動になってしまいます。麻薬や犯罪から得られる利益が資金洗浄されても GDP として計上されます。

1968 年のロバート・ケネディ（ジョン・F・ケネディの実弟）のスピーチは、長文の引用に値する刺激的かつ明快なものでした[3]。

> あまりにも多く、あまりにも長い間、私たちは個人の優れた能力や地域社会の価値を放棄して、物質的なものをひたすら蓄えてきたようです。アメリカの国民総生産は年 8,000 億ドルを超えますが、そこには大気汚染やたばこの広告、高速道路での死亡事故に対処するための救急車もカウントされています。ドアにつける特別な鍵やそれを壊した人を収容する刑務所もです。セコイア（スギ科の大木）の伐採や、際限ない都市の拡大による自然破壊もです。ナパーム弾や核弾頭、都市での暴動を鎮圧するための警察の装甲車もそうです。ホイットマンのライフルもスペックのナイフも、子どもたちにおもちゃを売るために暴力を美化するテレビ番組もです[*2]。
>
> けれども、国民総生産には子どもたちの健康、教育の質、遊びの楽しさは含まれません。詩の美しさや結婚の絆の強さ、公開討論会での知性や公務員の誠実さも含まれません。私たちのウィットも勇気も、知恵も学びも、思いやりも国家への献身もありません。**要するに、人生を価値あるものにするものを除いたすべてのものを計上しています。**私たちがなぜアメリカ人であることを誇りに思っているのかということを除く、アメリカについてのすべてを示しているのです。

指標はどう変えなければならないのか？

「測定できるものは測定される」と語ったのは 1980 年代にマネジメントの第一人者であったトム・ピーターズ[4] ですが、何度も繰り返されて語られてきたので、基本的真理として誤解されがちです。ピーターズの世界では、人生で最も重要なことがすべて適切に測定されていれば、問題はないかもしれません。けれども最も重要なことが、もしかしたらその全部が数字に表せないとしたらどうでしょうか。ピーターズが正しいとすれば、私たちは間違ったことに時間を費やしていることになります。私は物事に数字を当てはめることに多くの時間を費やす者として、これを書いています。重要なことは、数字が教えてくれることと教えてくれないことの両方を理解することです。大気中の炭素を測定することが重要なのは、それが気候変動を起こして人間の福祉に多大な影響を与えるからです。炭素を管理したいのであれば、私たちのあらゆる行動にどれだけの炭素が伴うのかを理解しなければいけません。そうしなければ、意味のある努力はできません。けれども、あなたが訪問した観光名所の数や登った坂道の数みたいなものを数えて、休暇がどうだったかを数値化することもできますが、その数値はあなたがどれだけ楽しめたかということについては何も語れません。

指標とは世界を単純化する方法で、良い場合もあれば悪い場合もあります。指標に影響力を与えすぎると有害になります。GDP もそうです。人類の進歩をはかるものではありません。いろいろなことがわかる人がたくさんいる国を動かす大変さに気を失いそうになり、市民の不安を解消する方法を探しあぐねている政治家には、GDP はちょっと使ってみたくなる松葉杖のようなものです。確かに GDP には情報が含まれていますが、良いことと悪いことを単純に足し合わせることはできません。

column

コールセンターの指標から学ぶ

コールセンターがまだ新しい仕事だった 20 年前、私はコールセンターの管理者をシェフィールドでトレーニングしていました。彼らの最大の悩みは、スタッフがどんどん辞めていくことでした。数年後には街の人口に穴を開けてしまうほどでした。そのコールセンターに応募しそうな人は皆すでにそこで働いていたことがあり、そして嫌になって辞めていました。原因は、マネージャーが手にしていた大量の数値情報でした。マネージャーは、社員が何回電話をかけ、どれだけ長く話し、販売に何分かけたかを把握していました。驚いたことに、トイレ休憩にどれだけ時間を使っているかまでつかんでいたことです。これがパフォーマンス管理の原動力となっていたのです。トイレにどれだけの時間を費やしているかまで知られたら、私だって辞めたいと思うでしょう。ここからいえるのは、意味もなく人の注意を集めるような指標は、実際には益よりは害になるということです。

もっと着目すべき指標は何か？

人と地球の健康に関する統計です。二酸化炭素排出量から平均寿命までの間にあるすべてです。すなわち、生物多様性、汚染、人の健康、栄養摂取量とその可能性などです。これらは直ちに重要であり測定もできます。人間活動によるあらゆる物質資源の採取と環境に加わるすべてです。

より優れた幸福の指標も必要です。見当違いのことを上手に測定するよりも、下手でも重要なことを測定する方がよいこともあります。幸福は個人レベルで感じることができますが、それ以外の試みは慎重に行わなければいけません。結果の意味を理解し、慎重に判断できれば実現可能です。例えば地球幸福度指数は、社会的指標や幸福度を持続可能性の指標と組み合わせたものです[5]。指標として考えられるものには、幸福度や信頼度の調査結果や、心身の健康状態、自殺、犯罪、刑務所に関する統計などがあります（160ページ参照）。

格下げすべき指標は何か？

まずはGDPとトイレ休憩です。

ある指標に注意が向けられると、他がおろそかになります。定量的指標はすべからく世界を単純化したもので、そのことに気を付けなければいけません。世界や人の経験についての豊富な質的理解と並ぶものではありますが、代替するものではありません。どんなものでも指標で表される目標は無理すれば達成できます。人を殺したり、犯罪に気づかなかったりすれば、刑務所は減ります。無料で親切に何かをしてくれる人がいない世界をつくればGDPは増えます。数ページ後で説明しますが、人新世で進めていかなければならない考え方とは正反対の偏狭な考え方を子どもたちに押し付ければ、全国テストの成績は良くなります。老人を本人の希望以上に生かしておけば、平均寿命を延ばすこともできます。そして、お金の統計にこだわれば、自分自身が惨めな気持ちになるでしょう。

GDPが役に立たないというのではありません。何かは教えてくれますが、本来の意味をしっかり押さえ、成長は必ずしも良くはないのかもしれないということを頭に入れておく必要があります。もちろん、トイレ休憩はデータを取ることができるオタク的尺度で、理論的には可能ですが、役に立つというよりは、私たちの世界観をゆがめてしまう可能性が高いものです。

一方、温室効果ガス排出量など人間が地球に与える負荷を直接に測定することは、それ自体に重要な意味があるといえます。

message

私は、どのような証拠をみせられても、いかなる政治的色彩も帯びないように気を付けています。私たちが求めている解決策は、既存のあらゆる政治的主張を超えたものでなければなりません。しかし、課題に向けたグローバルガバナンスや成長に向けた新しいアプローチの必要性には無視できない意味があります。人新世において自由市場で何ができ、何ができないのかをこれから考えていきます。

自由市場は人新世の課題に対応できるか？

だいたいダメです。個人の利益と集団の利益とが一致しない問題を解決することができません。地球規模の課題にはグローバルガバナンスが必要です。

自由市場への挑戦といっても、完全な計画経済に回帰したいわけではありません。答えは両方をうまく組み合わせたものです。地球規模の問題に対処するためには、しっかりとしたグローバルガバナンスが不可欠です。自由市場は燃料を地下に残すことを選択できませんし、効率の改善は人間の福祉に有害であっても、拒否することはできません。これに対処するためのステップとして、好むと好まざるとにかかわらず、市場介入が必要です。イデオロギーの点からそうではないと考える人は、単純に間違っています。気候変動についていえば、少数の指導的な人たちの努力がリバウンド効果によって台無しにされてきたことを私たちはみてきました。その人たちの影響力が削がれて大惨事が起きても気にしないという人たちの方により多くの機会が与えられてきたからです。そのため、実際にみられる変化は、世界で行われている優れた実践によって得られた成果を単純に合計したものよりはるかに小さくなってしまいました。だから、私たちがよく知っている人や企業そして国の活動にもかかわらず、世界の排出量は増え続けているのです。リバウンド効果があるために各国の気候変動対策の公約を単純に足し合わせることもできなければ、ビジネス・アズ・ユージャルの炭素曲線を下に向けることもできないという不快な現実を、ほとんどの気候政策決定者はまだ理解できていません。

犯罪組織を除けば、どれほど頑迷な新自由主義者であっても、私たちは皆、何らかのルールを信じています。競争で優位に立つために工場を爆破したり、従業員を殺害したりすることは許されていません。私がいいたいのは、気候危機のような市場原理では対応できない重要な問題に対処するためには、ルールを拡張する必要があるということです。厳格なルールだけでなく、企業を健全な方向に導くためのインセンティブや税金を採用することもできます。

市場経済と計画経済のどちらがよいか？

どちらも単独では絶望的です。

腕があるのと脚があるのではどちらがよいですか？　頭があるのと心臓があるのではどちらがよいですか？　人は空気を吸う必要がありますか？　それとも水を飲む必要がありますか？

20世紀には中央計画経済ではほとんどの人が満足できないということがわかりました[6]。たとえ善意であったとしても（それを保証するのは難しいのですが)、国家が地上で行われるすべての決定を下すことはできません。市場原理では市場が健全に機能する限り、ある程度はすべての人の利益になります。私がいいたいのは、最善の方法をみつけるために多くの実験が同時に行われてきたということです。最良のものが成功し、他の者はより良くなるようにそこから学びます。例えば、複数の援助機関が同時に競争し、お互いに学び合い、お互いにサポートし合っています。ある機関が他の機関よりも成功した場合、そうでない機関の人たちは、必要な仕事が自分たちより効果的に行われているという希望と、自分たちももっと良い仕事をしようという意欲とが混ざった気持ちになるでしょう。ある組織のトップを目指していた人が、もっと優秀な候補者に負けたとしても、その仕事をするためにさらに優秀な人がいることを喜ぶでしょう。それが健全な市場というものです。最高の人がトップに立ち、誰もがお互いの進歩を助けることができる市場です。こうしたコミュニティ重視の市場は、貪欲な新自由主義的な倫理観とは大きく異なります。1776年にアダム・スミスが『国富論』を発表し、近代経済学を確立したといわれていますが、健全な市場の条件の一つとして、すべてのプレーヤーが道徳的な行為者であることは今日では見過ごされがちです。

自由市場ではグローバルガバナンスが必要な地球規模の問題には対処できないことは証明されています。コモンコーズ[*3]のレポートで、トム・クロンプトンは、そうした問題を「自分より大きな問題」と呼び、私利私欲を追求する個人では対処できないと論じています[7]。新自由主義による実験の果てにある大惨事を把握する想像力は、すべての人にあるわけではありません。その結果をすべての

5
成長、お金、指標

人が実感できるほどにはまだ現れていないからです。そうならないことを願っています。

市場の自己調整機能とグローバルガバナンスが示す世界観が必要です。この二つを合体させるためには一連の価値観にそって進めていく必要があります。これらについては、後ほど説明します（177 ページ参照）。

message

市場の役割を考えれば、まず富の分配問題が出てきます。それはどの程度まで技術的に決めて、どの程度まで自然に任せればよいのでしょうか？

トリクルダウンとは何か？　なぜ危険なのか？

トリクルダウンとは、金持ちがより金持ちになれば、そこからしみ出た富の一部が貧しい人々にも浸透し、皆が得をするという考え方です。しかし、自由市場で何を買えるかは相対的な富で決まるため、この考え方が正しいとはいえません。

トリクルダウン主義者は、貧しい人々がより豊かになれば不平等は問題ではないといいます。トリクルダウンが機能しないことを示す証拠がますます増えていますし[8]、食品市場をみればどれほど有害であるかわかるでしょう（図 5.2）。グ

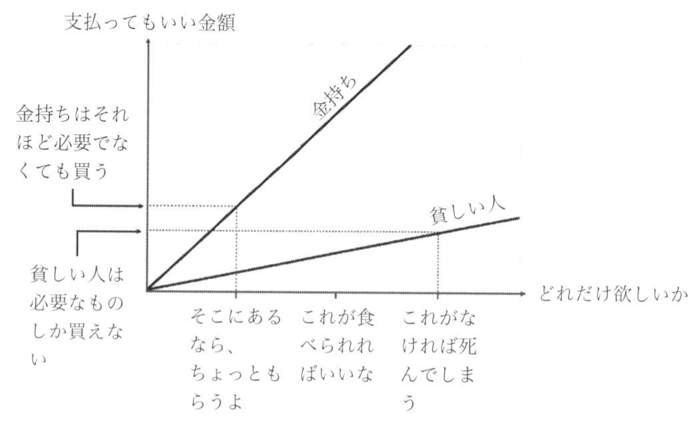

図 5.2　トリクルダウンの反証：製品の供給が限られ、格差が大きい場合には、貧しい人々のニーズではなく、富裕層の気まぐれが満たされる。例えば、1 ha の土地から得られる生産物が穀物や豆類ではなく、花か牛の飼料になってしまう可能性がある

ローバル市場経済では、農産物は最も高い金額で買うつもりの人に届きます。金持ちは貧乏人よりたくさんのお金をもっているから、気まぐれやお洒落心、虚栄心を満足させるためにでも、貧乏人が必死になっても払えないほどの金額を喜んで払うでしょう。穀物は地元の人々を養うためではなく、地球の反対側にいる人々のためのバイオ燃料になります。土地は貧困層が本当に必要としているものではなく、富裕層が好むものを提供するために地力に合わない方法で使われます。逆に、格差が小さくなれば貧しい人々は必要なものを購入できるようになります。はっきりいえば、トリクルダウンは良くいっても新自由主義者の自己欺瞞で、悪くいえば嘘です。飢えている人がいるのは、グローバル市場経済で必要なものを購入できるほどに世界の富がうまく分配されていないからです。解決策は二つあります。自分たちの食料をグローバル市場に出さないようにするか（30ページの魚についての議論を参照）、貧富の差を縮めることです。

なぜ富の分配がこれまで以上に重要になるのか？

不満を感じている人々や政府が21世紀最大の課題を解決する国際合意に参加しようとしないからです。

気候危機の問題を掘り下げていくと、世界はごくわずかな分を除いて、地下に燃料を残さなければならないという不可避の結論にたどり着きます。これが分かれば、残った燃料をどうにかして分配しなければならないことはすぐに分かります。再生可能エネルギーについても、1人あたりの日照量が国によって200倍の差があり、同じことがいえます。

不満をもつ一部の人が皆の前で物事を台無しにしてしまうのは簡単ですが、誰もがグローバルな取決めがうまくいくことを望んでいるはずです。つまり、私たちは公平でなければならないのです。そのためには、国家間で現在みられるレベルをはるかに上回る信頼と善意が必要です。それを避けては通れません。そうした協力関係を可能にするためには、私たち全員が他の人に対して十分な敬意を払って接することを学ばなければならないでしょう。極端に不平等な状況では、そのようなことは不可能であることは間違いありません。

世界の富はどう分配されているのか？

アメリカの1人あたりの富は、アフリカの138倍です。世界の富の約半分を1％の人が所有し、70％の貧しい人が所有しているのはわずか2.7％です[9]（図

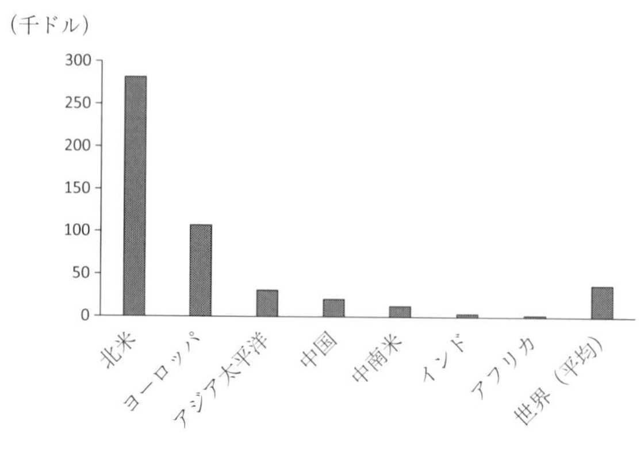

図 5.3　各地域の 1 人あたりの平均資産額

5.3）。

ある意味、富の統計は人類の共有に関する記録をまとめたものといえます。気候危機を解決するために効果のある国際交渉を行うには何が必要かを考えると、共有という問いに直面します。世界では現在どのように共有されているかみてみましょう。

地域別に見ると、世界の富の 3 分の 1 強が 5 %の人が住む北米にあります。3 分の 1 弱は 10 %が住むヨーロッパにあります。10 分の 1 は世界人口のほぼ 5 分の 1（19 %）が住む中国にあります。6 分の 1（15 %）の人が暮らすアフリカの富は 1 %にも足りません。

成人の富裕層 1 %が 100 万ドル以上を所有しているのに対し、貧困層の半数は 1 万ドル以下しかもっていません[10]。

ここから、人新世の課題に対処できる価値観とそうでない価値観とをみていきます。冒頭で私は、誰もが人間として等しい本質的価値をもっているという単純な原則を述べました。少なくとも金銭的な面では、この統計はその価値とグローバル社会の現実との間に明白な開きがあることを示しています。

なぜ多くのアメリカ人はイタリア人よりずっと貧しいのか？

アメリカでは富が少数に集中しているため、人口の大部分にはほとんど行き渡っていません。

当然のことながら貧富の差は国や地域で異なるだけでなく、国内の分配にも大きな差があります。これを簡単にみるのならば、平均値と中央値を比較するのがよいでしょう。中央値は人口のちょうど真ん中に位置する人の富です。富裕層から貧困層まで全員の富を金額順に1列に並べたときに、中央に位置して自分より裕福な人と貧しい人が同じ人数いる人の富です。一方、平均値は富が均等に分配された場合に各人がもつ富の金額です。もしも均等に分配されていれば（私はそうなることを支持しているわけではありませんが)、中央値は平均値とまったく同じになります。両者の差が大きければ大きいほど、不平等は大きいということになります。

アメリカは1人あたりでみれば世界で最も豊かな国の一つですが、アメリカ人のほとんどは私たちがアメリカより貧しいと考えている国に住む人々より貧しいのです。例えば、イギリス、ノルウェー、デンマーク、日本、イタリア、スペインなどです。イタリアの1人あたりの富はアメリカの半分強しかないのですが、イタリア人の中央値はアメリカ人の中央値の約2倍になります。スペインでは1人あたりの富がアメリカの約3分の1しかありませんが、ほとんどのスペイン人はほとんどのアメリカ人より裕福です（図5.4)。

問題は、アメリカでは富の多くが少数のポケットに集中していることです。もしも、アメリカで最も裕福な10人が自分の財産を同胞のアメリカ人全員に分け与えたとしたら、1人あたり約2,000ドル（4人家族なら8,000ドル）援助できます。あるいは、この10人だけでアフリカの全市民の富を約3分の1増やし、アフリカで最貧層に属する半数の人の富を4倍にすることができます[11]。

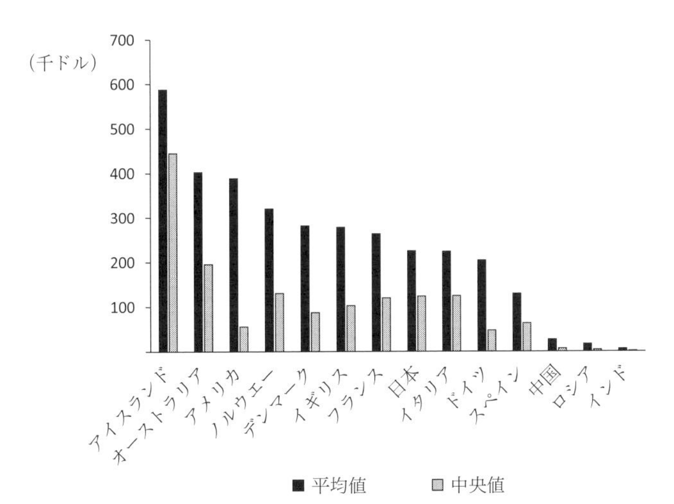

図5.4 富の平均値と中央値。両者が近いほど富が均等に分配されている

ごく少数の人にお金がそんなに高く積みあがることはまったくの無駄でしょうか？　非常に裕福な人をより豊かにしても、その人の幸福には何の役にも立たないことを示す証拠がたくさんあります。一方で、人を貧困から救い出すことは、その人の生活の質にとって非常に有益でしょう[12]。しかし、そうであっても、少なくとも理論的には、過剰な富は必ずしも無駄にはならないというのが私の答えになります。それは、所有者が良き管理者であるかどうかにかかっています。プライベートジェットやヨットのような地球を破滅させる贅沢な生活をするための資金なのか、それとも森林再生計画に投資するための資金なのか。裕福になるという決断は、人と地球の幸福のためにより大きな責任を負う決断として捉えることができます。ここでいっているのは、人目を引くちょっとしたフィランソロピーのことではありません。すべての投資や支出を良い方向に導く、献身的で思慮深い試みのことです。今日のスーパーリッチの人のうち、どれだけの人がそうしているのか、考えてみるのもいいかもしれません。

富の分布はどう変化してきたのか？

21世紀に入ってから、ほとんどの地域で不平等が拡大しています。北欧は例

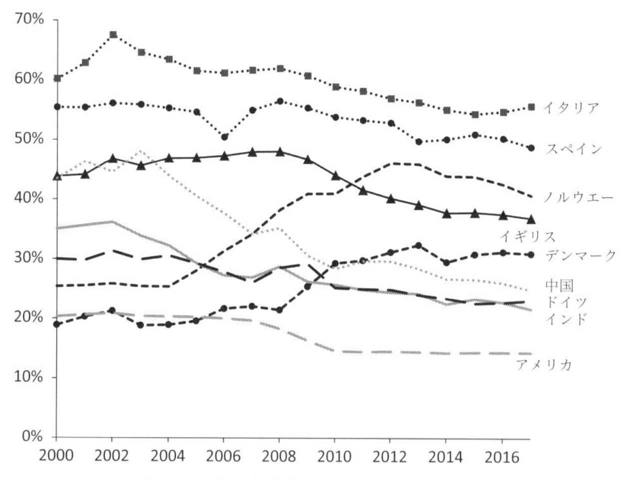

図 5.5　富の中央値に対する平均値の割合

富がどれだけ均等に分配されているかを示す簡単な指標。数値が高いほど平等で、100 %は完全な平等を意味する。ほとんどの国で 21 世紀に入ってから不平等が拡大している。ノルウェーとデンマークは例外。イタリアとスペインが最も平等で、最下位のアメリカは 15 %にまで落ち込んでいる

外です。中国やアメリカ、イギリス、そして、多くのヨーロッパ諸国で不平等が急拡大しています（図 5.5）。

富が気体のエネルギーのように分配されるのはいつか？（いつからそうでなくなったのか？）

ほとんどの場合、富は気体分子の間で運動エネルギーが分配されるのと同じように、人々の間で分配されます。けれども、大金持ちには何か違うことが起きています。

気体は、様々な速度で飛び回り、時々衝突する分子の集まりと考えることができます。衝突すると、二つのボールが空中でぶつかったときのように、それぞれの分子の速度と衝突した角度に応じて、エネルギーの再分配が行われます。次ようにモデル化できます。分子が衝突すると、それぞれの分子がもつエネルギーの一部がいったん入れ物に入り、それがランダムにそれぞれに分配されると考えるのです。いつもではありませんが通常、遅い方の分子は少し速くなり、速い方の分子は少し遅くなります。これが繰り返される結果、すべての分子のエネルギーの分布はマックスウェル・ボルツマン分布というものになります（19 世紀の 2 人の物理学者にちなんで名付けられました）。

マックスウェル・ボルツマン分布では、すべての分子が同じエネルギーをもつわけではありませんが、平均エネルギーの 10 倍を超えるエネルギーをもつ分子はほとんどありません。そして、何兆個の何兆倍もある分子の中で、平均エネルギーの 20 倍を超えるエネルギーをもつ分子を見つけることはまずありません（計算は章末注[13]）。もしも金融が同じルールに従うならば、気体分子と同じように所得や富もマクスウェル・ボルツマン分布に従うでしょう。他の人より裕福な人がいることに変わりはありませんが、総資産のうち最も裕福な少数の人が保有する資産の割合ははるかに少なくなります。富や所得の中央値は平均値の 79 % という大きな値になります。アイスランドより高く、イタリアやスペインよりもかなり高い値です。

イギリスの所得がマックスウェル・ボルツマン分布に従えば、最高給の人の年収は約 40 万ポンドになり、30 万ポンド以上の人が 100 人ほどいることになります。アメリカならば最高額所得者は 90 万ドルで、65 万ドル以上の人は約 100 人になります。両国の平均賃金は今と変わりませんが、中央値（真中の人の収入）は約 2.5 倍に増えます。いい換えれば、富がマックスウェル・ボルツマン分布に

5
成長、お金、指標

従えば、ほとんどの人の富が大幅に増えるのです。格差は依然として存在しますが、重要なことはほぼすべての人が完全に社会参加できるようになるということです。高額所得者はオペラや一流のサッカーの試合に多くの時間を費やせるかもしれませんが、他のほぼすべての人も特別なご褒美としてそれらを観に行くことができるでしょう。この程度の格差が私は適当だと思います。国家元首や世界最大の組織の最高責任者が、若者の初任給の20倍から30倍の収入を得ていても問題ありません。すべての人が人としての本質的価値を平等にもっているとして扱われることと完全に一致していると感じます。所得と富がマクスウェル・ボルツマン分布であっても、ごく少数の人はほとんどなにももってないという問題がありますが、わずかな微調整で解決できます。

面白いことに、人の富の分配方法はマクスウェル・ボルツマン分布ができる場合とかなり似ています。つまり、ほとんどの人は、原子が衝突したときにエネルギーを共有するのと同じように、金銭的な出会いによって富を交換します。そして、いつもではありませんが、金持ちがそうでない人のためにお金を使い、結果として格差が小さくなります。

しかし、最上位のところでは基本的な力学が変化しているようです。大金持ちになると、普通ならばありえない形でお金が磁石のように動き始めます。富が富を生むのです。ゲームのルールがどこかで変わり、大金持ちは小金持ちからさらに多くの富を奪います。食べていけないような人たちに大金持ちが利子付きでお金を貸すということが問題なのかもしれません。大金持ちは頑張って稼いでいるからではなく、単にすでにお金があるから儲かっているのです。そうなると、金持ちはいきなり中間層に戻ったりはせずに、むしろリードを広げようとします。その一方で貧乏人はさらに下に押しやられます。そうして、少数の人が平均の何千倍もの富を得て、残りのほとんどの人がその代償を払います。

どうすれば富も気体のエネルギーのようになるか？

マックスウェル・ボルツマン分布を富の理想的分布として推奨しているわけではないのですが、上限の方でこの分布から外れている現状は確かに不健全にみえます。そこで、どうすれば政府や企業、個人が所得や富をマックスウェル・ボルツマン分布に近づけることができるのか悩みながら議論を重ね、私は次の考えに至りました。それは普通のアドバイスとは違いますし、実行が難しいと感じられるかもしれません。でも、政治的意図はまったくなく、議論の中から浮かんできた一つの考えにすぎません。間違っていると思っても、私を殴らないでください。もっと良い考えがあれば、ぜひ教えてください。

政府は何ができるのか？

お金がお金を生み貧困が貧困を生む様々な仕組みに、そして、単に金持ちが金持ちであるという理由だけでより多くの富が集まるという仕組みに介入するべきです。これこそが人の間での富の流れと気体分子間でのエネルギーの流れとの不健全な違いの中心です。

- 溌剌とした人生やキャリアを送るために必要な質の高い教育や医療など、あらゆる基本的なものへの普遍的アクセスを可能にする。
- 相続のあり方を変え、世代間における富の移転をより均等にする。
- 高金利による家計の負債や貸し付けを抑制し、防止する方法を模索する。
- すべての人の生活が保証される「ベーシックインカム」(159ページ参照)を目指す。
- 人々の所得をオンラインで閲覧できるノルウェーにならって、給与の透明性を確保する。
- そして最後の手段として、手取り収入が健全に分配されるように所得税制度を調整する。

会社は何ができるのか？

- 給与の分布が概ねマックスウェル・ボルツマン分布になるようにする。
- 提供している商品やサービスが人生を豊かにするものであり、恵まれない人々から搾取したものではないことを確かめる。

私に何ができるのか？

- 貸付や投資から過剰な利益を求めない。インフレ率に見合った金利と、リスクのカバーと、サービスを得て、常識的な生活を送れるだけの収入を求めることは合理的だが、それ以上は求めない。
- 必要がなければ、インフレ率以上の金利で借金しない。いい換えれば、産業としての貸金業を支援しない。住宅ローンは、不動産価格の上昇によって支払利息がほぼ相殺されると予想されるので、例外とすることができるかもしれない。代替案である賃貸も、通常は利子付きの借入れの一形態である。

・貧乏になりたくなければギャンブルはしない。絶対にダメ。宝くじも買わない。「善意」というまやかしに騙されない[14]。ギャンブル業界に 5 %の減税を行い、逆進性の高い 12 %の課税を許しているが[*4]、善意の寄付をしたいのであれば直接寄付をするほうが、それよりもずっと効率的。ギャンブル禁止のガイドラインで認められるのは、応援したい人以外の第三者は利益を得られない仕組み。つまり、学校でのくじ引きは OK！
・自分の生涯を超えて必要なものや、子供を育てたり上の世代の面倒をみたりするのに必要な富以上を求めない。必要性からどの程度にするかという問題は、もちろん誰にとっても個人的問題。

column

イギリスのギャンブル産業

2019 年 4 月 1 日、イギリス政府は、FOBTs[*5] で賭けられる最高額を 20 秒に 100 ポンドから 2 ポンドに引き下げる新規則を施行しました[16]。ギャンブル業界はこれにより雇用が減少し、政府が FOBTs から得ている年間 4 億ポンドの税収が 3 億 5000 万ポンドに減少すると主張しました[15]。しかし、その見返りとして、これまでの FOBTs によるギャンブラーの 18 億ポンドの損失は 15 億ポンド減ることになります。ギャンブル収入のほとんどはその業界で働く一般労働者ではなく、一部の大金持ちにもたらされています。

イギリスのギャンブラーは、年間 138 億ポンドという巨額の損失を出しています。政府はここから 26 億ポンドを税金として徴収し、残りの 110 億ポンドはこの業界で働く 106,000 人の雇用と運営費、そして経営者の利益になります。ギャンブル産業は私の基準から大きく外れていて、ない方が良くなります。なぜなら、政府はギャンブルに起因する社会問題に対処するために 26 億ポンドをはるかに超える予算をあてなければならないからです[17]。

何に投資すべきか？

あらゆる財務上の決定は何らかの形での未来への投資です。あなたが政府であろうと、巨大企業であろうと、超富裕層の 1 人であろうと、食料品を買いに店に立ち寄っただけの人であろうと同じです。何を買うかを決めることは、それがどのような規模であっても、一つのサプライチェーンを支持し、別のサプライチェーンを拒否することです。自転車の手入れであっても低炭素インフラへの投資です。個人の意思決定の中でもとりわけ高レベルにあるのが年金と住宅です。年金の投資先を決めるにあたってはリターンだけでなく、それがどのようなグローバルな未来を支援しているのかを吟味する必要があります。企業年金に加入している人は無力だと感じるかもしれませんが、職場で自分の考えを伝えて、そのような動きを支援することができます。住宅投資では断熱性が悪くてエネルギー効率の低い家屋を通勤に長時間かかる郊外に乱立させるのではなく、効率の良い住宅や持続可能な都市デザインを進めることができます。

企業や政府、その他の投資家にもまったく同じ原則が当てはまります。以下への投資が必要です。

- 太陽電池を中心とした再生可能エネルギーとそれに伴う蓄電・配電技術。
- 運輸の電化。
- スマートな都市設計から建物のエネルギー高効率化までの低エネルギーインフラ。
- 世界の貧困層への投資を通じた人口抑制。具体的には教育、避妊に関する情報やアクセス、飢餓の撲滅（156ページ参照）。
- 持続可能な農業システム。より多くの人々が農業に従事できるようになるための補助金や持続可能で生物多様性保全に資する農業の研究開発。
- 二酸化炭素の回収と貯留。リスクを伴っても適切な方法がまだ明らかでなくても、進める必要があります。
- 21世紀型の思考スキルを身につける教育（191ページ参照）。
- 知的な意思決定と地球規模の課題に対処できるグローバルガバナンスを実現するために真実を告げるメディアと民主的プロセス。
- 人新生における人類と地球の両方のニーズを満たせる経済学の進化。
- 化石燃料や従来型の農業、インフラ、文化からの速やかな移行についていけない人、国、企業への支援。

2018年10月にIPPCが発表した報告書『1.5℃の温暖化』では、その温度上昇内に留まるために必要な投資額を年間2.5兆ドルと試算していますが、世界のGDPのわずか2.5％にすぎません[18]。なんというお手軽価格でしょう！　しかし、この金額は自主的な「オフセット」として行われる絶望的に非現実的な平均価格（92ページ参照）の100倍以上であることに注意してください。

必要な投資資金をどう調達するのか？

ダイベストメント（投資の引上げ）はすべて他への投資機会をもたらします。炭素税が莫大な資金源になる可能性もあります。

2013年の世界の化石燃料への投資額が1兆ドルを超えていたのに対し、自然エネルギーへの投資額はわずか数千億ドルにすぎませんでした。これはよくないことで、私たちは加担すべきではありません。ここであげたようなことに1兆ドル投資できれば、かなりの効果が期待できます。

世界の二酸化炭素排出量は年間約350億トンあります。例えば、1トンあたり300ドル（自動車の燃料1リットルあたり約1ドルに相当）の炭素税をすべての排出に適用した場合を想像してください。そうすれば、年間10兆ドル以上の資金が集まります。そのうちの半分を税負担させられる人たちへの補償に充て、さらに多少の富の再分配を行っても、私のリストに並んだ項目に対してまだ十分な資金が残ります。まだまだ細かい詰めは必要ですが、大まかにはこの粗い見積もりでも実行可能だとわかります。雇用と年金は再編成されますが、どちらにも正味の損失はありません。

ファンドマネージャーには何ができるのか？

価値はお金以上であることをしっかりと理解することです。受託者責任に人類と地球への配慮を含めるように定義してください。上記のような事柄に対する投資とダイベストメントを行います。

この本の初版が発売されてから2年間、私は資産運用の人たちとの関わりを深めてきました。そして、その業界では多くのトップの人たちが、必要な変化を進めるために世界で何兆ドルかの資金を確保するにはどうすればよいのかを真剣に考えていることに勇気づけられました。ここでは、すべてのアセットマネージャー*6の頭に入れていただきたい五つのことを紹介します。

① アセットマネージャーはアセットオーナー（年金機構などの投資家）のために価値を最大化する法的義務を負っています。本来の意味は金融価値の最大化ですが、必ずしもそうである必要はありません。アセットマネージャーが環境責任を果たさなかったことで、投資家が考えている価値が失われたことを証明するちょっとした判例があればいいのです。これによって、義務の意味が環境的価値と社会的価値の両方を含むものに変わるかもしれません。投資家が自分たちの世界やそこに住む人々、そして自分たちの子孫のことを気

にかけているのが当たり前だという投資の世界をつくらなければなりません。そうなれば、アセットマネージャーがそうした投資家の利益を適切に顧みないことは重大な過失になります。このような変化が非常に良い意味をもちます。

② 資産ポートフォリオ*7に伴う炭素は、責任とリスクの両方を意味します。そして、炭素について語るときには、投資ポートフォリオにあるサプライチェーンに伴っているあらゆる炭素を考えることが欠かせません。今やアセットマネージャーが本当にそのことを理解しつつあり、ここで書く励みになっています。

③ 環境と持続可能性は、どのような投資ポートフォリオを決定する場合でも重要な基準にならなければいけません。そして、それがどう精査されるかが重要です(一般の人々がますます厳しく質問するようになると予想されます)。

④ 化石燃料会社から資金を引き上げることはもちろん必要なことです。ビル・ゲイツ氏は重要でないと発言しましたが、正しくありません。世界では今も化石燃料の新規開発に投資が行われています。そのような開発は完全にゼロにしなければいけないにもかかわらずです。化石燃料産業からは、今も偽りの不正直な、率直にいえば不誠実なストーリーがたくさん出されていますが、明らかな誤りです。タバコ産業が喫煙によるがんの発生を否定していたのと同じように、化石燃料産業も新たな防衛策を講じようとしています。炭素回収によるオフセットに始まり、採掘や化石燃料と並行して行う再生可能エネルギーへの投資や、再生可能エネルギー市場は小規模な投資にしか向いていないという主張まで。私の家の近くには「カーボンニュートラル炭鉱」というようなものまであります。そうです。おわかりでしょう[19]。化石燃料産業に投資が続けられていることをここで議論しているのは、あなたが議決権をもっていれば内部から影響力を発揮できるからです。問題は、影響力を行使するためには、その化石燃料企業が正しいことをしていない場合には、そこから資金を引き上げるだけの覚悟があなたには必要だということです。けれども、そのような投資家は皆無です[20]。

⑤ 自分の年金の投資先に化石燃料が含まれていないことを知りたいと思う人や組織の数が増えています。だから、それに代えて投資する商品を簡単に見つけられるように、既存の投資先にあるギャップを埋める必要があります。化石燃料を使用しない年金制度を見つけるのは中小企業には難しいということ

を私は経験から知っていますが、それを探している企業がたくさんあることも知っています（最終的に２機関見つけましたが大変でした[21]）。

なぜ正しい税金で良い暮らしができるようになるのか？

税はうまく使えば、反社会的活動を減らし、市場で調達できない生活改善の資金源となり、格差を是正することができます。

税は総じて人々を貧しくさせるものではありません。しかもそれは、目に見える直接的影響にすぎません。税には三つの重要な役割があります。第一にある種の活動を抑制します。第二に生活をより良くする資金を調達できます。第三に、富の分配方法を変えられます。完全な自由市場では今日の世界の課題に対処できないことはみてきました。だから、経済を動かしていくには税の概念が必要で、歓迎されるべきなのです。税があるからこそ道路や病院、政府があります。そして、税は低炭素社会を実現するための重要なメカニズムです。

１トンあたり数百ドルの炭素税が導入されれば高炭素社会が避けられ、同時に低炭素社会には資金が供給されます。すべてが再分配され、資源がより有効に活用されるので、ほとんどの人が豊かになったと感じるでしょう。１ガロンの自動車燃料は値上がりしますが、電気自動車の世界は全体的に安くなります。炭素税が課税されると、自分の炭素排出をうまく調整できる人なら誰でも炭素税が財源になっているところから恩恵を受けられます。その結果として、支払う税金も少なくなるのでより豊かになります。

富裕層への税率を貧困層より高くすることに反対する意見として、勤労意欲を阻害するというものがあります。これは真実ではありません。確かに勤勉に働く金銭的動機は低下します。役に立つから、楽しいから、意味があるからという金銭以外の理由では報われない仕事をする意欲が低下するのです。

「外発的動機を高めると、内発的動機は必ず低下します」

言葉を換えれば、あなたが誰かにお金を払えば払うほど、お金をもらう人はその仕事がもつ本来の目的のために働くことができなくなるということです。私たちが必要としているのは、意味のある仕事をする人です。最高の人材を採用するためには最高の給料が必要だというのは嘘です。このやり方では、賢いかもしれないけれどお金に弱い人を採用することになり間違いです。バランスのとれた動機をもつ人を採用するには適度な金額を示すことがよいのです。

上に示した言葉は、ルー・ハーディが10年以上前に話したこととして私の記憶に残っています。ルーはバンゴー大学のスポーツ心理学の教授で、イギリスのオリンピック心理学委員会の元委員長であり、国際的な山岳ガイドもするという幅広い才能の持ち主です。彼は以前、副業としてマネジメント・トレーニングを行っていて、それが私と出会うきっかけでした。私がビジネスゲームをつくり、彼がそれを使って管理職の人たちに人の意欲を学ばせるという仕事を一緒にやっていました。私の役割は、受講者全員が一見相反するような関心をもち、ひどく時間に追われながら、やる気が失せるほどの大量のエクセルのスプレッドシートの山と格闘するように設定することでした。彼の仕事は、受講者が自分自身と相手の意欲を管理する方法を学習できるようにすることでしたが、驚くほどシンプルな理論に裏打ちされていて、そこからも学べることも多いと思います（章末注参照[22]）。

税は所得格差を減らす重要なメカニズムであることは間違いありませんが、税の使い方は国によってとても違っています。次ページの図 5.6 は、所得税の課税前と課税後の所得格差を示しています。ここで示している不平等の指標はよく用いられているジニ係数で、0 %（全員が同じ所得）から 100 %（1 人が 1 国の全所得を独占している）までです。

アイルランドとドイツは所得税によって所得が不平等だった国から、平等な国になりました。イギリスも不平等の悪名高かったのが、税制で多少よくなりました。おもしろいことに、台湾は税引き後の所得の平等性がアイルランドと似ていますが、所得税にはあまり頼っていません。ブラジルやペルーなどは税引前の所得格差が大きいのですが、解決のために税を使わず、不平等な社会のままになっています（多くの国と税に関するデータ、所得格差については章末注参照[23]）。所得税について不満はあるものの、私たち全員が恩恵を受けられるように相応に使われていれば、ほとんどの人の暮らしは相対的にも絶対的にもはるかに良くなります。

一方で、ニューエコノミクス財団の元代表で、現在はウィーオール*8 の共同設立者になっているスチワート・ウォリスは[24]、金持ちへの課税は最後の手段と考えるべきで、教育や児童のケアを行う施設の拡充などによって早期の格差是正に着手するほうがよいという興味深い指摘をしています。

カーボンプライシングは必要か？

化石燃料は高価になりすぎるか、違法になるか、あるいはその両方にならない

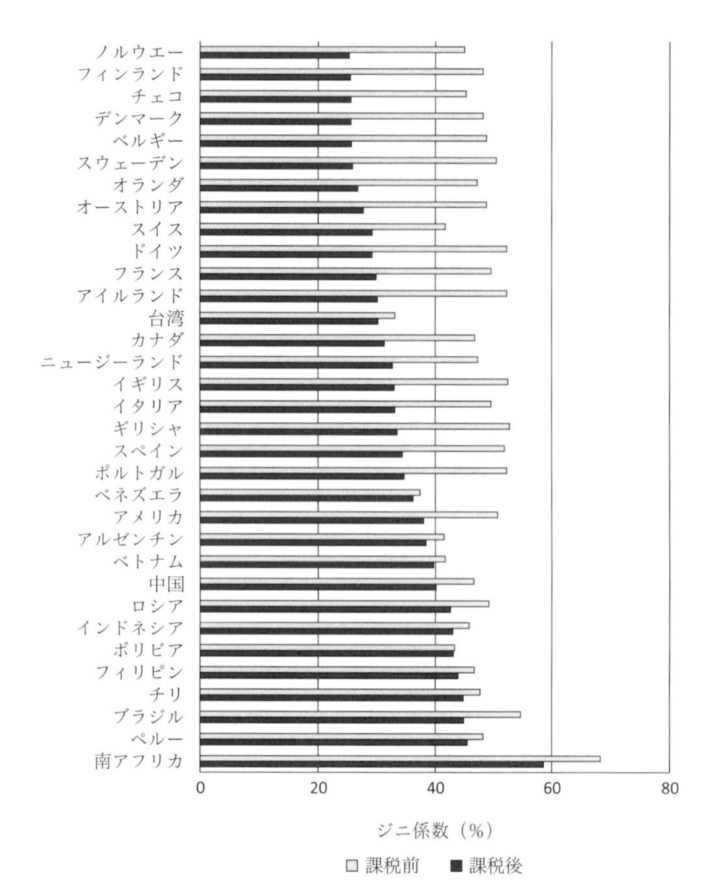

図 5.6　2015 年の税引き前と税引き後の所得格差を表すジニ係数

限り、採掘され燃焼され続けます。選択肢には強制力のあるカーボンプライシング（炭素への価格付け）や罰則を伴う規制があります。ある意味、これらは同等です。

私が考えるところ、最もシンプルな解決策は採掘時点でのカーボンプライシングです。価格がもつ第一の利点は、概念的にシンプルなことです。さらに重要なのは、化石燃料を代替する技術やインフラに必要な資金を自動的に調達できるという点です。炭素回収がそのまま利益を生む事業になります。最後に価格設定システムによって、あらゆる商品やサービスのサプライチェーンに含まれる炭素のすべてが、販売される全商品の価格に自動的に反映されます。私は税金を採掘時に課すのがよいと思います。なぜなら、課税対象になる組織がこの時点で一番少ないからです。価格付けについて指摘されている問題点として、どの程度の価格が必要かをあらかじめ判断するのが簡単ではないということがあります。一つの答えは、簡単に調整できる価格でなければいけません。価格が十分に高いかどうかは、必要な炭素予算を確保できるどうかで判断できます。確保できなければできるまで価格を上げる必要があります。すぐに1トンあたり数百ドル、やがては数千ドルということになるでしょう。価格が予算に見合うようにするもう一つの方法は、キャップ・アンド・トレード（排出量取引）です。排出者に許容できる炭素量を割り当て、それらを取引できるようにします。ここでの課題は、最初に割り当てる炭素量をどう決定するかです。

さらに、森林破壊や二酸化炭素以外の温室効果ガスも含められるスマートな価格設定にする必要があります。意図しない結果を防ぐために詳細な設定もいります。最もわかりやすい例は、バイオ燃料が食料生産を圧迫するような事態でしょう。

高くつくようになり、あるいは違法になって、化石燃料の採掘にはもう意味がないということにならない限り、カーボンプライシングは必要です。だから、どれだけ実現が難しく思えても、挑戦し続けるべきです。そして、炭素の価格は世界的に実行可能でなければなりません。

実現が難しいのは、あらゆる取引にグローバルな取引が関わっているからです。化石燃料をやめることは国によってまったく異なる意味合いをもち、それを考慮したうえで誰もが合意できるようにしなければいけません。要するに、分配の問題に頭を悩ませることになるのです。人々があらゆる段階でお互いについてどう考えるかという問題からは避けて通れません。やれやれです。後ほど詳しく説明します。

炭素価格はいくらになるか？

炭素目標に合わせて、燃料が地下から出てこなくなる価格にする必要があります。例えば、二酸化炭素1トンあたり100ドルの炭素価格を設定した場合、自動車の走行コストには1マイルあたり3セントが[*9]、石炭火力による電力には1キロワット時あたり約8セントが加算されます。

価格が十分に高いかどうかを確かめる唯一のテストは、気候変動の目標に沿って燃料が地下に留まっているかどうかです。単純な話です。温暖化を2℃以下に抑えるには、最終的な価格は2050年までに1トンあたり1,000ドルを超えるでしょう。

マイクロソフトはすでにカーボンプライシングを採用していて、社員の出勤などに試みています。この考えは素晴らしいと思います。問題は私が最後にみたときには、炭素価格が1トンあたり7ドルという微々たるところに設定されていたことです。マイクロソフト社の重役が通勤するときに、1マイルあたり0.2セントのために車を家に置いておくとはとても考えられませんでした。しかし、仕組みはできているので、あとは適正な価格を設定するだけです。

お金をどう使えばいいのか？

お金を払う前に、サプライチェーンを理解しましょう。

今日、私はイギリスでは他のどのメディアより真実を追求するジャーナリズムであると思える新聞を買いました。低炭素社会を築くためにはこれも重要なことです。そして、この本の食品の章（第1章）には食品を買うときに役に立つガイドがあります。完璧ではないかもしれませんが、ないよりはずっとましです(私の最初の著書である“How Bad Are Bananas ?”には食品についてもっと多く書いてあります)。私が最後に買ったコンピュータは、環境に優しいメーカーのもので、壊れたときは地元の小さな店で修理しました。2回もです。私がいつも正しいわけではありませんが、いいたいのは日常生活でも本当にたくさんのことができます。そして、誰もがお金を使ったり使わなかったりすることで、より良い世界のために幅広く働きかけられるほどに十分な情報を得られます。

私がこの原稿を書いている間にも、例えばBT社*10はカーボンマネジメントを調達基準に入れ始めていて、販売している全製品のサステナビリティ証明書の内容を改善しました[25]。私たち消費者が製品のサプライチェーンを見定める目をもてばもつほど、企業はそれから逃れることが難しくなります。

---

1 例えば、リチャード・ウィルキンソンとケイト・ピッケットの“The Spirit Level : Why More Equal Societies Almost Always Do Better”（Allen Lane, 2009）では、不平等を是正し、豊かな国のGDPを冷静に見直すべきであることを示す確かな事例を紹介しています。ドネラ・メドウズ、ヨルゲン・ダンラース、デニス・メドウズによる『成長の限界』（初版は1972年、Potomac Associates-Universe Books）は、「多ければ多いほど良い」という呪文に対して、正面から挑戦したおそらく最初の書籍でしょう。ティム・ジャクソンの“Prosperity Without Growth”（Routledge, 2009）

やケイト・ラワースの“Doughnut Economics”（Random House, 2017）は、New Economics Foundation（https:// neweconomics.org）と同様、これらのテーマに取り組んでいます。

2 より詳しいGDP（国内総生産）と二酸化炭素排出量の関連性については、マイク・バーナーズ－リー とダンカン・クラークの“The Burning Question”（Profile Books, 2013, Chapter 9, The Growth Debate）を参照してください。

3 Bobby Kennedy, University of Kansas, March 1968, speaking to Vietnam War protesters. https://tinyurl.com/BobbyKennedyonGDP

4 トム・ピーターズがこの言葉を最初に述べたわけではないかもしれませんが、ピーター・ドラッカーにも深く関係しています。このアイデアは少なくとも1世紀はさかのぼれます。

5 地球幸福度指数は、ニック・マークスが開発したもので、幸せで持続可能な生活を実現するために、各国がどのような取組みを行っているかを測定します。この指標には、福祉、平等、幸福、持続可能性という四つの基本原則が盛り込まれています。http:// happyplanetindex.org

一方、Bioregionalの“One Planet Living”は、以下の10原則によって環境問題の幅を広げています。すなわち「健康と幸福」、「公平性と地域経済」、「文化とコミュニティ」、「土地と自然」、「持続可能な水」、「地域の持続可能な食品」、「材料と製品」、「旅行と輸送」、「ごみゼロ」、「ゼロカーボン」です。https://www.bioregional.com.

6 計画経済の失敗を力強く、かつ面白く描いたものとして、フランシス・スパフォードの小説“Red Plenty: Inside the Fifties Soviet Dream”（Faber & Faber, 2011）があります。

7 Tom Crompton（2010）“Common Cause: The Case for Working with Our Cultural Values”. https://assets.wwf.org.uk/downloads/common_cause_report.pdf

8 例えば、Max Lawson, Head of Advocacy and Public Policy, Oxfam Great Britain, on the World Economic Forum website: http://tinyurl.com/gsmfx6x. サプライサイド・エコノミクスやトリクルダウン・エコノミクスに関するウィキペディアの記事も参照してください。

9 Credit Suisse 2017 Global Wealth Report（https://tinyurl.com/globalhwealth）. 富とは、家、お金、年金、洋服、歯ブラシなど、すべての資産の合計を意味します。

10 前述の注9を参照。

11 Giving What We Can（https://tinyurl.com/meanmedianwealth）及びクレディ・スイス社のデータより。4倍という数字は、アフリカの平均以下の層における所得分布を推定したもので、大まかですが保守的な推定値といえるでしょう。

12 ウィルキンソンとピケットの“The Spirit Level: Why More Equal Societies Almost Always Do Better”を参照。また、アンドリュー・セイヤーのWhy We Can't Afford the Rich（Policy Press, 2014）も関連します。Equality Trustのウェブサイトでは、問題を大まかに知ることができます。www.equalitytrust.org.uk/

13 気体中を速度 c_1 と c_2 の間で運動する分子について定義されたマックスウェル・ボルツマン分布。

$$f(c) = 4\pi c^2 \left(\frac{m}{2\pi k_B T}\right)^{3/2} \exp\left(\frac{-mc^2}{2k_B T}\right)$$

ここで、m は分子の質量、k_B はボルツマン定数、T は絶対温度。

14 イギリスの国営ロトで集められたお金の行先です。

・53 %は賞金に。

・25 %は「良い目的」に（宝くじを最も多く買っている人たちとはほとんど関係のない目的もあると指摘する人もいます）。

・12 %は税金として政府に。

・5 %はギャンブルを運営するキャメロット社に。

・4 %はチケットの販売店に。

つまり、チケットを購入するということは、ほぼ半分のお金を寄付するということです。そのうちの半分以上は「良いこと」に使われます。そもそも宝くじを買うのは現金をあまりもっていない人が多いので、支払う税金はかなり逆進的です。統計は Gambling Commission のウェブサイトから引用しています。
https://tinyurl.com/Nationalloterycon

15 KPMG インターナショナル[*11]は、2 ポンドの制限が施行されてからの 3 年間で、財務省は 11 億ポンドの損失を被ると試算しています（https://tinyurl.com/UKgambling1）。1 年あたりおよそ 3 億 5000 万ポンドです。FOBTs は 2017 年に 4 億ポンドの税金をもたらしましたが、税率 25 %での話です（https://tinyurl.com/UKgambling2）。5,000 万ポンドの税金が 25 %で支払われるならば、年収は 18 億ポンドから 2 億ポンドへと相対的に減少し、結果的にファンには大きな節約となります。

16 https://commonslibrary.parliament.uk/research-briefings/sn06946/

17 GambleAware/IPPR は、ギャンブルが経済に与えるコストを 12 億ポンドと推定していますが（政府がこの業界全体から徴収している税金 26 億ポンドを大きく下回っています）、この調査には雇用者に対する間接的な影響や、ギャンブル依存症患者の家族にかかる経済的負担やストレスは考慮されていません。本当のコストはかなり過小評価されている可能性があります。https://tinyurl.com/UKgambling3 をご覧ください。

18 IPCC（2018）Global Warming of 1.5 C－Summary for Policy Makers. http://report.ipcc.ch/sr15/pdf/sr15_spm_final.pdf

19 Rebecca Willis, me, Rosie Watson and Mike Elm（2020）, The case against new coal mines in the UK, Green Alliance, https://bit.ly/2IRPTKk. このレポートは、カンブリア州ホワイトヘイブン近くのウッドハウス炭鉱について受理された開発計画書にはとんでもなくデタラメな主張が並べられていたことを明らかにしています。いったい誰がこんなことを真顔でやったのでしょうか。どうやって計画を通したのでしょうか。地方計画の欠陥がはっきりと指摘されたのに、決定の見直しを求める訴えを却下した国務長官がいかに不適切だったか、計り知れません。この鉱山では、伝統的な鉄鋼製造に使用される原料炭を採掘するのですが、排出される二酸化炭素は合計で 4 億トンを超えると予想されています。

20　Divestinvest（https://www.divestinvest.org/）は、個人や組織がこうしたことを行うのを支援をする組織です。このサイトでは、石炭や石油、ガス会社への投資を続けることが健全かどうかを示す五つの基準を紹介しています。これらの基準は健全だと思いますが、私の知る限りこのテストに合格した化石燃料会社はありません。その基準は以下です。

・気候危機に関する科学と対立したり、その科学に基づくグローバルな行動を阻害したりするプロパガンダやロビー活動に直接的にも間接的にも資金を提供しない。
・科学的根拠に基づくペースで化石燃料から移行する明確な戦略をもつ。
・化石燃料埋蔵量のさらなる探査には投資しない。
・科学的根拠に基づいて会社自身の排出目標を設定する。
・全社員が上記の基準に沿って行動するように動機づけされた事業内報酬がある。

21　企業年金を設立する際には、必ず資格をもったファイナンシャルアドバイザーに助言を求める必要があります。2019年にエシカル年金*[12]の市場を検討した結果、自分たちの年金を安心して任せられるとみられたのは、ロイヤルロンドンとアビバの2社だけでした。ロイヤルロンドンの職場年金では、サステナブルファンドとエシカルファンドの選択が可能です。その後、アビバUKはスチュワードシップ・ライフスタイル戦略を開始しました。倫理やESG（環境・社会・ガバナンス）に配慮する職場年金のデフォルト投資戦略*[13]で、企業がデフォルトとして選択することができます。

22　ルーはデシとライアンによる自己決定理論の研究成果から教材を作成していました。書籍としては、エドワード・デシとリチャード・ライアンの“Self Determination Theory: Basic Psychological Needs in Human Motivation, Development and Wellness”（Guilford Press, 2017）を、もっと簡潔なものとしては、エドワード・デシ“Why We Do What We Do”（Penguins Books, 1996）をお勧めします。

いろいろなところから気候変動に取り組むには何が必要かを問われたときには、私は次の三つの心理的ニーズを通して考えるモデルを、長年、参考にしてきました。

（1）**関連性**（帰属性）：誰もがグループの一員であることを好みます。1人だけで持続可能な行動をしたい人などほとんどいません。関連して私は、気候変動に対する態度について中心的な役割を果たしていたある研究者から、あるテーマで人々を惹き付けようとするならば、次の三つを人に信じさせなければいけないと、以前、いわれたことがあります。(a) そうすればもっとみんなと同じになれる、(b) そうすればもっとセクシーになれる、(c) そうすればもっとテレビに出られる。

（2）**自律性**（選択）：人は自分の生き方を自分でコントロールしていると感じたいものです。私や他の誰かに地球を救うためにはこうしなければならないと、いわれたいと思うような人はいません。

（3）**能　力**：私たち人間が基本的に無能であるということは、今のところ受け入れがたいのです。自分の生き方が21世紀にそぐわないといわれても、少なくとも何か別の方法を考えない限り、それを簡単に受け入れることはできません。

23　ジニ係数のデータの出所は、The Standardized World Income Inequality Database（SWIID）https://fsolt.org/swiid/ です。所得格差に関する興味深い統計や表は、Our World in Data をご覧になることをお勧めします。

https://ourworldindata.org/income-inequality

24 WeAll は、富の経済に焦点を当てるために新しくつくられた組織です。
https://wellbeingeconomy.org/　経済の目的は、持続可能な富、つまり、すべての人と地球の富を達成することです。
この目標を達成するためには、私たちの世界観、社会、経済を以下のように大きく変革する必要があります。
1 惑星の生物物理学的境界の範囲内にとどまる。つまり生態系の生命維持システムの中で持続可能な規模の経済にする。
2 食料、住居、尊厳、尊敬、ジェンダー平等、教育、健康、安全、言論、目的など人間の基本的なニーズをすべて満たす。
3 資源、所得、富の公正な分配を、国家内および国家間、現在および将来世代の人類と他の生物種の間で行い維持する。
4 すべての人の成功、能力開発と繁栄を可能にするために、共通の自然および社会資本、資産などの資源を効率的に配分すること。私たちは皆、幸福、意義、繁栄が物質的消費よりもはるかに多くのものに依存していることを認識する。

25 BT の気候変動に関する調達ガイドラインは、以下です。
https://groupextranet.bt.com/selling2bt/working/climateChange/default.html
また、BT のウェブサイトには、環境原則も掲載されています。

訳者注

＊1 チョコレートでできたティーポットに熱湯を注ぐと溶けてしまうことから、害もないが役にも立たないという意味。
＊2 ホイットマンとスペックは、それぞれ 1966 年に発生した無差別殺人事件の犯人。
＊3 アメリカにある政治監視団体。
＊4 イギリス政府が行っている。
＊5 固定オッズベッティングターミナルというゲーム機。賭博を行うゲームセンターに設置され、ルーレットなど様々なゲームを搭載している。各ゲーム機は、あらかじめ設定された上限額までの掛け金を受け付け、固定オッズに応じた支払いを行う。
＊6 投資資産の管理を実際の所有者や投資家に代行する人。
＊7 資産の組合せ。
＊8 福祉向上を目指すイギリスの慈善団体。
＊9 1 km あたり約 2 円。
＊10 イギリスの大手通信事業会社。
＊11 イギリスに設立された大手会計事務所。
＊12 社会や環境に悪影響が及ばないように投資先を決める年金。
＊13 年金の受託者が投資先をあらかじめ選定する方式。

6　人と仕事

結局は人口の問題か？

人間の影響 ＝ 1人あたりの影響 × 人口

人口増加が人新世の重要課題であることは明らかですが、一部の人が強調するような唯一の問題でもありません。

10億人が意に介さなければ地球は簡単に荒れてしまいますが、150億人が慎重に力を合わせればうまくやれます（もっとも、みんなが気をつけていれば、そもそも150億人になったりはしませんが）。

国があるレベル以上に発展すると、ほとんどの場合で人口増加が減速あるいは停止するという心強い事実があります[1]。しかし、そうなると一人ひとりの影響も急増するというあまりうれしくない事実があります。夫婦が飛行機で行くスキー休暇をもっとたくさん楽しむために、子どもをもたないことを選択したとしても環境は守れません。

地球への影響を考えると、人口よりもそれぞれの人の影響の総和の方が重要です。アフリカのマラウイ共和国の数百人のカーボンフットプリントの総計は、ヨーロッパ人や北米人1人と同じです。

人間活動とその影響の様々な側面は、指数関数グラフかバナナのような形になってどんどん加速するグラフで描くことができます。エネルギー使用量、GDP、鉱物の採取、汚染物質の排出や投棄などが該当します。けれども、人口はそのようには増えないことがわかりました。長期にわたって非常に安定した時期もあれば、急成長の時期もあります。最近は直線で増加しているようにみえますが、多くの予測では、現在の75億人の2倍よりはかなり少ないところでピークに達するとみられています。イギリスやバングラデシュ、オランダ、香港に住んでいる人ならば、2倍に増えた人が周辺で歩き回っていれば多少は圧迫感を感じるかもしれません。世界レベルでみれば良いことではありませんが、それ自体は大災害というわけでもありません。私たちが悪化させている環境問題のすべてを人口圧力に帰することはできません。

世界の不平等を解消するための重要問題に、豊かな地域では当たり前になっている大量の二酸化炭素排出を起こさずに、人々が貧困から抜け出せるようにできるかどうかがあります。貧しい地域の人たちが豊かな地域では当たり前になっている破壊的なライフスタイルを飛び越えて、私たちが住んでいる地域でも人々が憧れを抱き始めている質の高い持続可能な生活様式に移行できるようにしなければなりません。私たちが先進国で移行するモデルが良ければ良いほど、貧しい地域の人々が貧困から抜け出すときにも、よりクリーンな生活を目指すようになるでしょう。

豊かな国では赤ちゃんが1人増えるごとに、貧しい国の赤ちゃん1人より多くの影響を世界に及ぼします。高級おむつを使い、たくさんのプラスチック製のおもちゃで遊び、より多くのエネルギーを使い、より多くの肉を食べます。貧しい国では人口増加が地域経済を圧迫し、食料の輸入依存度を高めています。現状では、南北アメリカは相互に大量の食料を取引しています。ヨーロッパはほぼ収支均衡ですが、その他の地域はほとんど輸入に頼っています。アフリカは人口増加率が最も高く、大きな問題になるでしょう。もしも2100年にアフリカの人口が40億人になっていたら、この大陸では生産性の高い農業を劇的に達成するか、そうでなければ莫大な食料輸入が必要になります。

人口問題には何ができるのか？

ここから先は宇宙科学ではありません。私が実用的な観点から、無慈悲な見方だと思われないように考えた思いつく限りのヒントです。宗教上の問題がある場合には、お詫びしたいと思います。最後にこれらのヒントを理解してもらうためにいっておきたいことがあります。私自身は2人の子どもをつくった後、意図的にこれ以上子どもをつくれないようにした中年男性としてこの文章を書いたということです。以下が私のヒントです。

(1) 本当に育てたいと思わない限り、子どもはつくらないように注意してください。
(2) 他の人に勧めたり、圧力をかけたり、強制したりしないでください。
(3) あなたのいうことを聞いてくれる人たちには、本当に欲しくない限り子どもをつくらないですむようにしてあげてください。
(4) 最貧困層への投資拡大を進めてください。具体的には以下を進めることです。
  (a) 特に女性の教育[2]。
  (b) 情報と避妊へのアクセス。
  (c) 多くの人々が自分の働く土地を確実に所有できるような土地改革。

(d) 飢餓をなくすこと。もちろんです[3]。

それだけです。これらのヒントに従う人が増えれば、生まれてくる人たちの生活はより良いものになるでしょう。

message

富を分配する方法の一つとして、雇用と給与があります。しかし、人新世では雇用の考え方全部を原点に戻らせる必要があります。

「仕事」が良いことであるのはどんなときか？

人の役に立ち、充実していて、きちんとお金がもらえるときです。

就労者数を成功の度合いとしてみることは適切ではありません。目的をもって前向きに生きている人々の多くがカウントされないでいる一方で、奴隷やそれに近い状況にある人々がカウントされていることがあるからです。社会を分裂させたり地球を破壊するようなことをして給料を得ている人は雇用統計に加えられますが、人々の間をとりもったり地球を守るために無給で働いている人は数には加えられません。仕事や雇用などという単純な指標が役に立たないのは明らかです。

次の理由から仕事は良いことだといえます。

(1) 社会に役立ちます。例えば、人が快適に暮らすためのものづくりの手伝いや、社会が機能して繁栄するための仕事、人の世話をする仕事などです。

(2) 充実します。多くは (1) であるからかもしれませんが、仕事自体にやりがいがあるかもしれません。面白くて、挑戦的で、興味深いかもしれません。

(3) お金など必要なものを適切に配分するメカニズムです。

残念なことに、多くの仕事はこれらの条件のすべてには当てはまりません。まったく当てはまらないこともあります。また、仕事だけがこれらの基準を満たすとも限りません。有益なことは給料がなくても、あるいは、十分支払われなくても行われます。充実した活動はお金を必要としませんし、お金は様々な経路や税の仕組みを通じて分配できます。いくつかの例をあげましょう。あなたの職場がコールセンターで、電話を受けた相手に対して、その人が経験してもいない事故について賠償金を受け取れるからと誰かを訴えるように説得するという仕事をしていたとします[*1]。あなたはその仕事が嫌になりませんか。なぜならその仕事が世界に与える正味の影響はマイナスになるとわかっているからです。あなたには、そのような仕事につかないようにお願いして、どうせなら同じだけのお金をあなたに支払ったほうが、あなたも世界の人たちも幸せになれるでしょう。一方で、隣人のケアや友情は仕事ではありませんが、私の基準のはじめの二つは満たしています。

イギリスではギャンブル産業や兵器産業も雇用を提供していると擁護する意見を最近、耳にしました。ギャンブルや武器の増加が良いこととして正当化されるのであれば、それらの商品やサービスを提供する仕事に就く人がいるということは良いことです。しかし、そうでなければ、そこで働く人々に別の仕事をみつける必要があります。そして、それまでの間はその仕事に行かないようにお金を払う方がよいでしょう。ギャンブルや武器に支払われるお金は、再生可能エネルギーや低炭素インフラの提供、食料の適切な生産、生物多様性の向上、老人の世話など、他の多くのことに使うことができます。雇用確保のために、より多くの武器をもって、もっとたくさん賭け事をするべきだという考えは、根本的に誤っています。

どれだけの人が働くべきか？

みなさん全員です。

私はかなりの時間を企業で過ごし、重要なことについて対話してきました。その中で、次のことについてどこまで話ができるかという点では、人によって大きな違いがあるということに気が付きました。何を重要だと思うか、それが今のビジネス目標に関係しているか、そしてそれが普通のことだと感じられるかということです。人新世では大局的、複合的に物事を考えることが必要ですが、そのためには脳全体を使わなければいけません。それは仕事にも生かされます。

この文章を書きながら、あることを思い出しました。ある会社の経営陣と会議をしたのですが、結局うまくいきませんでした。会議後、私は出席者の１人とタクシーに同乗しました。会議は結局、お金の話になってしまって、「持続可能性」という言葉がいつの間にか「より大きな利益」という意味にとって変わり、私は思ってもいなかった考え方に圧倒されていました。

タクシーの中で、その人は申し訳なさそうに説明し始めました。彼は環境に気を遣う立派な人ですが、いざ仕事となると、お金だけが重要であり、それが当たり前だと発言しなければいけなかったということです。他の業種ならば大企業であっても、もっと自由に思ったことを話せたでしょうに。

どうすればいいのか？

人や地球を大切に思う気持ちを込めて、すべてを仕事にぶつけてみてください。自分を表現してください。他の人にもそう勧めてください。誰でも文化の扉を開くことができますが、年長者であればあるほど、そうすることが重要であり、責任も大きくなります。

ベーシックインカムを得ても、なぜまだ働くのか？

人は、役に立ちたい、目的をもちたい、人生を最大限に生かしたいと思うからです。これがうまくいくかどうかは、お互いの信頼関係にかかっています。

ベーシックインカムとは健康的な生活を送り、社会参加できるようにするために、あらゆる人に配分されるお金のことです。劇場やサッカーのチケットまでは買えないかもしれませんが、光熱費を払い、健康的な食生活を送り、きちんとした教育を受け、慎重に計画すれば、社会生活を送るには十分な金額です。それがあれば働かなければというプレッシャーはなくなります。でも、その代わりに人が本来もっている前向きの力もなくなります。働かないことのへ不安はなくなりますが、役に立ちたい、有意義な時間を過ごしたい、あるいは人生を楽しむためにもっとお金を稼ぎたいという気持ちもなくなります。働かなければならないから働くのではなく、働きたいから働くのです。雇用者には満足できる労働条件を提供する義務があります。退屈な仕事には、より高い賃金を支払わなければなりません。そうなればより多くの人がボランティアの仕事をできるようになるでしょう。フルタイムの趣味も同様です。仕事の手を休めて、愛する人の世話をしたり、絵を描いたり、農業をしたり、散歩をしたりと自分の好きなことを満足いくまで続けることができます。冷静にシンプルに生きることができます。

人はどうして何かをしようとするのでしょうか？　幸福とは役に立つこと、目的があることです。皆が幸福になれば、余計な仕事は雇用市場から排除されます。ベーシックインカムがあれば、私の三つの基準で高得点を得られない仕事は、単純にできなくなります。いい換えれば、まさに奴隷制の終焉です。

そのお金はどこから来るのでしょうか？　税金です。高い給料をもらう人が稼げない人にお金を提供することになります。健康的な食生活や社会参加の機会は、普遍的権利になりつつあります。お金を得るためだけに必死になって、無駄なことや害になることをするような人は減り、良い社会になってより良く生きる人たちは恩恵を受けます。そうなれば必要のない仕事をする人は減ります。社会的格差は小さくなります。

この世界モデルがうまくいくかどうかは、あなたが人間の性質をどうとらえるかによります。生まれながらできるだけ役立たずでいたいのか、それとも役に立ち、目的をもち、創造的でありたいのか。あなたがもし前者だと思うのであれば、落ち着きを失って自身の経験からその考えを否定するようになるまで、ベーシックインカムをありがたく受け取ることを願っています。後者であれば、そのことを裏付ける心理学がたくさんあるので、試してみたらどうでしょうか[4]。

message

この先の刑務所の統計の話は、この本の主旨から少し外れていますが、次の理由で掲載しました。まず、それが驚くような、涙があふれてくるようなデータであることです。そこから「私たち人間が世界をこれほど悪くすることができるのか」と自問し、そして「きっと私たちはもっとうまくやれる」と思いたくなります。次に、この話から誤った指標を追求したときに陥る世界の不平等と混乱が明らかになるからです。最後に、それが数ページ後に出てくる価値観の議論への準備になるからです。

刑務所に入る確率はどのくらいか？

あなたがどんな人であるかによります。アメリカ市民を無作為に選ぶと、その人は今、0.88 %の確率で刑務所にいます[5]。平均的アメリカ人は、人生のうちなんと 7 カ月間を刑務所で過ごします。女性よりも男性の方がずっと悪く、州によっても違います。ルイジアナ州の平均的な男性は、人生の 1 年半を塀の内側で過ごします（図 6.1）。刑務所は利益を生み出すベンチャー企業です。法執行官には刑務所の数を維持しようとする経済的動機があり、それが GDP に貢献します。マサチューセッツ州で生まれた少女ならば状況はずっと良くなり、服役期間は平均して 8 日だけです。あなたが黒人であれば、白人に比べてずっと悪く、平均すると 3 週間に 1 日は刑務所の中です。なんということでしょう！　グーグルでアメリカの刑務所の画像をちょっと検索してみましたが、一晩でも絶対に

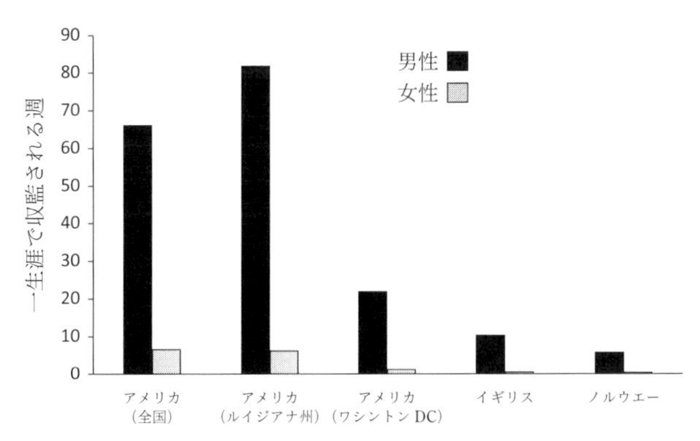

図 6.1　平均的な人が一生の間に刑務所で過ごすと予想される週数

過ごしたくないと思いました。絶対に嫌です。

イギリスではかなり良くなっていますが、素晴らしいものでもありません。男性人口の 4 分の 1 %が刑務所にいますが、女性は 0.01 %しかいません。イギリスの平均的男性は一生涯で 10 週間服役しますが、平均的な女性は 3 日だけです[6]。

ノルウェーはまた別です。平均的なノルウェー人は、人生の「わずか」3 週間を刑務所で過ごしますが、とても人道的な経験をします。なぜこれほどまでに犯罪率が低いのでしょうか。アメリカやイギリスに比べて、再犯率が圧倒的に低いことがあげられます。わずか 20 %です[7]。アメリカでは 5 年以内の再犯率が 76 %で[8]、イギリスに至ってはなんと受刑者の 77 %が出所して最初の 1 年以内に再犯を犯します[9]。

かなりの割合の国民が信じられないほど不快な環境に置かれていることは、その国の平均的生活の質にも悪い影響を与えるはずです。ノルウェーの秘密は何でしょうか？　アメリカのやり方との違いは何でしょうか？　アメリカでは、刑務所はひたすら罰を与えるところのようにみえます。それは社会が自らを取り戻すことです。アメリカとイギリスの刑務所は、復讐の場所のようです。復讐などと公の場でいうのははばかられますが、行われています。それがすんだら、刑務所は犯罪の抑止や一般人との接触回避の場になります。リハビリテーションは残念ながら後付けです。

ノルウェーでは囚人も人間として扱われ、一般人と同様に福祉が重要だと考えられています。刑務所は傷を治す場です。よく考えてみれば、復讐は被害総額を増やします。刑務所をより良い場にすると犯罪が減少するというのは、多くの人の直感に反します。なかなか理解できない人は、理解できるまでじっくりと考える必要があります。ノルウェーの刑務所所長であるアレ・ホイダルはいいます。「ノルウェーの刑務所にいるすべての収容者が社会に戻ります。怒っている人がよいのですか？　それとも更生した人がよいのですか？」[10]

アメリカの刑務所の問題は次の2点に起因しています。イギリスもそれほどではないですが、似たようなものです。一つ目は、ある人は他の人より刑務所に入れられるリスクがとても高いという不平等です。これまで国籍、性別、人種について触れてきましたが、教育や財産も大きな要因です。二つ目は価値観の問題で、囚人の福祉が他の人と同様に本質的に重要であるかどうかという問題です。価値観については数ページ後に紹介しますが、これを読んだ皆さんが、もっとよく考えることが大切だということをこれまで以上に強く感じていただければ幸いです。

非財務的観点からの評価を深める必要があることは明らかですが、ノルウェーの徹底的に効果を上げようとするアプローチと、この国の富の分配がアメリカと比較すると大幅に良くなっていることとの間には何らかの関係があることにも気がつくでしょう。

刑務所の統計が人の悲惨さや社会問題を示していることはほぼ間違いありません。その一方で、統計を改善するために囚人を殺したり釈放したりしても、彼らが求めている福祉の向上にはつながらないでしょう。私がこのようなことを書いたのは、あらゆる指標を考慮する必要性を強調するためです。

最後にお金の話に戻りますが、刑務所にはとにかく莫大な費用がかかります。イギリスでは受刑者1人あたり年間51,000ポンドという数字が出ています[11]。この数字には高い再犯率による犯罪の増加や、その結果生じる恐怖や不信感による社会的コストはもちろんのこと、司法や保護観察の費用も含まれてはいません。米国ではもう少し安く、2013年には受刑者1人あたりの費用は年間32,000ドルで年間総支出額は740億ドルでした[12]。ノルウェーでは、受刑者1人あたりの費用はアメリカの約3倍になりますが、受刑者数が少ないことを考えれば、ノルウェーの納税者の負担はまだ数倍少ないといえます。

1　例えば、スウェーデンの統計学者の故ハンス・ロスリングの人口、健康、富の傾向に関する面白くて印象的なTEDトークをご覧ください。お勧めです。残念なこと

に、2017年に亡くなりました。https://tinyurl.com/roslinghans

2 ニューエコノミクス・ファンデーション代表やオックスファムの国際部長を務めたスチュワート・ウォリスは、これだけで出生率を60％も下げることができるので、道徳、社会、環境の三つの面から同時に世界で最も重要な投資先の一つであると彼は考えています。また、スチュワートはこう記しています。

「ウィーン人口学研究所所長のウォルフガング・ルッツが2014年に発表した研究は、女性の教育がなぜ重要なのかを明らかにしている。ガーナでは、教育を受けていない女性は平均5.7人の子どもを産んでいるが、中等教育まで教育を受けた女性は3.2人、高等教育まで受けた女性は1.5人しか生んでいない」W. Lutz (2014) A population policy rationale for the twenty-first century. *Population and Development Review* 30(3), pp.527-544.

3 このリストは、スチュワート・ウォリス（スチュワートに感謝します）が提供したものに、バークレー大学人間健康研究院のマルコム・ポッツ博士の意見を取り入れたものです。

4 デシとライアンの研究については、第5章の注22を参照してください。また、人間の本性を表すヒューマン・ギブンズという概念にも関連し、人に特定の行動をとらせる心理的欲求や思考スキルとして定義されています。人は欲求や期待が満たされないと、ストレスや不安、怒りを感じることがあります。ヒューマン・ギブンズによって、人は常に感情的欲求（安心、注目、自律、親密さ、意味や目的など）を満たすために、想像力、共感、記憶、合理性などの感情的・社会的なスキルである「生まれつきのリソース」を使います。ヒューマン・ギブンズ研究所は、感情が満たされれば社会の中でより良く働くことができて、精神的にも肉体的にも良い状態になると結論づけています。感情的な充足感を得るために、人は「与えたい」と思うのです。ジョー・グリフィンとイバン・タイレルの著書“Human Givens”を参照してください。

5 米国の刑務所統計はすべてBureau of Justice Statisticsレポートによります。Correctional Populations in the United States 2015, NCJ 250374

6 イギリスの刑務所統計はすべて以下によります。National Offender Management Service Annual Offender Equalities Annual Report 2016, available at www.gov.uk/statistics

7 Why are Norway's Prisons So Successful ?, UK Business Insider. https://tinyurl.com/Norwayprisonstats

8 US National Institute for Justice. https://tinyurl.com/USrecidivism

9 Full Fact, Prisons: re-offending, costs and conditions, 2016. https://fullfact.org/crime/state-prisons-England-Wales/

10 上記3文献を参照してください。

11 2016〜2017年のイギリスの刑務所の年間運営費42.6億ポンド（Statisticaウェブサイト：https://tinyurl.com/statisticaUKprisoncosts）と、執筆時の刑務所人口83,620人（www.gov.uk/government/statistics/prison- population-figures-2018）に基づきました。

12 The Economics of the American Prison System, Smartasset, 2018

(https://tinyurl.com/USprisoncosts) and New York Times, 23rd August 2013, City's Annual Per Inmate Cost is £168,000, study finds (referring to New York; see https://tinyurl.com/y7rje398)

訳者注

*1　イギリスでコールドコールといわれる迷惑行為だが違法ではない。

7　ビジネスとテクノロジー

人の生活様式に再考が必要なのですから、ビジネスを見直さなければならないのも当然でしょう。この短い章は人新世におけるビジネスとテクノロジーの包括的ガイドではありませんが、この本が示してきた事実と考え方に基づき、私が20年以上、世界の巨大テクノロジー企業などでコンサルティングを行ってきた経験から、ハイレベルの考えを紹介します。

会社があってよかったといつ思うか？

会社が有益な仕事を行い、富の適切な分配を可能にしているときです。

数ページ前に述べた仕事の基準は、組織にも当てはまります。会社は次の三つの目的のためにあるべきです。第一に、役に立ち価値ある商品やサービスを提供すること、つまり、現在と未来の人と地球の幸福度を高めること。第二に、従業員が有意義で充実した日々を過ごすための手段を提供すること。第三に、すべての人が生活の質を高めるのに必要な資源を得られるように、富の適切な分配に貢献すること。これらをまったく満たしていない会社は、とにかくまず退場してもらいましょう。一つでも満していない基準がある会社もたたむべきでしょう。あなたがこの基準を満たさない会社で働いていて、問題を起こしたくなければ、退職するか、組織を内部から変える効果的な方法を見つけるべきです。

株主収益を最大化することと、この基準とはまったく無関係であることに留意してください。株主が経済成長を超えた人新世にふさわしい価値観に基づいているならば、株主価値の最大化は可能です。

ビジネスは世界をどう考えるか？

私が関わっている会社の中には、「今より良い世界を残したい」と考える会社や、まさにそのとおり言葉に出す会社があります。良いことですが、21世紀の今、この意味を少し考えてみる必要があります。会社はより良い世界はどのようなものだと考えているのでしょうか？　どのように実現しようとしているのでしょうか？　問題から少し離れてみないと、的確に答えられません。日々のビジネスでは届かないほど高いレベルから考えてみることが大事です。ありきたりではない答を見つけるのは怖いものです。私たちのやり方は人新世にはそぐわないわけですから、会社が世界における自らの役割を慎重かつ真剣に問う場合でも、得られる答えはその会社の基盤を少しばかり揺るがすことにもなりかねません。勇気が要ることは確かです。

会社には目指すべき世界ビジョンと、それを実現するための首尾一貫した計画が必要です。自社が及ぼす直接的、間接的な影響のすべてを総合的に理解しなければいけません。今となっては、次の文は当たり前かもしれませんが、念のために書いておきます。

21 世紀では、もっぱら利益を追求するだけの会社はまったく無用である。

絶対に利益追求を優先してはいけないということではありませんが、会社の存在理由としてなら、それは今の世の中に相応しくありません。利益追求は過去のものです。もし、あなたがそのような会社にいるのであれば、挑戦するか、辞職してください。どちらも無理だと感じるようなら、あなたは不自由な労働者です。

会社はどうすればシステムシンキングができるか？

方法はたくさんあります。すべてを社内で行いたくなければ、何千人もいるコンサルタントが助けてくれます。彼らの中にはとても優秀な人もいますが、契約する前に彼らの世界観をよく確かめてみることをお勧めします。シンプルに物事を進められた例を紹介します。私が担当したある会社が気候変動について考え始めたときのことです（完璧な会社であれば、気候危機を他の世界的問題と切り離して考えたりはしないでしょう。とにかく、どこかからかでも始めなければなりません）。

その会社と私は、世界の燃料の大半を何らかの形で地下に残すためには強制力のある世界的合意が必要であるという点で一致しました。それを可能にするのに必要なことは何かを考え、政治的意思が最も重要であるとの結論に達しました。次は、政治的意思をもつためには何が必要で、それらが整うためには何が必要かを考えました。そして、変化を起こす重要な要素を簡単な図にまとめました。少しずつ整理していくと、とてもシンプルな図 7.1 になりました。最終的なものや完璧なものを目指したわけではありません。ただ、彼らがすぐに自らと関連付けられるようなものが必要だったのです。次に、彼らのような会社が影響を及ぼすことができる場所はどこなのか考えました。この会社は強力な大企業なので、あらゆる場所に影響力をもつことがわかりました。最終的には、得られた選択肢の

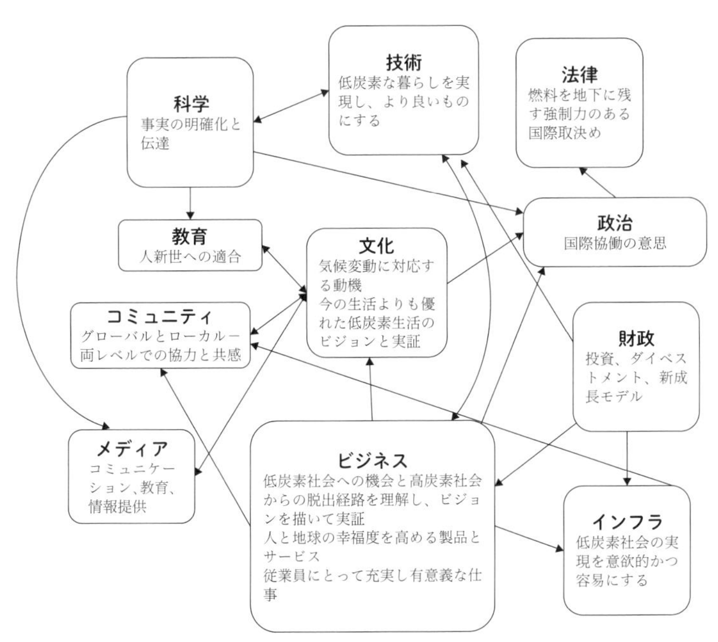

図 7.1 世界が燃料を地下に残すことに合意するためには何が必要か？ システムシンキングの簡単な例。ある会社の社員が自分たちにできることは何かを考えるために数人で描いたマップ

中で、自分たちが実際に何をしたいのかを考えました。

このプロセスを行うのに特別な技術や先端科学は必要ありません。似たようなやり方で大丈夫です。これまで、かなり規模の違う会社でも同じような方法を試してみました。このシステムシンキングは決して難しいものではありません。やってみようと決めればいいだけです。

あらゆる業種の会社がシステムシンキングするためには、きちんとデザインされたデジタルツールがあり、バイオリージョナル社が One Planet Living® として販売しています。そこでは10原則を中心に構成されています（次ページの column 参照）。

column

バイオリージョナル社のシステムツール One Planet Living®

バイオリージョナル社では20年以上も惑星Bがないという立場を明確にしてきました。彼らは、One Planet Livingの10原則という考え方を、世界の会社や地域社会で使っています[1]。最近では、人新世の課題が相互に関連するという性質を考慮して、すべての成果、行動、指標をこのフレームワークの中に非線形かつ非階層的に位置付け、物事がどのように相互関連しているかを視覚的に示すマップを作成するツールを開発しました。共同設立者のポアラン・デサイ氏は、システム的な考えをしてもらいたいならば、このような話をすることが重要ではあるが、それだけでは不十分で、ツールが必要だといいます。oneplanet.comのツールキットは、会社や都市などの組織や個人が無料で使用できます[2]。One Planetの原則に他の基準を追加することもできますが、ポアラン氏の経験によれば、会社の目標は10原則のどれか一つにしか当てはまらないか、それらと相反してしまう場合が多く、それゆえに真剣に取り組む必要があるそうです。

バイオリージョナル社のOne Planet Livingの10原則は以下の通りです。

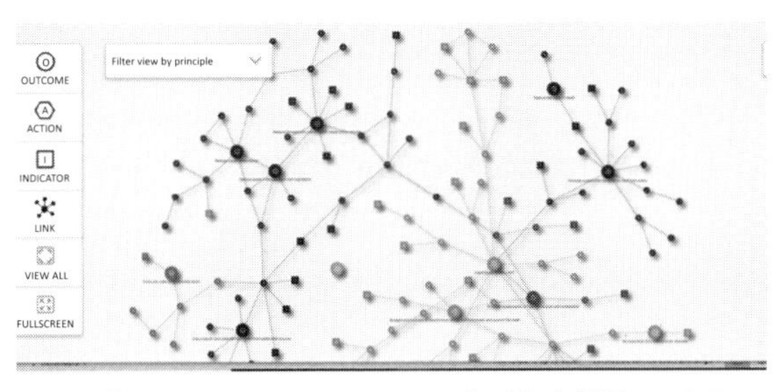

企業行動と動機の関係を oneplanet.com のでマッピングした場面のスクリーンショット。問題の相互関係を示している。

column

環境戦略の三本柱

このモデルは、3社の大手ハイテク会社と行った仕事から生まれました。各社は自社の炭素量を削減するだけでなく、他社にも同様にできる技術を提供して、低炭素社会を実現できると考えています。しかし残念ながらこれまでみたように、何らかの国際合意がない限り、効率改善の技術だけでは世界の炭素はまったく削減できません。つまり、この方法は炭素に向けられた3種類の対策の一部としてのみ機能します。

(1) **自らの影響改善**。会社はあらゆる環境要因に及ぼす自社影響を、最善の科学的知見に基づいて改善します。気候変動問題に関しては、製造から使用、そして製品の寿命が尽きるまでの「エンド・ツー・エンド」で商品やサービスの炭素排出を削減します。

(2) **他社の影響改善を可能にする**。提供する商品とサービスによって、他社が環境により良い方法で経営できるようにします。例えば情報通信会社であれば、顧客の省エネや航空利用の削減を実現できます。

(3) **必要に応じてグローバルな管理を推し進める**。グローバルな管理が必要であれば、それを進めます。例えば、これまでみてきたように、気候危機に対処するには化石燃料の使用を制限する国際合意が必要であり、それが実現できるように公的に働きかけることが、会社の気候変動対策計画に明記されていなければいけません。

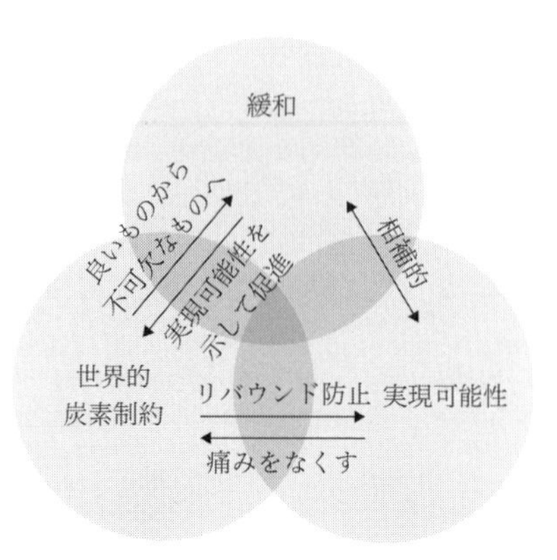

重要なことは、これらのうちの二つだけでは十分な効果は発揮しえないということです。緩和だけではリバウンドします。環境負荷の総量に世界的制約がない限り、協力するだけでは地球環境保全にはつながりません。行わなければならない地球規模の制限を可能にする方法は協力と緩和の両方なのです。

科学的根拠に基づく目標とは何か？

世界を守るために科学が求めていることを実行するという目標です。当然のことながら、環境目標はすべて科学的根拠に基づかなければなりません。

世界が取り組むべき現実課題があることをみてきました。課題に対処するために世界でやらなければならないと科学が示していることと、ビジネスの対応とが首尾一貫していることが、シンプルで基本的な原則です。この原稿を書いていると、気候危機についてとても健全で、うまくいけば細かいところまでかなり重要なイニシアチブとなりえる活動が動き出しました。その名も「科学的根拠に基づく目標イニシアチブ（SBTi）」です[3]。しかも、生物多様性、抗生物質耐性、パンデミック、プラスチック汚染など、あらゆる環境問題や健康問題にも適用できます。事実、SBTi は炭素だけでなく、それらの分野に範囲を広げています。もちろん、重要なことは、SBTi が最新の真に科学的根拠のある基準に基づいて目標を立てていることです。

科学的根拠に基づく目標をサプライチェーンに適用するとどうなるか？

リバウンドを克服し、雪だるま式に効果を上げる可能性がいきなり出てきました。気候危機に人間が対処する大きな助けになるでしょう。少なくとも試してみる価値はあります。

気候変動に関しては、風船しぼり効果（付録参照）やリバウンドが、これまで人や会社、国が行ってきた最善の行動をほとんど、あるいは完全に無効にしてきました。残念ですが事実です。科学的根拠に基づく目標（SBTs）は、今のところスコープ１と２の排出量だけを主な対象としています（会社の直接排出に加えて、会社が使用する電力の発電からの排出も対象としています）。しかし、それだけでは、残念ながらリバウンドします。すべての会社がスコープ１と２のSBTsを採用して遵守しなければ、ゲームに加わらない会社が、参加会社が削減した分を食ってしまいます。排出量が単に他に移動するだけです[*1]。

会社が科学的根拠に基づく目標を自社のエネルギー使用だけでなく、サプライチェーン全体に適用すればまったく新しい動きに生まれ変われる可能性があります。自社の排出量だけでなく、サプライチェーン全体の排出量も確実にチェックすることに同意するということです。目標はサプライヤーとの間で交わされる調達契約に明確に記載されたうえで達成されなければなりません。これを行えば、サプライヤーも自社の炭素排出量を管理しなければならなくなるか、そうでなければ競争上のハンディキャップを負うことになるので、この制度全体が雪だるま式に発展していきます。そして、サプライヤーに資材提供するサプライヤーも次々に同様になっていきます。簡単だとはいいません。しかし、少なくとも原理的には、真の変化メカニズムとしての可能性があります。

もう一つ強みがあります。ある国がパリ協定の文言や精神に従わないことを決めた場合でも、その国の会社が独自に「われわれはまだ参加している」と宣言したいかもしれません。しかし、高炭素の電力網の国にその会社が立地しているなどで排出量が誤った方向に向かっていれば、どうすれば「パリ遵守」が行えるかという疑問が残ります。このような会社は、サプライチェーンにしっかりとした科学的目標を設定すれば自国政府の不正な行動から脱却したといえるようになり、世界の責任ある会社も安心して取引できます。さらに、私やあなたのような個人は自分のライフスタイルで、パリ遵守をしつつその会社の製品を購入できます。この記事を書いている時点[*2]では、もちろんアメリカ経済の中で活動している会社のことをいっています。

追記です。マイクロソフトが2019年秋に1.5℃の世界に対応したサプライチェーン目標を発表したと書けるようになりました。実は、BT社はその1〜2年前に科学的根拠に基づくサプライチェーン目標を掲げて同業他社をリードしていたのですが、当時はまだ2℃以下の経路を求める声が世界的に高まってなく、1.5℃にまで踏み込めるとは思っていませんでした。今、それが成し遂げられました。そして、情報通信技術（ICT）分野に属する多くの会社が、BT社とマイクロソフトに倣うことになりそうです。雪だるま式の効果が起きたのかもしれません[4]。

message

会社のハイテク部門では、多くの人がテクノロジーこそが持続可能な世界へ導く第一の「善の力」であると考えたり、単に思い込んだりしています。しかし、テクノロジーがなければ人新世に突入してしまうこともなかったのですから、このような考え方についてはもっとよく検討する必要があります。

私たちがテクノロジーを成長させるのか、それともテクノロジーが私たちを駆り立てるのか？

今、私たちは奴隷のように追い立てられていますが、だからといってこれからもそうだとは限りません。

故スティーブン・ホーキング博士は人生の3分の2を現代医学のおかげで生きることができました。過去100年間の進歩がなければ私も何回か死んでいましたし、私の友人たちもそうなっていたでしょう。私たちは皆、テクノロジーのおかげで生きられて、感謝しています。たしかにそうした利点はありますがホーキング博士は危険性も感じて、こう述べています。「*しかし、現在、テクノロジーは非常に速いペースで進歩し、その攻撃性ゆえに私たちを核戦争や生物戦争で滅亡させてしまうかもしれない。私たちは、この本質を私たちの論理と理性でコントロールしなければならない。脅威にいち早く気づき、制御不能になる前に行動する必要がある*[5]」

テクノロジーを発明したのは私たちなので、私たちはそれを自らの手でコントロールしなければならないと語ります。でも、本当にできるでしょうか？

ある新技術が効率の向上をもたらしたとします。それを先に取り入れた人は、競争上の優位を獲得できます。ゲームに加わるためには、良くも悪くもその技術を使わなければならなくなり、私たちの生活や仕事はほんの少し進歩します。そしてすぐにまた最先端技術が登場し、このプロセスが繰り返されます。私たちは、より長く生き、より遠くへ行き、より多くのことを伝えられるようになりました。欲しいものは何でも手に入り、何でもできるようになりました。こうして千年間、経済が進化してきました。この本では、その結果が描く上昇曲線をみてきました。止めようと思えば止められるのでしょうか、それとも追い詰められてしまうのでしょうか？

もしも技術が能率を向上させるけれども、本当は生活の質を良くはしないとしたらどうでしょうか？　その技術をもたないことは可能でしょうか？　私が営業担当者だとしましょう。客は私に週末は連絡できないけれども、ライバルは週7日24時間いつでもスマートフォンでメールを利用できたら、私は不利になります。私たちは同じようにしなければなりません。気に入るとか入らないとかに関係なく、選択の余地はありません。スーパーマーケットが従業員と顧客の両方の社会的利益を守るために、レジに人を配置し続けることにしていたら、人を機械に置き換えてコストを削減するライバル会社にどれだけ対抗できるでしょうか。スティーブン・ホーキング博士は人工知能（AI）を「人類に起きる最高の出来事か、最悪の出来事かのどちらか」と表現し[5]、自動運転の電気自動車を生み出した偉大な起業家のイーロン・マスクも、AIを実存的な脅威とみなしています。このようなAIに対する懸念に根拠があるかどうかは別にして、テクノロジーは全体としてみれば千年にわたって良いものをたくさんもたらしてきたことは明らかですが、今では人類を危険地帯に連れて行こうとしています。私たちは根本的に異なる方法でそれに対処しなければなりません。

可能でしょうか？　私は自分が決定論者ではないといいました。自由意思の存在が証明されるとは思いませんが、私はそれがあたかもあるかのようにこの本を書いています。未来があらかじめ決められているという主張は、これから体験しなければならない変化を起こそうとする試みから逃れるための言い訳のように思えます。今の方法でテクノロジーを全面的にコントロールすることは簡単ではありません。私たちはゲームのレベルを上げて変化させるべきです。けれども、それはテクノロジーの必要性を損なうことでもなければ、不可能性を証明することでもありません。

どうすればテクノロジーを制御できるか？

それこそが私たちの時代の決定的課題です。そのために、人類はゲーム性を高めなければなりません。

テクノロジーは私たちの生活を豊かにし、直面する課題に対処するうえで重要な役割を担っています。疑いなく良い力であると思われがちです。しかし、必ずしもそうでもないこともはっきりしておくべきです。テクノロジーは私たちに関わる重要な基準に照らし合わせて、慎重に評価されるべきです。決して簡単なことではなく、いろいろな考えがあり、激しい議論の対象になるかもしれませんが、議論するときにはよく考え、真剣でなければなりません。そして、そこから私たちがこれから何をして、何をしないかを決定するための結論を得なければいけません。

化学兵器や生物兵器のこれまでの経緯を少しみれば、開発を抑えることも（たいていの場合は）ほぼ可能だということは十分に証明できます。しかし、レーダーやスピットファイア*3、核爆弾などのよく知られた例から、必要な技術が非常に早く実現するもよくあることがわかります。一方で、がん研究のように、画期的な技術がどれほど望まれても画期的な技術がすぐには得られないこともあります。

私たちは投資し、お金をかけて、望ましい未来を創造します。新しい技術には研究、開発と利用が必要です。いったん研究開発が行われると、利用を我慢することは非常に難しくなります。研究を行わないですむなら、それに越したことはありません。淘汰されるべき技術もあれば、ただちに強化すべき技術もあります。政府は、研究や産業への支援を適切な分野に誘導するという大きな役割を担っていますが、私たち全員もお金をかけ、投資して支援することができます。

message

私たちは価値観の問題から逃れることはできません。好むと好まざるとにかかわらず、価値観はエネルギーや環境、食料などの課題に対処するときにも、経済を動かしビジネスを行うときにも、決定的な要因となります。そこで、次は価値観について考えます。

1 Bioregional: www.bioregional.com
2 The One Planet Living toolkit, see www.oneplanet.com. 登録が必要ですが速くて簡単です。
3 Science Based Targets initiative（SBTi）は、CDP、世界資源研究所（WRI）、世界自然保護基金（WWF）、国連グローバル・コンパクト（UNGC）の協力によるもので、We Mean Business Coalition の公約です。
http://sciencebasedtargets.org/#。これまでに、100 以上のグローバル企業を含む 400 以上の会社が SBTs に参加しています。
4 Official Microsoft Blog, January 2020: Microsoft will be carbon negative by 2030. https://tinyurl.com/microsoftcarbontarget
5 'AI will be either the best, or the worst thing, ever to happen to humanity' Stephen Hawking, speaking at the opening of the Leverhulme Centre for the Future of Intelligence, 2016.

訳者注
*1 SBTs におけるスコープ 1 は燃料の燃焼など会社が自ら直接排出する温室効果ガス。スコープ 2 は他社から供給された電気や熱・蒸気の使用に伴う間接排出。スコープ3は原材料の調達から顧客の製品利用や廃棄までのすべてに伴う間接排出。
*2 トランプ政権期間中。
*3 第二次世界大戦で使用されたイギリス軍の戦闘機。

8　価値観・真実、信頼

話は避けては通れない価値観に向かっているようです。重要ポイントです。そうなるように意図したわけではありません。むしろ、価値観の議論を避けて通れれば、もっと分かりやすくこの本を書けたかもしれません。私は経済学者であって、倫理学の教授でないことはわかっています。けれども、人新世の生活に役立つ価値観がある一方で、そうではない価値観があるという証拠もあります。そこで、私は実用本位の視点からこの章を書くことにしました。どのような価値観をもてば21世紀の人と地球の繁栄が可能になり、どのような価値観では不可能なのか、そしてどうすれば正しい価値観を得られるのか、ひたすら問いかけます。幸いなことに、私たちはその気にさえなれば、自分の価値観を実際につくり上げられるということがわかります[1]。

まず私が書こうと思う価値観を明らかにし、続いてその理由について説明します。

ある価値が他よりも選ばれる根拠は何か？

ここまで、「将来、栄養失調にならざるを得ない人がいるかどうか」という問いには、技術や人口制限ではなく、「十分にもっている私たちが、十分にはもっていない人たちにしっかり配慮できるかどうかにかかっている」という、驚くほど単純な問いに至ることを示しました。

エネルギーと気候危機については、地球規模での政策合意が要るという結論でした。では、どのような条件であれば、世界が本質的合意に達することができるのでしょうか。例えば、ほとんどの燃料を地下に留めておくにはどうしたらよいか、世界に残された炭素予算を誰が使えるのかということです。そのためには公正であることと普遍的敬意が必要なことがわかりました。

一方で、テクノロジーは複雑化し、現実に直面する問題は相互に関連し合い、意見や考え方や、ひどいフェイクニュースがエスカレートし、いったい何が起こっているのか見極めることがますます難しくなっています。情報や誤報にあふれて混乱する海で溺れない価値観が必要です。

人が地球に及ぼす影響が大きくなるにつれて、不注意がもたらす結果も大きくなりました。これまでの千年の間には可能だった方法も、もはや応用ができないことがわかりました。少数の異端者の集団でもますます簡単に大混乱を引き起こせるようになってきました。人間同士が争うことで、かつてなら考えもしなかったような方法で全世界を破壊してしまう可能性が出てきました。だからこそ、私たちには注意することと、少なくとも時には自制心をもつことが必要です。何が足りているのかを知り、もっと欲しいと思わないですむ方法を探さなければいけません。

価値観を考えるうえで有効なのは、価値を外発的なものと内発的なものとに分けることです。この分類は多くの国で研究されていて、文化の違いを超えて有効なようです。外発的価値とは、お金、権力、地位、イメージ、物質的な所有などです。内発的価値とは、自己受容、意識、他者とのつながり、すべてのものと世界への感謝と配慮、そして活動自体の楽しみです。私たちを動かすのは価値観です。

内発的価値観や動機に支配されている人や社会は、そうではない人や社会に比べて、より幸せで健康的であり、地球に優しく接することができるということを示した研究が数多くあります。内発的価値観は、高い幸福度、低い苦痛・憂鬱・不安レベル、向社会的な行動、より多くの共有、深い共感、他者による支配からの解放、生態学的に肯定的な態度や行動と関連しています。外発的価値観と関連しているのは、自己愛、薬物乱用、危害を加える行動、格差の拡大、一般的な不幸やストレスです。この相関関係は、多くの文化やあらゆる年齢層に一貫してみられます。

新たな地球文化規範となるためには、どのような価値観が必要か？

すべての内発的価値観に、もっと注目する必要があります。特に強調したいのは、今まで以上に必要になる三つの価値観です。世界のあらゆる文化に行き渡るべきです。これらが本質的に「より良い」かどうかは別として、人新世に生き残るためには純粋に実用的観点から必要です。文化は多様であれば素晴らしいものです。そうでない文化は21世紀にそぐわず、私たちはそれを問題にすべきです。

三つの価値観とは以下です。

(1)　すべての人は人間性において本質的に平等である。すべての人は有意義だと思う方法で人生を送ることが許され、可能であり、奨励されるべきである。それは他の人も同じであるという平等な権利に基づいて決められたことが前提である（もちろんこの原則は、人種、ジェンダー、階級、国籍、宗教、性別など考えうるあらゆることに当てはまります)。

(2) 世界の美しさや生命を支える複雑さと、すべての生命を尊重し、大切にする。

(3) 真実そのものを尊重すること。見分けられる限り事実を尊重する。証拠であると判断したものは、他の人もはっきり見られるようにする。理由、方法、個人的利害を明らかにする。

この本で述べる解決策のすべてがこの価値観に基づいています。人類はこれらの価値観なしに栄えることはできません。

人類がこれから100年以上にわたって栄えていくためには、できる限りお互いを尊重し、正直であり、親切であることを学ばなければなりません。あらゆる証拠や分析結果がそれを示しています。私はまずそう書くことができました。もちろん、誰もがそういえたでしょう。私の前にも何百万人もの人がそうした意味の言葉を述べてきたことは間違いありません。実際、この文章を書いているときに、この三つの価値観は、人間中心療法の生みの親であるカール・ロジャースが健康維持のための人間関係に必要な三つの中核条件であるとした「共感」と「純粋さ」、「無条件の肯定的評価」と密接につながっていることに気がつきました[2]。もちろん、治療の現場だけでなく日常生活にも通じます。おそらく、私がここで本当に付け加えたいのは、人新世においてはこれらの価値観には、もはや選択の余地がないということです。

私がこれらを実行しても皆さんほど上手くないかもしれません。しかし、私たちはもっと努力して上手にならなければいけません。シンプルだけど難しいことです。

価値観は意図的に変えられるか？

私たちの価値観が変化しうるということは、それが間違った方向に向くことがあったことからも明らかです。新自由主義者や自由市場主義者は、お金に焦点を当て、物の所有で決まる地位をつくり上げ、明らかに無意味なのに幸福を物と結びつける広告を出し、さまざまな手を使って私たちをより個人主義的な考え方に向かわせてきました。誤った方向に向かわせることが可能ならば、逆方向に向かわせることも間違いなく可能でしょう。自信をもって価値観を変えるべきです。

経験の違いが異なる価値観を生みだすことを示す研究も数多くあります。

何が価値観を変えるのか？

私たちの価値観は受け取るメッセージや考えによって変わります。1990年代のルワンダでは、ラジオ局が「奴らはゴキブリ」というメッセージを繰り返し発信しただけで世論が大きく変わり、悲劇的な結果をもたらしました*[1]。

この理論では、外発的動機が高まれば内発的動機は弱まり、逆に内発的動機が高まれば外発的動機が弱まることになり、私の考えと一致します。例えば、お金を払って何かをしてもらうと、内発的価値観でそれをしようという気持ちは薄れます。逆に、仕事の内発的価値観に注目すれば、外発的動機は弱まります。

外発的価値観に私たちを向かわせるのは、不安や物質主義的な社会メッセージです。食べていけるだけのお金がない人や、社会的に認められていない人は、より多くのお金や地位を求める傾向があります。自分の価値や幸せが富や財産に直結しているというメッセージを常に受け取っていると、それを追求するようになります。「最高の人材を確保するには最高の給料を払わなければならない」というメッセージは、よくいわれますが有害です。このメッセージは、高額な給料をもらっていないと価値がないと思われるのではないかという不安に結び付きます。給料やボーナスが重視されればされるほど、社員は良い仕事、役に立つ仕事をする本質的な理由を考えなくなります。

逆に、裕福であるかどうかにかかわらず、基本的な物質的ニーズが満たされ、社会的にも受け入れられているという安心感があれば、財産や地位に心配しなくなるでしょう。ただし、そのためには、社会的インフラやコミュニティが必要です（もちろん有害な行動を容認するわけではありません）。そして、自分の内発的価値観を常に意識できれば、その価値が人生で果たす役割も大きくなります。

必要な価値観をもつには

内発的価値観を高めるメカニズムを構築すること。つまり、医療や教育への無条件のアクセスや、十分な有給休暇や有給出産休暇、場合によればベーシックインカム（159ページ参照）などです。このような仕組みがあれば、皆が健康や子ども、老後の心配をすることなく物質的に質素な生活を送れます。

- 刑務所の環境をリハビリテーションに重点を置いた人道的なものにすること（160ページの刑務所についての議論を参照）。
- GDPのような指標の位置づけを格下げし、福祉など内発的価値に関連した指標にもっと注目する（第5章参照）。

- 株主利益を優先せずに利益を超えたビジネス目標がより重要になるビジネス環境を創造する。
- 青少年向けのプログラムや、従業員に通常の休日に加えて地域サービスのために活動する休日を提供することなどして、公共サービスや地域サービスを重視する。
- 子ども向け広告の制限や商業広告に与えられる補助金の廃止など、物質主義の広告を抑制する方法を検討する。
- 無用な価値観に訴えてまでして、議論に勝とうとしない。短期的には勝てるかもしれませんが、結局はオウンゴールになります。例えば、お金の節約のためにエネルギー消費量を減らすように人を説得するとします。すぐに行動を変えることができるかもしれませんが、より重要なことは、そうすることで、どんな行動もお金を中心に回っているという考えが強まってしまいます。次のステップを踏むことに金銭的価値を感じられなければ、そする理由が弱まってしまいます。同様に、製品の売上増だけを目的にした環境戦略を企業に売り込んでもうまくいきません。売り込む理由は、ためらわず「正しいことだから」でなければいけません。

個人レベルでは

- 必要な価値観について考え、話し、本を読むことに時間を費やす。そのようなコミュニティをつくってみることです。そうすることが自分にどのような意味があるか考えてみましょう。
- 批判的に注意深く消費する。広告、映画、ニュース、政治的発言の背後にある明示的・暗黙的なメッセージや動機を見極め、考えてみましょう。「この広告はあなたに何を信じさせようとしていると思いますか」などと質問することで、子どもたちにも同じやり方をみせてあげましょう。広告を見る回数を減らすようにしましょう。私の仏教徒の友人がいうように、心配りのある消費とは、何を食べ、飲み、吸うかというだけでなく、私たちが触れるすべての情報や経験にまで広くあてはまります[3]。
- 様々な人と触れ合う経験をすること。あなたが最も距離を感じて、最も共感できない人とも個人的に接触してみましょう。

message

富と所得の分布や刑務所の統計の議論を通じて、私のリストにある第一の価値をみてきました。第二の価値は、この本のあらゆるところに行き渡っていると思います。

ここ数年、客観的事実ではなく個人の感情や信念に訴えかけるポストトゥルースやフェイクニュースが世界を覆っていることを踏まえて、三つ目の価値である真実と信頼という重要問題を考えます。

より良く生きるためには、この能力を高めなければいけません。問題が複雑化し、情報と誤情報の両方が時には偶然に、また時には意図的にあふれています。私たちは嘘やニセ情報、フェイクニュースに騙されない能力を高めなければなりません。

大西洋の両岸では誤った方向に揺らいでいるようにみえます*2。その結果は近いうちに私たちに降りかかってくるでしょうが、長期的には正しい方向に揺れ戻しが来ることを願っています。

「真実」や「事実」は存在するか？

私が「真実」や「事実」という言葉を使っても気にならない方は、ここは飛ばしてもいいでしょう。

私がこの問いを取り上げ、かつこの言葉に括弧を付けたのは、私の考えに異を唱えてやろうと社会科学者やポストモダニストたちの軍団が待ち構えているのを恐れているからです。私は単なる実務家で、こうした哲学的議論に強い関心をもっているわけではありません。ですから、ここでは慎重に選んだいくつかの言葉で話しを終えられるよう切に願います。では、行ってみましょう。

事実というものは存在せず、私たち自身すらすべて想像の産物にすぎないのかもしれないと、私は考えています。しかし、私は、事実と真実によって形づくられた具体的な現実があるとして生きることを選びます。時には見分けがつきにくく、近似値にすぎないのかもしれませんが。人間の限られた理解力に比べれば世界は驚くほど複雑だと、私は思います。ありがたいことです。そうでなかったら、どれほどつまらないでしょう！　ですから、世界がどのように機能するかを理解するためにモデルをつくることは価値あることですが、一つの理解の枠組みを他の枠組みより優先させようとする場合には注意が必要です。だから、私はあらゆる原理主義、特に科学的原理主義には違和感を覚えます。社会学者が私の立場を表すラベルをつくるのであれば、私は「批判的現実主義」が最適だと思います。ただし、私は言葉だけの絶望的な議論が始まってしまうことを恐れつつ、この言葉を使っています。最近、ある社会学者と話をしたのですが、彼はこの言葉から、私には当てはまらない様々なことを連想してきました。あなたがレッテルを貼りたいのであれば、私を批判的現実主義者と呼んで構いませんが、ここで定義されたものに限ります。

要約すると、部分的な見解しか得られず見極めるのが難しいとしても、事実について考えることは役に立ちます。相対主義の虚無的な渦に沈みたければ、私と関係なくできますし、この先を読もうが読むまいが、その人にはたいした意味はないでしょう。

「真実」は個人的なものか？

この言葉を私がどのように使うかを明確にしておきたいと思います。というのも、特に社会学系には、少し違った意味で使う人が時々いるからです。ある人の真実と別の人の真実とを区別するようなことを、私はしません。あることが真実であれば、それは事実です。おしまい。そこに主観的なことや個人的なことはありません。けれども、真実をどうみるかはまったく別の話で、常に個人的です。ある人の見方は他の人よりも真実に近いかもしれませんし、単に違う角度からみているだけかもしれません。あるいは、どちらかが単に間違っているだけなのかもしれません。

例えば、誰かが「人為的な気候変動は起こっていない」といっているからといって、それが彼らの真実だといっても意味がありません。なぜなら、それは真実ではまったくないからです。事実は彼らが間違っているということです。その人たちは、証拠と一致しない真実の見方をしていて、それゆえに間違っています。

多くの場合、2人いれば1人ではできなかった真実の見方について教え合うことができます。それぞれが違う角度からみているからです。お互いに難しいのですが、より深く理解することが必要であることを考えれば、このような能力も身につけておきたいものです。一方が間違っていたとしても、なぜそうみているのかについて、とても興味深い理由があるのかもしれませんし、それを理解することもとても重要なのかもしれません。

なぜ真実に向かい合うことがこれまで以上に重要なのか？

状況がこれまで以上に複雑になっているからです。

世の中には偶然にせよ意図的にせよ、常にたくさんの誤情報があります。今は問題が複雑化しているので、これまでにないほど判断基準を高め、無意味なものを認めないようにしなければいけません。人新世においては、ジャーナリストや政治家、活動家、そして、事実を無視する友人たちさえも、一緒にやらなければ、なすべきことをするのはとても大変です。これまで以上に、私たちはできる限り状況把握する必要があります。故意や不注意でそうしない人や組織を容認してはいけません。

人類が人新世での不適切な対応から脱却するために必要なことを一つあげるとすれば、これまで以上に日常的に真実にこだわり続けることを世の中に広めることです。

真実の文化とは何か？

簡単にいえば、仕事で嘘をついたり意図的に誤解させようとしたりすれば、その人のキャリアが止まってしまうことを誰もが知っている世界のことです。さらにいえば、どちらかに偏ることなく、偽りの論争を起こすこともなく、議論のあらゆる有効な側面を認め、率直に語れるかどうかに信頼性が左右される文化なのです。このような文化があれば、私たちが切実に必要としていながら、得られていない明確な分析と議論が可能になります。そこから人新世に向うための適切で知的なアプローチが可能になります。このような文化であれば、例えば、シェールガスや原子力発電、温室効果ガス削減の賛否について、市民は誰を信用すればよいかが判断できます。

より真実のある文化をもつことはできるか？

過去にさかのぼれたのだから、未来に進むことも可能なはずです。

完璧ではありませんが、正しい方向に進むことは可能でしょう。最近、大西洋の両側では間違った方向によろめいていますが、文化的な真実へのこだわりは、実は状況によるのです。誰でも力を貸すことができるでしょう。努力は必要ですが、必要なことはまったく基本的なことです。

あなたが政治家かジャーナリストであれば、どうしてあなたたちがこのような事態を招いてしまったのかが容易にわかるでしょう。閣僚や議員、主流のニュースチャンネル、新聞社、ブロガーは真実を守るためにもっと良い仕事をするべきだと、他の人がいうのも悪くありません。けれども、私たち一人ひとりが状況を改善するために何ができるでしょうか？

真実の文化を広めるために、どうすればよいか？

ただ一つだけです。常に真実にこだわり続けることです。

基本的な四つの具体的提案があります。

(1) 自分の情報源が、できる限り真実を伝えているかよく考えてください。そうでなければ、情報源を変え、前の情報源にはその理由を伝えて、友人たちには、あなたがそうしたことを伝えてください。

(2) 一つだけでなく、複数の情報源をみてください。

(3) あなたにとって真実がどれほど重要かを選挙の候補者全員に伝えましょう。自分の基準に満たない人には投票しないことを、全員が基準に満たない場合には、より信頼できる人に投票することを候補者に伝えてください。

(4) どこに行っても、正直さの基準を上げましょう。ひどいことには放置しておくのではなく、立ち向かいましょう。不誠実なたわごとを広めるのは危険です。相手に過度の屈辱感を与えずに軌道修正の余地を残せるように優しい笑顔を保つことを心掛けましょう（そうすることで、殴られずにすむ場合もあります）。

(5) 最も難しいのは、自分自身に真実を伝えることです。正直なところ、私たちの誰でもそうすることが難しいと感じることはありますが、やらなければなりません。罪のない嘘というものは残念ながら存在しません。

ジャーナリストは真実を伝えるために何ができるか？

真実を主張してください。あなたがインタビューしている人が、嘘をついたり、誤った方向に印象操作しようとしたり、間違えたりしたことで世間を欺いたというはっきりした証拠がある場合にはどうすればよいでしょうか。あなたが謝罪して身を引くか、きちんと説明できるようになるか、あるいはその人が辞職するまで徹底的に追求することです。他のことに気をとられてはいけません。相手が嘘をついていたり、誤解を招いたり、明らかに間違っているとわかる場合には、解決するまでそのことだけを問題にしましょう。

不一致を明らかにしてください。二つの政策が互いに矛盾している場合、その点を明らかにして話題をそらないようにします。こんなふうに質問しましょう。「あなたはそれらが矛盾していることを理解していなかったのですか？　そうであれば、いったん離れて、考え直して、新たな考えをもって明確に立場を変えて戻って来られることを期待します。あるいは、あなたは実は知っていたということですか？　そうであるならば、あなたは公職にはふさわしくありません」

プライバシーを尊重してください。もちろん、無関係のことには首を突っ込まないという義務もあります。ラジオに出演して自分の人生について 100 %洗いざらい話したいと思う人はあまりいないでしょう。真実を話してもらえるということは、プライバシーが守られているということでもあります。

考えを変えた人を尊重してください。私たちにはこのことがもっと必要です。誰もがすべてわかっているわけではなく、寛容であることは奨励されるべきです。

同等でない二つの議論を同等に提示してはいけません。例えば、一部のニュースチャンネルは、既得権者から資金提供を受けている少数意見を、世界で最も尊敬されているほぼすべての科学者の意見と同等であるかのように紹介し、長年にわたって気候危機について私たちに大きな害を及ぼし、自らの評判をも落としてきました。既得権をもつ人たちが中心となって広めた少数意見は、そのような流れの中で考えなければいけません*3。

政治家に何ができるか？

当たり前のことですが、とにかく書いておきます。

自身の発言と精神の両方において**正直であることです。**同僚が誤解を与えた場合、たとえそれが自分の立場を支持するものであっても、黙っていてはいけません。政治家が同じ政治課題を共有しているからというだけで、同僚の不誠実な行為を容認しているのをみるとがっかりします。あなたがそうすれば、あなたもその一員です。それを問題として提起すれば、真実を重視する人々から尊敬されるでしょう。

どうすればうまくいくのか？　誰と何を信じればいいのか？

真実にあふれる文化は私たちを目指す社会へと導く方程式の片側です。もう片側は、何について誰を信頼できるか見極める能力を私たち全員が高めることです。正直であることはこの問題の大きな部分を占めますが、すべてではありません。あまりに多くの人たちが間違った人やメディアに多大な時間を割き、信じすぎています。

六つのテストを紹介します。最初の四つは、マネジメントトレーナーのティム・オコナーが開発した“Keys to Performance”という、個人の実行力を評価するモデルを参考にしています。

(1) **彼らは有能ですか？** 彼らは分析を行う十分な能力をもっていると思いますか？ 彼らはあなたが必要とする分野の知見をもっていますか？ 例えば、科学のトレーニングを受けていない人が、科学界のコンセンサスに疑問を投げかけるような場合には、気を付けなければいけません。

(2) **彼らには問題を理解するだけの時間やリソース、情報へのアクセスがありますか？**

(3) **彼らの動機は何ですか？** 彼らや組織には、人を特定の立場に向けさせようとする戦略的あるいは金銭的な利害関係がありますか？ 特定の関心をもつ人や企業や政府から、直接的または間接的に資金提供を受けていますか？ もしそうであれば、その仕事の独立性をどれだけ信頼できるか、よく考えてください。ここまでは動機の話ですが、心理的要因についても聞いてみましょう。彼らは、自分の立場を特定の位置に固定してしまい、考えを変えることが難しくなっていませんか？

気を付けなければいけない人として、ビジネスや政治的な利害関係を共有する一族が所有するメディアや、化石燃料産業が資金提供している研究機関、論争を呼ぶ意見をいって他では得られなかった知名度を獲得したジャーナリストや学者などがあげられます。

(4) **自己認識**。彼らは自分自身の感情的な反応や傾向、影響を振り返って理解する時間をとっていますか？ これは重要なことです。というのも、きちんと意識していなければ、これらのことが好むと好まざるとにかかわらず私たちを動かしてしまいます。意識していても動かされるかもしれませんが、少なくともより多くの選択肢が得られます。彼らは示された証拠や出来事について自分たちがどう考えたかを明らかにしていますか？ ある新聞が左派や右派あるいはその他の政治色を帯びている場合、どうしてそうなったのか新聞社自身はきちんと理解していますか？ もしそうであれば、その新聞社の経緯はあなたにとって理解できるものですか？

(5) **証拠が変わったときに彼らは考えを変えることができたでしょうか？** 彼らは過去の過ちをどのくらいしっかりと認めていますか？ 彼らには、自分たちの考えが成熟するにつれて立場を進化させてきたという実績がありますか？　人新世では何をすべきかについてすべて知っている人はいません。時に応じて考えを変えない人は、十分に考えてはいないのです。

(6)　**世間を欺こうとしたことがありますか？**　彼らが嘘をついたことがあるかというだけではありません。自分たちが知っているあらゆる証拠とは相反する見解を世間に広めようとしたことがあるかどうかということです。例えば、彼らはイギリスがEUを離脱したら国民健康保険の収入が週に3億5000万ポンド増えると国民に思わせようとしました。選挙民が専門家の意見に耳を傾けないように仕向けることもそうです。あるいは、たとえそれが正しい行動だと信じていたとしても、戦争の根拠を固めるために文書をでっち上げることもあります。明確な証拠があるにもかかわらず、集まった人数が実際よりも多いと国民に信じさせようとすることもそうです。もしあなたの情報源がこのようなことをしようとしていたら、もうそういうことはもうしなくなったという説得力のある証拠がみられない限り、その情報源は信用できません。

信頼してしまう悪い理由は何か？

- **その人は自信に満ちた口ぶりです。** 21世紀型の思考スキルを実践している人は、問題は複雑であり、まだ学ぶべきことがたくさんあることを理解しています。そういう人は躊躇しなければならないようなニュアンスを感じ取っています。
- **その人は決して考えを変えません。** 賢い人は変えることができます。
- **その人は簡単そうにいいます。** 単純かつ重要な情報を引き出して、物事を抽出し、理解するモデルをつくる技はありますが、私たちが直面している問題はすべからく単純ではありません。単純な答えは心地よいので、誰もがそれを求めてしまう危険性があります。
- **その人は気にしているといいます。** 証拠を探しましょう。
- **あなたはいつもこのメディアを読んでいますし、あなたの両親もそうです。** ほとんどの国で最も人気ある新聞は、真実を伝えてきた記録に乏しいものです。
- **その人はスマートな服装をしています。** 最高の思想家の中には、そのようなことを気にする人もいますが全員ではありません。そして、最悪の思想家の多くはそれを気にしすぎています。

・有名人です。この最後のポイントは、あまりにも明らかで書き留めておくこともないかもしれません。

この本に書かれていることを信じていいのか？

まさにあなたが尋ねるべき質問です。私が答えるのは難しいので、あなた自身にテストしてもらうことにしますが、以下のことを考えてください。

(1) 私にはこの本を書く能力があるでしょうか？ 私は自分がスペシャリストというよりはゼネラリストであることを認めます。けれども、まっとうな学術雑誌に論文を時々掲載し、気候危機に対処する企業の取組みを指導する仕事を行い、あなたも信頼するような人々にも支持された2冊の本を書くだけの科学的素養が私にはあります。この本の大部分は私自身の研究結果であり、その多くは査読付き論文として発表されたものです。

私は方々で仕事をしてきましたが、いろいろな角度から物事をみてきたので、本を書くときには、それが役に立っていると思います。私がやってきたことは、ほぼすべてがどこかでつながっています。簡単に自己紹介します。物理学士号取得、海外研修の指導員（あらゆる種類の学生が対象）、教師、専門能力開発トレーナー（土木作業見習いからトップマネージャーまで）、組織開発コンサルタント（オクスファム[*4]からコカ・コーラまであらゆる組織）、仏教コミュニティの一時的な住人、持続可能性コンサルタント（ハイテク企業から地域コミュニティグループまであらゆるところ）、リンゴ狩り、コールセンター労働者（ごく短期間）、プロダクトマネージャー（中国やウェールズなどでつくられたアウトドアキット）、フェアトレード衣類の輸入業者、低予算の旅行者、父親、学際的研究者、著者。この辺でやめておきましょう。私は細切れにたくさんやってきましたが、それらに基づいています。

(2) 時間、リソース、情報アクセス。5年の歳月が流れましたが、前作2冊の執筆中には、かなり熟考を重ねました。私はこれまで手を広げすぎて注意散漫になり、それが重荷となっていたことも事実です。インターンや有給スタッフなど多くの人が協力してくれましたし、意見を寄せてくれた人もたくさんいます。謝辞をご覧ください。

(3) 動機。この本は確かに私の生活の足しになるかもしれませんが、一般には本の執筆はお金を稼ぐためには最悪の方法なので、金銭的な既得権はないといえるでしょう。自己中心的な動機かもしれません。他の人と同じように、私も自己中心的になることに対する免疫はありません。

(4) 自己認識。少なくとも私はこの仕事をしているつもりです。

(5) 考えを変える能力の実績。そう、私には証明できる実績があると思います。例えば、前作の文章をいくつか読んで、自分の考えを改めました。

(6) 私が世間を欺こうとしたことはありますか？　思い当たりませんし、誰かが私にそのようなことを言ってきたとは思っていません。

---

1 価値観に関する節全体については、ベラジオ・イニシアチブが委託した論文の The future of Philanthropy and development in pursuit of human wellbeing（Tim Kasser, 2011: https://tinyurl.com/y7vuht95）と Common Cause: The Case for Working with our Cultural Values', Tom Crompton, 2010:
https://assets.wwf.org.uk/downloads/ common_cause_report.pdf を主に参考にしました。

2 カール・ロジャースは来談者中心療法の生みの親です。1954 年に出版された彼の著書 "On Becoming a Person" がセラピストに必要な三つの中核条件を示しています。この条件は、人がうまく共存するための中核条件と同じように当てはまります。
共感：お互いの立場で世界をみて、気持ちを理解し、気遣うことができる能力。
純粋さ：私たちが何を考え、何を感じ、どのように世界を見ているのかについての、地に足の着いた正直さ。
無条件の肯定的評価：殺人、児童虐待、テロリズムその他何であっても、その人が行ったこととはまったく関係なく、その人の本質的な価値を信じること。

3 20 年以上も前にこれを教えてくれたデイビッド・ブレイジャーに感謝します。彼はまた、カール・ロジャースが提唱した治療の三つの中核条件と、禅宗の哲学に概説されている苦しみからの解脱との間に、興味深い関連性を見出してくれました。これについては、彼の著書である "Zen Therapy"（Constable & Robinson, 2001）に示されています。

訳者注

*1 1994 年、アフリカのルワンダで多数派のフツ族が少数派のツチ族とフツ族の穏健派を攻撃した事件。ラジオ放送がフツ族をあおり、約 100 日の間に 50 万人から 100 万人が虐殺されたと推測されている。

*2 原著が執筆された当時、アメリカはトランプ政権であり、イギリスは EU を離脱した。

*3 アメリカでは化石燃料産業から資金提供を受けたシンクタンクが地球温暖化に懐疑的なレポートを多数作成し、それを保守系メディアが繰り返し報道してきた。

*4 イギリスの大手 NGO。

9　思考スキル

私たちがつくり出した状況に対して、より効果的に対処するための考え方を早急に身につけることがいかに重要であるかをここまでみてきました。必要なのは、壊れかねない地球上に巨大な人間の力とテクノロジーがあるという 21 世紀の状況に合う思考スキルと習慣です。私たちが行うあらゆることが世界規模で相互につながっていることをみてきました。これまでの私たちの考え方が、私たちがこれからもより良く生きていくために役立つ考え方とは違っているかもしれないということは、驚くようなことではありません。何千年もの間、巨大で頑丈な世界で発展してきた頭脳のスキルは、今、私たちが乗っている小さくデリケートな宇宙船でうまくやるためのスキルとは違うのです。

21 世紀に必要な新しい考え方とは？

直ちに向上させなければならない八つの思考の次元を紹介します。とはいえ、これは必要な考え方の全部を並べたリストではなく、緊急に改善しなければならないものだけです。このテーマに関する最初の言葉でも最後の言葉でもありません。これまでにみてきた問題の性質と、どのように対応すべきかを根拠に基づいて、私が考えたリストです。魔法の弾丸を求めているのではなく、この 8 分野を検討してもらいたいだけです。欠落しているところがあれば、そこを議論するのではなく、それが出発点になればいいと思います。改善の余地があることは承知しています。ご提案やもっと良いリストがあれば、mike@theresnoplanetb.net までお送りください。

自分がこのようなスキルセットの達人だといいたいわけでは決してありませんが、誰もができる限り開発していくべきだと思うウィッシュリストです[1]。

(1)　大局的視点。直面しているのはグローバルな問題ですから、考え方もグローバルでなければいけません。買うものや、することのほとんどにグローバルなサプライチェーンがあり、世界中に波紋が広がっていることを、この本で繰り返し示してきました。直接、目で見ることはまずありませんが、耳を傾ける必要があります。地球規模のシステムの中では、グローバルな視点が正しく保たれていない限り、どこかで小さな良い行いがなされても、他の場所でたいてい元に戻ってしまうこともみてきました。

(2) **グローバルな共感。**1000年前には、まったく要らなかったスキルかもしれません。しかし今では、私たちの日常生活が、地球の反対側に住んでいてこれからも会うことのない人々の生活にも影響を与えます。それは、好むと好まざるとにかかわらず、私たち全員に当てはまります。私たちの影響力の輪が地球規模である以上、関心の輪も地球規模でなければなりません。私たち全員に当てはまることですが、そのような考え方に慣れている人はあまりいません。そして、彼らも私たちに影響を与えます。私たちが属する「種」という感覚が全世界に広がらなければ、非常に厄介な時間を過ごすことになるでしょう。逆に、もっと小さな種族に属していると思うこともあります。家族や地域社会、職場、国家、あるいはスポーツチームまで、さまざまな場所があります。私たちはすべての場所で、自分が何者であるか、何に属しているかを認識します。しかし、1日の終わりには、私たち全員がともに地球種族であることを思い出さなければいけません。頭と心を使って、一緒にいるという考えをもつのです。なぜなら、それが私たちすべてが生きていく唯一の道だからです。そうではなくて、魅力的ではありますが時代にそぐわない考えとして、自分たちの小種族が勝ち逃げできるもしれないという考え方もあります。この伝統的な戦略がもはや通用しないのは、私たちの力に比べて世界が脆弱になればなるほど、人々の間の不調和がますます大きな影響を及ぼすからです。その気になれば、ほんの少数の人がみんなの一団を台無しにできるでしょう。それが私たちのつくってきた世界であり、私たちはその中でどう生きていくかを学ばなければいけません。

つまり、世界のどこかで人が吹き飛ばされても、私たちの街でそれが起きたのと同じくらい重要でなければならないということです。5,000マイル離れた場所にある低賃金工場についても、自分の町にあるのと同じように感じられなければなりません。学校で繰り返される子どもたちの殺害にも、世界のまったく別の場所で起こる同じ出来事にも、私たちの文化の中でまったく同じ苦痛を感じなければいけません。

(3) **未来思考。**より遠い未来に目を向けるべきだという意見は、グローバルな共感力を高めるべきだという意見と同じです。私たちの関心の輪は私たちの影響の輪と同じでなければなりません。そうでなければ無責任な影響が広がり、それが及ぶ場所をダメにしてしまいます。これまでみてきたところ、ほとんどの政策立案者には4年や5年の改選期間を超えて物事を考えることは難しいようです。それが任期と同じだからかもしません。また、たいていの人々は40年以上先の出来事に興奮することはできません。この本の読者が自分の余命として考える平均的な年数は40年だからでしょう。しかし、私たちの子どもたちは、それより先のことを考えて行動しなければなりません。80年後の気候変動は40年後の何倍にもなっているでしょう。私はとっくにいなくなってしまうでしょうが、子どもたちはそうならないと思います。私がこの世を去るとき、私の子どもたちは私の世代が何をしたか考えるでしょう。自分たちが壊してしまったことを子どもたちに悟られながら壊れゆく世界を見たいとは思わないでしょう。そのように考えるだけで、80年後の視点に切り替えることができるはずです。やってみる価値はあります。

(4) **シンプルな、小さな、地元のものへの感謝**。落ち着いて身の回りの人や物を味わうスキルです。世界について驚きの感覚を得るこれまでと違った方法です。より大きく、より速く、より新しく、よりワイルドなものをどんどん取り入れて自分を麻痺させるのではなく、今あるものに気づくのです。シンプルな感謝のスキルです。私たちの世界はとめどなく加速していますが、これに対処するのに不可欠な解毒剤です。私たちやすべての生物に害を及ぼすことがわかっているものを成長させないことに、心から満足できる思考スキルです。私たちはもはや全体としての活動を拡大することはできないので、すでに目の前にあるものに感謝できなければいけません。より多くを得て、より多くを買い、より多くをして、より遠くへ飛んでも、そうしていることにしっかり気づかないのでは意味がありません。満足のスキルです。「もう十分」と心から思えるようになるためのスキルです。

(5) **自己分析**。感謝と密接な関係にあるのが、自分自身の経験に気づく能力です。自分がどのように反応し、どう感じたかを見極め、動機をよく理解して、盲目的に行動しないようにすることです。自己分析によって自分を客観的にみることができます。自分自身を理解することで世界を理解します。自分の欠点を許すことで、欠点にもっと上手に対処できるようになります。感謝と同じように、少しペースを落とすことが必要です。

自己分析も真実に関係する二つの思考スキルの最初のものです。自分の考えが証拠と矛盾するときや、何らかの理由で正しいとはいえないものに固執している場合などに、考えを改めるときが来たと気づく謙虚さと広い心をもたらします。誰も答えを知らず、進むべき道を模索している世界では、正当な理由で考えを変えられる能力は弱点ではなく強みです。少なくとも政治家はそうあってしかるべきです。

(6) **批判的思考**。2番目の真実の思考スキルで、誰と何を信頼すべきかについて根拠ある判断を下す能力です。何がいわれているかについてや、言葉の背後にある動機や価値観、適格性は何かについて、注意深く質問する力も該当します。自己分析は自分自身の脆弱性や感受性を評価する能力ですが、批判的思考はこれと相まって、ますます複雑化するメディアや、主張と反論にあふれる政治の海の中で、事実と反論を見分ける能力を与えてくれます。私たちが見たり聞いたりするすべてのものを、一歩下がってその前後関係や見通しを見極めるスキルです。そうしたいという動機と相まってフェイクニュースの流れを止めることができる、他のどんなスキルよりも重要なスキルです。このスキルがあれば、メディアや政治家を、より高いレベルに引き上げることができます。

(7) **複雑で込み入った思考**。私たちはこれまで以上に複雑で込み入った世界をつくり出してきたので、思考能力もそれに合わせて高めなければなりません。たった一つの国でもエネルギーミックスを解決しようとすると、複雑さが急拡大することに触れてきました。気候変動、エネルギー安全保障、世界食料供給、そのほか物理的課題のどれもが単独では取り組めないことがわかりました。私たちは、それぞれのパズルの小さな部分の相互依存関係を理解しながら、そこに潜んで拡大する技術的課題に対処しなければいけません。

(8) **視線の融合**。工学、自然科学、社会学、哲学、神学、政治、芸術、文学のどれもそれだけでは人新世には対処できません。すべてがタバになってもバラバラならば十分ではありません。どんなに困難にみえても、融合されなければだめです。優秀な技術者でも科学は人生に対する一つの視点にすぎないことをわからなければなりません。科学はあるところまでは有用ですが、それだけでは絶望的に還元主義的であり不十分です。科学は守備範囲内で完全な説明をしますが、ありがたいことに、存在というものは科学がヒントを出すことさえできないほど何億倍も豊かです。心理学者は問題

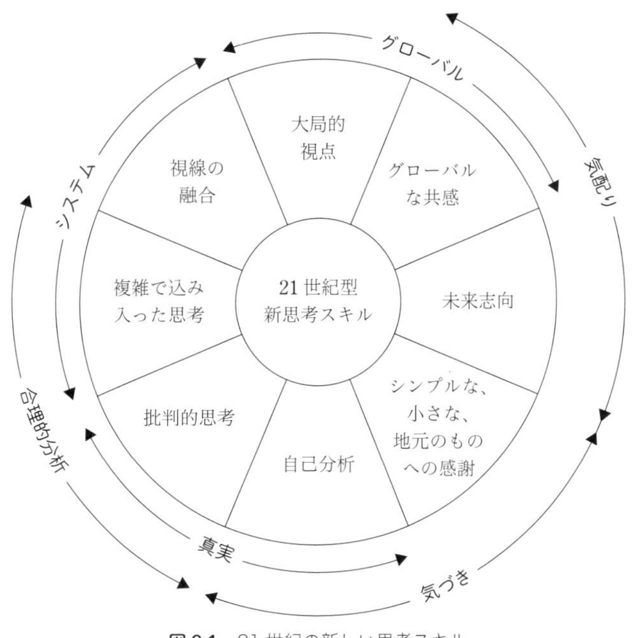

図 9.1 21 世紀の新しい思考スキル

に取り組む手助けはしてくれますが、どのような実践的行動が助けになるかは教えてくれません。芸術、哲学、精神論だけでは世界を養うことも、生物圏を保全することも、パンデミックを防ぐこともできません。視線を合わせるということは、学術と実務を組み合わせることだけではありません。私たちが認識しているあらゆる領域を結合させることです。科学的な思考を尊重するだけでなく、時には合理的な分析を妨げる内なる声を圧倒しようとする力にも挑みます[2]。難しいですが、必要不可欠です。

これらが、これから成長していくために最も必要だと私が考えたスキルの図です（図 9.1）。小さなモデルです。このリストを読み返すのは私でも大変です。というのも、私が提案しているスキルの中には、自分がとても苦手なものもあるからです。やることはたくさんあります。このリストが気に入ったら、学校や政治家、職場などの評価にももちろん利用できます。評価基準のすべてではないかもしれませんが、だいたいのところは示しているでしょう。

21 世紀型の思考スキルはどうすれば得られるのか？

すべてのスキルに共通ですが、練習に尽きます。**大局的観点**は、火星から眺めているつもりで、一歩下がって時を過ごすだけで身につきます。物事がどう組み合わさって、世界にどのような意味をもつかみえてきませんか？ **グローバルな共感**は、地球の反対側にいて文化的にまったく異なる人々の生活がどのようなものかを読んだり、見たり、体験したりすることです。可能であれば他国の人たちと交わってください。環境負荷はあるのですが、旅に出るのもいいでしょう。その場合、自分の国の生活と似たような場所に留まって、せっかくの経験を無駄にしてしまっては意味がありません。見たり体験したりするのであれば、どっぷり浸かることが大事です。**未来思考**とは次世代を考えることです。小さなものへの**感謝**と**自己分析**は、驚くほど簡単そうですが難しいです。立ち止まって、時間をかけて意識します。今や専門用語になってしまったことに抵抗もあるのですが、マインドフルネスはこれを表す良い言葉だと思います（ちなみに私自身は絶望的です）。**批判的思考**は情報源について鋭い質問をすることから始まります。186ページに、とても簡単なガイドラインを紹介しました。基本的なことかもしれませんが、誰もがニュースソースを選ぶ前にこのガイドラインを使うようになったら、世界はすぐにもっと良くなるでしょう。**複雑で込み入った思考**は古き良き時代からの難解な頭脳ゲームで、私たちは常にその能力を高めてきました。これからもっと上達しなければいけません。単純ではないからと大切なことから逃げてしまいたくなる誘惑には逆らいましょう。**視線の融合**は、居心地の良い場所から立ち上がってみることです。あらゆる分野でうまくやらなければいけないというプレッシャーを感じる必要はありません。取り組むだけで十分です。あなたが科学者かハイテク企業で働く人であれば、少なくても時々は職場の思考の泡の外で過ごすようにしましょう。最初の一歩は、思考の泡があることに気づくことなのかもしれません（外側の人にはすでに明らかです）。物語や感情、人間性など、人が完璧にコントロールできない危険で怖い世界に入ってみましょう。時にはテクノスフィア（技術圏）から離れてみましょう。あなたがアーティストかジャーナリスト、政治家なら、実際に起きている科学技術課題や可能性について、科学的にしっかり理解してください。何であれ、自分の領域から抜け出してみるのです。あなたが学者なら他の人にも理解できる言葉を使って、あなたの世界にうまく足を踏み入れられるようにしましょう。あなたが誰であっても自分の専門分野を超えて、他の人も同じことができるように手助けしてください。

これらのスキルを身につけるには、練習が必要です。そうです。スキルを一つ選びます。10分かけて、考えるか、話すか、読むか、書いてみましょう。今すぐにでしょうか？　もちろん、あなた次第です。

この本に宗教やスピリチュアルなことはあるか？

価値観の問題と同様、私は実用本位で取り組んでいます。スピリチュアルな信仰やコミュニティ、実践は21世紀の私たちの繁栄を可能にしてくれるでしょうか。それがなければ私たちは海に沈んでしまうでしょうか？　何が真実で何が真実でないかについて話すつもりはありません。すでに明らかにしたように、私たちの理解能力の小ささに比べて世界は複雑な場所なので、人生を理解する方法を選ぶときは慎重になるべきだと考えています。もちろん、他の人が不寛容であるとき以外は寛容であるべきです。それ以上に、異なる物の見方には好奇心をもち、敬意を払い、今の自分の枠組みではできない物の見方もできるようになるかもしれないという考えに心を開くことは理にかなっています。

シリコンバレーをはじめとするテクノスフィアで人と会う中で、世界が気候変動に取り組まない大きな理由が宗教にあると何度も聞かされてきました。原理主義者の訳の分からない言動が気候変動の証拠から人々を遠ざけているのだと聞いています。世界の歴史が6,000年に満たないのだから、人為的な気候変動はありえないと聞かされるのは不愉快であるという点で、彼らの主張は理解できます[*1]。また、宗教が新自由主義的、個人主義的、極端な強欲主義的、さらにはテロリスト的な目的のためにねじ曲げられ、本来の理念とはまったく異なるものになってしまった例も確かにあります。一方で、気候変動に関して、信仰やスピリチュアリティに基づくさまざまなコミュニティから、非常に優れた考えや行動も生まれています。私たちは「自分よりも大きな問題」に対処するためには、科学のレンズだけを使うことは不適切であることも分かっています[3]。

例えば、仏教は相互依存と慈悲に焦点を当てているので、地球規模の問題に対処するのに役立つはずです。この相互依存の考えは、物理的な領域をはるかに超え、存在のあらゆる側面に及んでいるので、この本で必要性を述べてきた専門分野を結合させる代替言語になっています。実践という意味でもマインドフルネスは、私が述べている21世紀型の思考スキルを身につける良いトレーニングになるでしょう[4]。

私は修行者ではありませんが仏教を例としてあげたのは、その哲学が私の心に

9

思考スキル

響いたからです。けれども、他のスピリチュアルな修行より優れているというつもりもありません。世界の信仰やスピリチュアリティを基盤としたコミュニティや指導者たちは、地球上の生命を繁栄させる生き方を進めていて、私たちがより良く生きるために、コミュニティに必要な大きく幅広い視点で見ることができるように人々を支援しています。

スピリチュアリティは、その言葉を口にするのもためらわれるほど流行らない時代になってしまいました。しかし、過去数十年の還元主義的で科学技術に支配される傾向も昨日までの時代遅れの考え方になり、今こそ再評価されなければなりません。科学的に証明できないものを嘲笑することは、もはや賢いやり方ではありません。科学は内部では一貫性のある論理的枠組みですが、それだけでは私たちは間違った場所に行ってしまいます。行動は説明できても、直観は説明できず、不完全で不十分な生活の枠組みを与えてしまいます。これだけははっきりしています。少なくとも私は十分語りました。この非常に重たいテーマについて、私にはこれ以上語る資格はありません。

---

1 お気づきでしょうが、私がいいたいのは「私の欠点を厳しく批判しないでください」ということです。私もあなたに同じように接しますから。

2 ジョナサン・ラーソンの“Spiritualise”第2版（https://tinyurl.com/spiritualise）では、様々な視点から見ることの重要性がより明確に述べられています。Perspectiva（www.systems-souls-society.com/）は、彼が2015年にトーマス・ビヨルクマンと共同で設立した組織で、この方向で興味深い実験を行っています。

3 トム・コンプトンが2010年にWWFなどに提出したレポート“Common Cause: the Case for Working with our Cultural Values”で述べた言葉です。一読の価値があります。個人主義的な動機に訴えても、自分自身より大きな問題は解決できません。つまり、二酸化炭素を削減してお金を節約できるように設定するだけでは、気候変動に対処することはできません。むしろ、お金こそが最も重要であるという個人主義的な価値観を強めてしまい、事態を悪化させるかもしれません（https://tinyurl.com/68qrwdo）。トム、これがかなり乱暴なまとめ方だとしたら、ごめんなさい。私はたくさんの細かい点を見逃してきましたし、WWFなどが短い文章ではなく報告書を求めたのには訳があります。

4 1990年代に禅とチベット仏教について多くの議論を交わしたデイビッド・ブレイジャーに感謝します。また、彼のわかりやすく魅力的な著書“Zen Therapy”（Constable & Robinson, 2001）は、特に禅の哲学や実践と、心理療法士カール・ロジャースの考えとの類似性を明らかにしています。禅の哲学では、苦しみの三つの原因は貪欲と憎悪、迷いであると大まかに訳しています。これらは、すべての存在が相互依存していることを見失った人を表していて、そのような人たちは自分自身を孤高の存在として扱う傾向があります。そうなると、人は自分自身に良いと思われるものには貪欲になり、そうでないものには憎しみを抱き、自分の考えを混同し、妄想します。苦しみの根源には解毒剤がありますが、これらはカール・ロジャースがいう治療関係の三つの中核条件にぴたりと当てはまります。セラピストの助けとなる**共感、純粋さ、無条件の肯定的配慮**です。欲の解毒剤は無条件の肯定的配慮です。欲に苦しむ人が最も必要としているのは、その人がどんな醜い欲をもっていようと、ありのままに受け入れてもらうことです。その人が怒り（憎しみ）を抱いているのなら、求めているのは共感であり、理解されることです。もし妄想しているのなら、必要としているのは、あなたの現実に向かい合う態度と真実です。非常に興味深く、この本で取り上げられている課題に強い示唆を与えます。もっと書きたいのですが、ここは注です。最後に、ロジャーズの中核条件は、私が示した八つの思考スキルに強く表れています。

訳者注

＊1　天地創造が6000年前に6日間でなされたという創造論を信奉し、ダーウィンの進化論を強く否定するキリスト教原理主義者が現在もアメリカに多数存在する。

10 抗　議

抗議は必要か？

何十年も丁寧に要請してきましたが何も得られないままに、本格的な非常事態に直面してしまいました。私たちは変化しなければいけません。しかも今でなければなりません。正しい抗議活動が必要であるなら、私たちは行うべきです。

私は街頭に立つことに本能的な喜びを感じる人間としてこの文章を書いているわけではないのですが、深刻な時代になりました。適切な抗議活動には明らかに効果があるという説得力のある証拠があります。2019年にイギリスは炭素目標を「2050年までにネットゼロ」に強化しました。十分ではありませんが、正しい方向に向かう大きな一歩です。それを可能にした政治空間は、グレタ・トゥンベリや学校の生徒たち一群そして「絶滅の反乱（Extinction Rebellion, XR）」などの抗議者たちによって少なからず切り開かれました。私はハイテク大企業、投資銀行、エネルギー企業、航空会社など多くの企業と仕事をしてきましたが、このような率直かつ非暴力の直接活動の結果、そのわずか18カ月前には考えられなかったことを役員室で話せるようになりました。

必要なのは特別な抗議活動です。世界中、特にイギリスで、XRは信じられないほど素晴らしい活動をしてきたと思います。彼らはとても輝いていました。おそらく今の世界で楽観的になれる最大の要素でしょう。

彼らは完璧ではありませんが、そこまで期待すべきでもありません。彼らは間違いを犯し、代償も払いましたが、たいていは素早く学んできました。XRを批判する人は、必要なシステム変更をもたらすには、彼らが行っていることよりも効果的なゲームプランとして何があるかをまず明らかにする必要があります。XRはすべてに答えられるわけではありませんが、プリモ・レーヴィの小説“今でなければ、いつ？”に登場するパルチザンの言葉を借りれば、「この方法でなければどのようにして、今でなければいつ？」ということです。彼らに感謝しなければなりません。

XRの魔法は何だったのか？

価値観、プロセス、ロールモデル、積極性、そして迅速な学習に集約されます。

私にとって最も重要なことは、XRがこの本で私が呼びかけている三つの中核的価値観を声高に主張してくれたことです。2019年4月のロンドンでの抗議活動では、すべての人を尊重するように拡声器で呼びかけていました。当局、政府、一般市民、お互い、石油会社など、すべての人々です。ウォータールー橋でのシュールな光景の中で、警察は潮騒のような叫び声を聞いてバランスを崩していました。「警察のみなさん、私たちはあなたを愛しています。私たちは子どものためにやっています」警察が彼らを車に乗せて連行したときでした。もちろん、XRの名前が示すように、彼らは確かにすべての生物種の保存を主張しています。彼らは真実を強く訴えていました。

XRは食べごろになったより良い世界を味あわせてくれました。ウォータールー橋に木を運びました。無料で食事を提供し、おもしろい話をし、図書館やスケートボードパークまで用意してくれました。音楽があって楽しかったです。彼らは空気をきれいにしました。彼らは誰にでも親切にして、礼儀知らずの人が何人かいても、それに応えました。自分のごみだけでなく、近くに落ちているごみも拾いました。抗議活動の周辺では、アルコールや薬物の使用を禁止しました。透明で包括的な民主的プロセスを運営し、すべての決定について討論と投票を行い、自らが求める民主プロセスの進化をモデルとしました。彼らは誰に対しても親切で、交通量が減ったことで空気がきれいになっただけでなく、気持ちも優しくなりました。混乱を招いたときは、敬意を払って謝罪しました。「ご迷惑をおかけして本当に申し訳ありませんが、環境の緊急事態であり、すぐに大きな変化を起こさなければならないのです」彼らは逮捕されることも覚悟していました。

彼らは失敗しても、すぐに学びました。失敗とはなんでしょうか？　私は次のように考えます。

- 特定の政治家をターゲットにしました（ジェレミー・コービン[*1]の家に押しかけました）。
- シェル石油のビルに落書きをしました（人に向けられたものではないにしても、非暴力の精神に反します）。
- 地下鉄の車両の上に飛び乗りました（緑のインフラを壊すのは間違った戦いです）。
- スポークスマンが科学的根拠を逸脱した発言をすることが時にありました。科学的真実を尊重するという原則に反します。
- 2025年までにゼロカーボンを達成するといいながら、その方法について何の考えもないことは彼らの信頼性を低下させました。しかし、これは些細な問題です。

見方を変えれば、大規模で包括的な組織にしてはかなり短いエラーリストです。

抗議の次なる進化とは？

XRの活動をより効果的にするにはどうしたらよいかを謙虚に考えてみました。私の考えは以下の通りです。

(1) 環境危機に関する科学的真実だけでなく、もっと幅広く真実を求める声を上げて、公共の場における真実の基準を引き上げる。

(2) 破壊的ではなく肯定的な活動を選ぶ。想像するまでもなくより良い世界の雰囲気を提供することです。例えば、貧しい地域で持続可能な美味しいストリートフードを無料で提供したり、地区清掃を行ったりすることです。そうすれば、XRがすべての人を大切にし、より良い世界のために活動していることをアピールできます。そうすることで混乱が起きたときには、XRが破壊的ではなく、ポジティブな活動であると人々に理解されるでしょう。

(3) 活動の幅を広げる。あらゆる種類の企業も含めて社会のあらゆる層に敬意を払い、関わることです。ビジネスを行っている人々には敬意を払います。たとえそのビジネスが役に立たないものであっても、不誠実であったとしてもです。マンデラやガンジーのように、誰に対しても真の敬意を払うことが秘訣です。

(4) 誰でもすぐにためらいなくXRの支援を始められるように、参入障壁を下げる方法を模索する。ショッピング中や運転中でもXRをサポートできる方法を示したりすることが考えられます。

(5) 気候変動に関する市民集会*2のような熟議型民主主義のプロセスや試みを引き続き推進する。

(6) 失敗したときやその後の学習プロセスも正直に公表する。そうすれば、失敗したときには何をすべきかが示されます。これはとても大切なことで、政治家やビジネスリーダーのほぼ全員が環境に関して大きな間違いを犯しているので、学んで変化することが許されなければならないからです。

子どもたちも抗議するべきか？

若い世代は親世代よりも物事を素直に見て言うことができます。心が健全な子どもたちを望むのであれば、彼らには見たままの世界の課題に対応させる必要があります。生徒たちはストライキで大きな役割を果たしています。

子どもたちがいうとおり、気候危機を訴える仕事は彼らに任せるべきではありませんでした。しかし、私たちの世代はその基準に達することがなく、彼らが私たちに行いを改めることを求めたことに対して謙虚に感謝するべきです。なぜ彼らは、親や先生よりはっきりと物事をみていうことができるのでしょうか。彼らの未来が私たちの未来よりも大切だからというのが一つの理由です。もう一つは、彼らが私たちのように何十年にもわたって、混乱した心理的不調和を経験しながら生きてこなかったからでしょう。これまでの人生で、科学は私たちに地球をもっと大切にするようにいってきましたが、社会は私たちを反対の方向に押しやりました。社会全体が人新世にそぐわない生き方をしていて、私たちの生き方と必要な生き方との不一致を覆い隠す霧にずっと覆われてきました。J.R.R. トールキンの代表的三部作『指輪物語』に登場するゴラムがいいます。「われわれはパンの味を忘れた…木の音も…風の柔らかさも…」しかし、子どもたちは断絶をよくみることができます。彼らは澄んだ目で見て、王様が服を着ていなければ素直にそういいます。グレタ・トゥンベリには多くの素晴らしい才能があります。彼女の若さはその一つにすぎず、その才能によって気候危機に関して世界で最も明確な声を発することができました。

訳者注

＊1　当時の労働党党首。

＊2　2019 年にイギリス下院が気候変動について議論するために市民を招集して行った会議。

11　大きめのまとめ

人類の力が強まり、人新世に突入しました。

　私たちが生きている中での最近の大変化です。私たちがどうしているかを再評価することが求められています。もはや地球は私たちの活動に耐えられません。振り返れば、残された生態系は日に日に壊れやすくなっています。人類は予測可能な未来のために拡大しない方法を学ばなければなりません。当分の間、大宇宙旅行などすることはないでしょうから、惑星Aを最大限に利用しなければなりません。幸運にもまだ素晴らしい惑星です。

私たちはより良く暮らすことができます。

　しかし、このままでは一連の環境危機が非常に深刻な形で、おそらくかなり近いうちに私たちを転覆させてしまう恐れがあります。脅威の中には、私たちがよく理解しているものもあります。

　私たちが直面している人新世の課題の中でも、よく理解されているのが気候変動です。これまでは、技術的な解決策を推進することに多くの労力が費やされてきました。しかし、適切な技術は要らないというわけではありませんが、それだけでは私たちの助けになりません。少しもなりません。

必要な低炭素技術は順調に進歩していますが、それだけでは助けになりません。

　他にも食料、土地、海に様々な危機が迫っていて、乗り越えなければなりません。技術だけではどれも解決できません。変化を起こせる最大のハンドルは、食生活、人口、平等、廃棄物、土地や海に対する考えや取組みといった社会的なものです。バイオ燃料は使ってはいけません。

人新世の課題は地球規模かつ構造的で、無視できないほど絡み合っています。

　これまでのところ、どれだけ話し合っても、人類は温室効果ガス排出に対して影響力をまったく行使できませんでした。人間に力がないということではなく、正しいスイッチがまだ押されていないことを認識しなければいけません。ほとんどの政策立案で、地球レベルの力学がどう作用しているかが適切に考慮されず、その結果、何が必要かについて不適切に判断されたり、まったく無視されたりしてきました。

問題からもっと身を引いて、より時間を長くとる必要があります。

これまでの思考や意思決定の方法は、今の課題には不適切であることが証明されていて、同じことを繰り返してもうまくいかないことは明らかになっています。視点や道筋を変えるには、もっと時間をかける必要があります。望ましい未来のビジョンを描くことにもっと時間を割くべきで、その作業は現実的ですが胸もときめきます。

21 世紀にふさわしい新しい経済システムが必要です。

成長、雇用、投資、技術、富の分配、使われる指標、市場などの役割を最初から考えなければいけません。そこには、概念自体の再構築もあって、ビジネスにとってはかなり挑戦的なメッセージと機会になるでしょう。

ある種類の成長は良いのですが、そうでないものもあります。

環境影響は縮小しなければなりません。成功の尺度として GDP はもはや有害です。できるだけ早く強化しなければならないのは、グローバルな共感、保全、多様性、あらゆる生物の生活の質、そして人新世を生き抜く思考能力です。

すべての人、地球、そして真実を尊重するグローバルに共有された価値観が必要です。

文化的価値観と経済枠組みは互いに強化し合います。価値観はゆっくり育てることができます。

少なくとも八つの観点から思考スキルと習慣を身につけることが急務です。

大局的視点、視線の融合、未来思考、批判的思考、複雑で込み入った思考、自己分析、グローバルな共感と、私たちが住むこの美しい世界で、ささやかなことまでより良く理解することです。

12　何ができるか

問題はまったく地球規模なのに、一人ひとりはあまりに小さく、安心して生きていけるようにするために個人ができることなど何もないと考えたくなるかもしれません。それは間違いです。言い逃れです。人新世の課題を人間が否定する一形態です。このようなグローバルでシステマティックな状況は、個人、組織、そして国家の役割に大きな影響を及ぼします。断片的な行動が直接的利益をもたらしても、体系的な調整を行うとそれまで得られた利益が完璧に吹き飛んでしまうかもしれません。だからこそ、あらゆる行動をより大きなゲームの一部として捉えなければいけません。

個人が自分の役割について、これまでとは違う考え方をする必要があるのです。私たちが求めているのは体系的変化です。私たち一人ひとりが、次のように問いかけるべきなのです。

見たい世界を実現させる条件を整えるにはどうしたらよいか？

「どうすれば持続可能な生活ができるか」という問いも、この問いの一部ではあるのですが、さらに深い問いです。

この本に、具体的なアイデアを盛り込みましたが、箇条書きに要約したものを示します。

- 見たい世界をじっくり思い描きましょう。ビジョンを共有して、そのために生きます。
- 21世紀の八つの思考習慣とスキルをできる限り身につけましょう。子どもたちにも勧めてください。
- 誰と何を信じるかを選択するときには、できる限りよくみて、批判的になりましょう。あらゆる場所で真実を述べてください。そうしない政治家や会社、メディアソースを拒否しましょう。彼らに、あなたがやっていることを伝えてください。
- これらの習慣やスキルを発揮している政治家を支持しましょう。そうでない政治家は排除してください。両者の違いを見極めてください。
- あらゆるところで影響力を行使してください。投票所で、職場で、そしておそらく最も難しいことですが、家族や友人を疎外することなく、あらゆる社会状況の中で行ってください。私たちの多くは他の人と同じように過ごしたいと思っているので、より良い世界のために立ち上がれば、他の人も同じようなことをしやすくなるということを覚えてください。

・お金の投資は、一つの未来あるいは別の未来を支援することになることを忘れないでください。化石燃料を使用しない会社を支援する積極的な銀行や年金制度を選びましょう。

・できる限り持続可能な消費を行い、自分の生活をより良くする方法を見つけましょう。二酸化炭素排出量を削減する主要な四つの方法を簡単にまとめました。

(1) 車や飛行機の利用を減らす。

(2) 家庭の正味エネルギー消費量を削減する。可能であれば化石燃料からの切替えや、断熱材やヒートポンプ、ソーラーパネルの設置などを行います。

(3) 肉や乳製品の消費を減らし、廃棄物も減らす。みんながビーガンになる必要はありませんし、一気にやることもないのですが、肉と乳製品の消費量を2020年のレベルから80〜90%削減することがおそらく必要であり、2030年までにそれができれば素晴らしいです。

(4) 消費量を減らし、感謝の気持ちを伝える方法を見つける。買うものを減らし、長く使います。中古品を売買し、修理してもらいます。もっと借りて共有しましょう。サプライチェーンを知り、より良い世界のために活動している組織にお金を使いましょう(2020年に改訂版が出版された私の最初の本“How Bad Are Bananas? The Carbon Footprint of Everything”には、カーボン・フットプリントを削減する詳細な方法が収録されています)。

・自分の欠点を責めたり、自分を追い詰めたりしない。自分は偽善者かもしれないと考えて、できることをするのを躊躇しないでください。挑戦的な基準を設定して挫折する方が、やる前にあきらめるよりずっと良いのです。

・最後に、今回の危機的状況を踏まえて、たとえ自分が生粋の抗議活動家だとは思わなくても、今が始めるべきときなのかどうか、始めるとしたらどうすれば最大限の効果が得られるかを、慎重に考えてください。もちろん、非常に個人的な判断です(私の場合は、第10章で示した資質を備え、第8章で求めた価値観から行う正しい種類の抗議活動であれば、答えは明らかにイエスです)。

足りない質問はあるか？　間違った答えはあるか？

プロセスに参加してください。不足している質問や回答をここに追加してください。www.theresnoplanetb.net

私は人新世で生命が繁栄していくために最も大切で役に立つ質問をすべて投げかけて、それに答え、読者が何をすべきかを考える手助けになることを目指しました。けれども、多くの人の協力があったとしても、明らかに不可能でした。最も欠けていたのは何でしょうか？　また、私(たち)が間違っていたと思えるところは何でしょうか？

このプロジェクトは、決して一人で行うものではありません。私が一人ですべてを解決しようとすることはありません。求められているのは、もちろん大きな共同作業です。

この改訂版は約700通の提案メールを参考して作成しました。すべての方にお返事できなかったことをお詫びします。皆さんもぜひ、質問や回答などの投稿をして、共同作業に参加してください。ご協力ありがとうございました。

ウェブサイト：www.theresnoplanetb.net

電子メール　：mike@theresnoplanetb.net

単位について

この本には、計算や数字がたくさん出てきます。簡単な計算もあれば、ややこしいものもあります。ほとんどの数字には単位が付いているので、使いこなせなければ意味がないかもしれません。地震のマグニチュードが7だといわれても、それが大きな数字なのかどうか私にはよくわかりません。ヘクタール、テラワット、バレルといった単位の数値を聞いても、それがどのくらいの大きさなのかがわからなければ意味がありません。この章では、その点を整理します。

パワーとエネルギー

1キロカロリー（kcal）は4.2キロジュール（kJ）で、1リットルの水を1℃加熱するのに必要なエネルギーです。人間が1日に必要とする平均的な食料は、2,353 kcalですが、大きな風呂を沸かすのに必要な量です[*1]。

1ジュール（J）は、1 kgの砂糖袋を10 cm持ち上げるのに必要なエネルギーです。大きな雨のしずくを約1℃暖めることができ、小さな懐中電灯を1秒間つけることができます。

1ワット（W）は、エネルギーの使用（または生成）率で毎秒1 Jのことです。ある程度大きな家庭の部屋をLEDで照らすには、約20 W必要です。

1キロワット（kW）は1,000 Wです。普通のケトルの消費エネルギーは1.8 kWです。

1キロワット時（kWh）は1 kWの電力を1時間使用したときのエネルギーです。効率の良い電気自動車なら約4マイル（約6.4 km）、一般的なガソリン車は1マイル（約1.6 km）走ります。あるいは、ケトルを33分つけておけます。1 kWhは3.6 MJ（360万ジュール）です。

1メガワット（MWh）あれば、効率の良い自動車ならロサンゼルスからニューヨークまで行けますが、低燃費車だとカリフォルニアの州境あたりでガス欠になります。

1ギガワット（GW）は10億ワットです。

1テラワット（TW）とは、1兆ワットです。平均的すると人類はほぼ20 TWの割合でエネルギーを使用しています。

1テラワット時（TWh）は、私の自転車が（私を乗せずに）光速の10分の1

で移動したときの運動エネルギーに相当します（これならロンドンからニューヨークまで0.5秒で行けます）。これでTWhを実感できますか？　だめでしょうね。これならどうでしょう。オリンピックプール580杯分の水を全部沸騰させてさらに蒸発させるのに十分なエネルギーです[1]。

（エクサワット（10^{18}）、ゼタワット（10^{21}）、ヨタワット（10^{24}）、はこの本では使いません）。

距　離

マイル　古い単位ですが、英語圏のほとんどで、今もキロメートルの代わりに使われています。1マイル＝約1.61 kmなので、1平方マイル＝約2.6 km^2となります。

温室効果ガス排出量

kg CO_2e　二酸化炭素の重さに換算したキログラムです。二酸化炭素、メタン、亜酸化窒素などの温室効果ガスを一つにまとめる粗い方法です[2]。この本では、温室効果ガスの略語として炭素を使うことがあります。

人間が1年間に排出するCO_2eは、およそ500億トンです。キログラムに換算すると、5の後に0が13並びます。中国やロシアで電気を1 kWh強使用するか、0.4リットルのガソリンを燃やせば、それぞれ約1 kg CO_2eのカーボンフットプリントになります。平均的なイギリス人が行動し、購入するすべてに関係する温室効果ガスを計算すると1人あたり年間約15トンCO_2eになります。平均的なアメリカ人はその約2倍です[3]。

重　量

1キログラムは2.2ポンド（lb）です。私がトンと書いていれば、全部、重さのことで1,000 kgまたは2,200 lbです[*2]。1リットルの水は1キログラムなので、1立方メートルの水は1トンになります。

その他の単位

ヘクタール（100 m×100 mの大きさで、1平方キロメートルはその100倍）や、ヘクタールの半分強のエーカーはなるべく使わないようにしました。石油のバレルや、さらに悪い石油換算バレルは、もう誰も口にしないことを私は望んでいます。

---

1 25 ℃の水 2,500,000 kg で満たされたオリンピック用プールを加熱することとして、比熱を 4,200 kJ/kg、気化熱を 2,265 kJ/kg としました。

2 温室効果ガスは種類により強さも半減期も異なるため、粗い表現になっています。ここでは、1 kg のメタンの地球温暖化係数は、100 年で 25 kg の CO_2e に相当するという近似値を用いています。しかし、メタンは強力ですが寿命が短いのに対して二酸化炭素はほぼ永続するため、50 年間では地球温暖化係数は 50 kg CO_2e に近くなります。より良い近似値としては、年間 1 トンのメタンをずっと削減し続けると、2,700 トンの二酸化炭素の削減とほぼ同じ効果になると言えます。

3 これについては、私の最初の著書である“How Bad Are Bananas?　The Carbon Footprint of Everything”を参照してください。

訳者注

＊1 イギリスの「大きな風呂」は 100～120 リットルと小さいので、水温 20 ℃の水を 40 ℃まで加熱する熱量は 2,000～2,400 kcal となる。日本の家庭の風呂の水量はおおむね 200～300 リットルなので、熱量はこの 2 倍必要になる。

＊2 以前は力の単位として重量トンが用いられていた。

クイックツアー

この本で取り上げた基本的内容を超簡潔に示しました。寝る前にちょっとだけ読みたい人は、ここを見ればいいでしょう。他の章には当てはまらないのですが、書く意味があることも入れてみました。たくさん書き逃してきたので。

五十音順[*1]に並べることで、あらゆることが新たに混ざり合い、相互につながり、色々に組み合わさっていることを再認識できるでしょう。

IPCC　気候変動に関する政府間パネル

非常に優秀で恵まれた環境にある科学者で構成される大きな集団で、気候変動のリスクと不確実性について深く検討し、堅実な評価を行っています。過去には二つ欠点がありました。一つ目は、議論に勝って、気候変動に向けた適切な行動を促すためには、明確かつより厳密な議論を提示しなければならないという誤った信念をもっていたことです。(「否定」「デタラメ」「フェイクニュース」の各項と第8章を参照)。二つ目は、批判を避けようとするあまり、不確実性の大きな一部の気候変動リスクを過小評価する傾向があったことです。2018年に発表されたレポート「Global Warming of 1.5℃」は、これまでで最も説得力のある提言を行い、早急な世界的行動を求めています。

宇宙旅行　Space travel

惑星Bへのルートでしょうか？　希望に満ちた夢想家にとっては、人類がこれからも拡大し続けるための手段です。大金持ちや環境に無頓着な人には、地球上空を周回するカプセルに乗る宇宙観光は可能でしょうし、いつかは火星に行くこともできるかもしれません。慎重な現実主義者にとっては、宇宙旅行は予見可能な将来世代のためのサイエンス・フィクションです（120ページ参照）。

エネルギー成長　Energy growth

あればあるほど使用量も増えます。エネルギー成長率は過去50年間、年率2.4％前後で推移してきました。その前の100年間は1％で、さらに前はもっと低かったのですが。つまり、超指数関数的に増加しているのです。意識的に節制しなくても、もっと食べたいという欲求には限界があると考える人もいますが、私にはかなり希望的観測に思えてなりません。

海運　Shipping

世界の食料と貨物の運送トンマイルの大部分を占める手段です。世界の製品貿易の 90 %を担い、温室効果ガス排出量の 3 %を占めています。長距離輸送の電動化は、軽量のエネルギー貯蔵装置が必要なので難しい面があります。航空分野（「航空機」の項を参照）と同様、当面は液体炭化水素に頼らざるをえないかもしれません。けれども炭化水素は地下から取り出せませんし、バイオ燃料は食料安全保障や生物多様性を圧迫するので、太陽光発電で製造するのが一番良いかもしれません。

海洋酸性化　Ocean acidification

化石燃料を燃やしすぎた結果として生じる、厄介ですがあまり理解されていない現象です。明らかなのは、水産資源の崩壊を招くことです。ずっと離れたところにいる陸上生物にまで影響が及ぶ可能性もあります。一度起きてしまうと元に戻すのは非常に困難です。

核融合　Nuclear fusion

無限のエネルギーという理論に科学者たちは何十年も魅了されてきました。これですべての問題が解決するのか、それとも大惨事になるのかは、人類がもっと多くのエネルギーを使っても大丈夫と考えるのか、それとも今のエネルギー供給でも被害が出ると考えるのかによります。

化石燃料　Fossil fuel

ほとんどすべてを地下に残すか、燃やした後に再び地下に戻さなければなりません。このことに議論の余地はなく、それを明確にしない政治家は、他のことで何をいおうとも、投票に値しないことは明らかです。それが理解できない会社の幹部は仕事をする価値はありません。友人や家族、飲み仲間で、いまだに化石燃料の未来を考えている人がいたとしたら、否定されるべきです。私たちには、このシンプルな点をはっきりさせる以外にありません。「道路は決められた側を走行しよう」、「携帯電話の充電を忘れずに」、「夜に歯を磨こう」などと一緒に、「燃料は地下にとどめておこう」という言葉を、あなたの頭の中の「つまらないけれど重要」というファイルに保存して、いつでも見られるようにしておきましょう。

気候変動　Climate Change

人類が人新世にうまく入れなかったことで現れたはっきりした症状ですが、唯一のものでも最後のものでもないでしょう。さほど手間のかからない問題も含め、このような特殊問題に対処することは、これからの人新世の問題に取り組む技術や体制を準備するうえでとても有益です。「気候危機」という語句は正確でわかりやすいので、さらに用いられるべきです。

技術　Technology

私たちが何千年もの間、ずっと開発し続けてきたものであり、人新世でも不可欠です。私たちが動かしているのでしょうか、それとも技術が私たちを動かしているのでしょうか。この時代の重要課題は、私たちがそれをコントロールして、役に立つ場合には利用し、そうでない場合には手放すことを学べるかどうかです。

教育　Education

私たちが残した問題に次世代が対処するための主要手段です。人新世に対応できている大人たちは、第9章であげた八つの思考スキルをみせることになるでしょう。

グリーンウォッシュ*2　Greenwash

流行しています。時には楽観的な思いから、また時には意図的に行われます。環境コンサルタント会社が生計を立てる最も簡単な方法が、意図していなくても、これに加担することです。巻き込まれてしまったらなかなか気づきません。私たちは気を付けなければいけませんし、目についたら異議を唱えなければいけません。確かめるには一歩引いてみて、「これが人新世で人類が生き延びる手助けになるかどうか」ということをじっくり考えてみることです。そうでなかったらグリーンウォッシュです。

グローバル・ガバナンス　Global governance

グローバルな課題に対処するために必要です。地域や国、地方、家族、個人のガバナンスに代わるものではありません。これらと「同様に」という意味です。私たちが責任と関心をもつすべてのレベルで、ガバナンスが必要です。比較的最近まで、私たちはここにグローバルという言葉をリストに入れなくても大丈夫でした。人新世の今となっては、それではいけません。それが難しいと感じるのは、もっと実行しなければならないということです。

グローバル・ダイナミクス　Global dynamics

世界経済やエネルギー利用が地球規模レベルでどう作用するかについては、まだ十分には検討されていません。振り返ってみると、気候政策に留まらず、人新世に向けて様々な対応が考えられますが、どれを行うかによって結果も大きく変わってくるというきわめて重要なことがみえてきます。例えば、効率の向上はたいていの場合、資源利用を抑えるのではなく、増加させてしまうというようなことです。効率、リバウンド、技術の項目も参照してください。

経済学　Economics

改革が必要な学問です。主流の経済学には不適切な指標もあり、有害な成長形態に私たちを閉じ込め、役に立たない価値観に私たちを追いやります。経済学は、多くの人や組織、国家が世界を理解するために根付いた枠組みになっているので、変更することは容易ではありません（第5章、第6章、第7章参照）。

刑務所　Prison

時を過ごすには普通は非常につらい場所であり、そこに入れられる可能性は国籍、民族、性別、富に左右されます。時には利益のため、時には復讐のため、時には公共の安全のためです。いくつかの意識の高い国では、これらの施設はリハビリテーションを第一に考えた人道的な場所になっています。その結果、囚人1人あたりの費用は高くなりますが、全体としては刑務所と犯罪のコストは低く抑えられています。国家は刑務所を通じて、国の価値観を表現しているのでしょうか？　そうかもしれません。アメリカとイギリスにとっては残念なことです（160ページの「刑務所に入る確率はどのくらいか？」を参照）。

決定論　Determinism

自由意思というものがあるかどうかについては証明も反証もできません。私はあるものとして生活していますし、あなたもそうでしょう。しかし、人新世をめぐっては決定論的な考え方が多く見受けられます。そこには二つの形があり、どちらも課題からの逃避をもたらします。「これまでもそうだったのだから、これからも大丈夫だ」というのと、「人類は近視眼的で自己中心的だから人新世を生き延びることはできない」というものです。最初の言葉は昔の恐竜もいっていたかもしれません。二つ目の言葉は、人間は時間とともに変化できないということをいっていますが、そのようなことは証明されていません。この戦いには挑戦する価値があり、それ以外のアプローチは怠惰で臆病です。

原子力　Nuclear power

継続的で信頼性が高く、高価で高リスク、汚染が永続的に続くエネルギー源で、当然のことながら論争の的になっています。世界のエネルギーミックスの中でどこまで正当な位置を占めるかは、これと他の場所からエネルギーを調達しなければならない場合とを比較するという非常に複雑な分析によって決まります。化石燃料と原子力の未来は最悪です。再生可能エネルギーと原子力の未来は、化石燃料を使った未来よりも良いかもしれません（77ページの「原子力は厄介か？」を参照）。

航空機　Aeroplanes

世界の人が顔を合わせて、異文化や人々を直接体験するのに不可欠な手段です。残念ながら、世界で最も効率の良い旅客機のA 380でも、ロンドンから北京まで片道飛行するのに約450トンの燃料が必要です。現時点では航空機の動力源として液体燃料に代わる予測可能な技術は、少なくとも長距離路線では存在しません。選択肢は化石燃料（「化石燃料」参照)、バイオ燃料（食料とのトレードオフが非常に厳しい。78ページ参照)、飛行しない（かなり辛い、「ヘアシャツ」参照)、再生可能電力による液体燃料の製造（実現可能だが非現実的。73ページ参照）くらいです。選択肢は限られています。つまるところ、飛行をより控えるか、太陽光発電で燃料を製造するか、短距離飛行の電化くらいしか方法がなさそうです。

幸福　Wellbeing

先日、あるイベントに行ってみたら、尊敬を集めている哲学者が富や地位だけでなく心身の健康という幸福を求めるという新しい流行を揶揄していました。数百人の聴衆はそうした表面的な幸福を追い求めることの陳腐さに苦笑していましたが、私には理解できませんでした。人と地球の幸福はGDPの成長より優れた目標でなければならないといわせてください。

強欲　Greed

簡単にいえば個人主義のことで、七つの大罪*3の一つです。仏教では、憎しみやおろかさとともに、三つの煩悩のうちの一つとされています。強欲は新自由主義を押し進める動機です。共感の反対語です。強欲を克服することが人新世における幸福の秘訣であり、この本に書かれているその他のことはすべてその中にある細かいことにすぎないといい切った方が単純明快でしょうか。

効率　Efficiency

人類が何千年にもわたって追求し続けてきたことで、総消費量や資源利用、環境影響の増加と密接に関係してきました。昔も今も成長のダイナミズムには欠かせず、そこからあらゆる恩恵が得られましたが、問題も増えています。炭素の上限設定などで生態系影響を厳しく制限することができれば、効率の役割は根本的に変わり、ためらいなく効率を「善の力」と呼ぶことができるでしょう。そうなれば、より少ない負荷でより多くのことをしたいときに、それを可能にする手段となり得ます。

氷　Ice

地球表面をどんどん露出させながら消滅に向かっています。

個人主義テント　Individualism tent

大西洋の両側などで流行しているテントで、新自由主義と自由主義経済の住みかです。個人主義とグローバルな課題への対処との間には論理的断絶があります。前者は後者のためには不適切です。

個人の行動　Personal actions

私たちが何をどうするかで、良い変化につながるかもしれないし、まったく無駄になるかもしれません。違いはどう見分けるのでしょう？　私たちの個人的な行動が、グローバルシステムの風船しぼりの中に紛れ込んでしまうのか、それとも、人類が人新世に適合した生存様式に移行するための条件整備につながるのか。どうすれば分かるのでしょうか？　重要なのは、私たちの行動が波紋のように広がっていくということです。

（私たちの）子どもたち　Kids (ours)

人新世における課題の本質を親よりもよく理解し、どう対処していくかを考えなければならなくなる人たちです。

米　Rice

穀類は世界のカロリーの 19 %、タンパク質の 13 %を占めています。施肥量を調整し、水田の湛水を避けるだけで、二酸化炭素換算で 5 億～8 億トンの排出を削減することができます[1]（第 1 章の訳注＊9 参照）。

再生可能エネルギー　Renewables

明日のエネルギーです。太陽エネルギーが中心ですが、風力、潮力、水力が支える部分も大きいです。再生可能エネルギーが化石燃料を増やしてしまうか代替するかは、化石燃料の使用に一定の制限を設けられるかどうかによります。

魚　Fish

世界の消費量は 1 人あたり年間約 19 kg です[2]。タンパク質と微量栄養素の重要な供給源であり、特に貧しい地域の多くでは、漁獲物を食品の世界市場に出さないようにすることが不可欠です。天然魚は希少資源で、乱獲や化石燃料の燃焼による海洋酸性化の脅威にさらされていますが、養殖魚は飼育される陸上動物と同様に非効率で、海底や湖底で廃棄物や餌が腐敗してメタンガスが発生します。食べるのであれば適度に、そしてサプライチェーンをよく理解してからにしましょう。

仕事　Jobs

役に立ち、充実した時間を過ごすことができ、適切な富の分配のメカニズムとなる時間の過ごし方です。この三つのうち、少なくとも二つが満たされていればよいのですが、そうでなければ価値はありません。したがって、雇用を国のパフォーマンス指標として使用する場合は慎重に行わなければいけません。

事実　Facts

これまで以上に真剣に向かい合わなければなりません。メディアや政治家、企業による意図的あるいは不注意による虚偽報道がなければどうなっていたか。それを知ることは困難です。オフィスのデスクから、投票所、ニュースの選択、バーでのおしゃべりまで。市民の一人ひとりがあらゆる場面で、事実を正しくとらえることにこだわることができます。

指数関数的増加　Exponential growth

成長率がその時点で存在する量に比例する関係です。ウサギがいる島に2匹のキツネを放ったときに、ウサギの数が十分多くて、誰もキツネの数を制御しなければ、キツネの数の成長率は指数関数的になります。銀行に預けたお金も借金も、誰かが変えようと介入しない限り、指数関数的に増加します。指数曲線はバナナ型ではなく、傾きが高さに比例する曲線です。ある量が指数曲線であるということは、多ければ多いほど、より速く増加する正のフィードバック・メカニズムが働いているということです（排出量を参照）。

自転車　Cycling

自然エネルギーだけを動力源にした太陽電池付き電動自転車はまだないのですが、自転車は女性でも男性でも、最も効率の良い陸上交通機関です。事故を起こしたり、ディーゼル車が排出する汚染物質を大量に吸い込んだりしなければ、とても健康的です。最近のイギリスの研究によると、自転車通勤は死亡リスクを40％削減するということです[3]。驚きの結果です。一方で、イギリスの路上で自転車に乗って死亡した人は年間わずか100人です（心臓循環器系疾患による16万人、がんによる16万4千人、交通事故の1,775人に比べれば、わずかです）。自転車に乗る人が増えれば増えるほど、安全性は高まります。

気を付けなければいけないのは、大気汚染が年間推定4万人の死亡原因となっていることです。交通量の多い都市部を自転車で走る人は、汚染された大気環境の中で周りの人より確実に深呼吸をしています。イギリス人がディーゼル車を愛していたことは（現在は完全に終わっていますが）、この問題を必要以上に悪化させました。

面白いことに、自転車を動かす燃料を得るのに必要な土地面積では、太陽光自転車が従来の自転車よりも圧倒的に優位です（107ページ参照）。

消費主義　Consumerism

終焉を迎えなければならない時代の名称です。誰もが求める幸せの代替品で、貧弱ですが魅力的です。消費主義に惹かれれば惹かれるほど、人生の何かが間違っているという警告としてそれをみなければなりません。

食生活　Diet

この本を読まれる多くの方々にとって、持続可能で健康的な食生活とは次のようなことです。① 肉や乳製品を減らす。② 特に牛や羊（メタンを発生させる反芻動物）を減らす。③ 果物や野菜を増やす（地元産か船で移送されたもの）。④ 砂糖や食塩を減らす。⑤ バラエティに富んだものを食べる。

食品ロス　Waste food

食品ロスは肉や乳製品に次いで、世界のフードシステム非効率の最大要因です。畑から食卓までのサプライチェーンのあらゆる段階でロスが発生しています。大きいのは収穫時のロスや、開発途上国での保管時のロス、先進国での消費者の廃棄です。合計すると、世界では1人1日あたり1,000 kcal以上が失われています（24～30ページ参照）。

食料システム　Food system

1日1人あたり約6,000 kcalが生産され、タンパク質はもっと豊富にあります。けれども、10億人が健康維持のために必要な栄養を摂取できず、その2倍の人がカロリーを摂りすぎています。現在の食料生産量でも2050年の97億人に足りるのですが、そのためには動物飼料を減らし（肉や乳製品の削減）、廃棄物を削減し、バイオ燃料を制限して、得られた食料を適切に分配しなければいけません。もっと多くの人が農業に従事すれば、生物多様性を向上させながらの食料システム改善はできないという物理的理由もなくなります。

ショック　Shock

目覚めさせるメカニズムです。人間が使える唯一のものだという人もいますが、そうでないことを望みます。というのは、環境問題の解決には長い時間がかかるので、深刻なショック症状が来るのを待っていたら、本当に辛いことになるからです。良いニュースとしては、過去に大きなショックが必要だったからといって、これからも当然大きなショックを受けるということではありません（進化と決定論も参照してください)。

より危険なことは、ショックもなく、劣化する世界を徐々に受け入れていくことでしょう。ジョージ・モンビオはこれを「ベースライン移行症候群」と呼び、チャールズ・ハンディは、ゆっくり熱せられる鍋でゆでられていることに気づかないカエルに例えていました[4]。

飼料　Animal feed

ここでは牧草のことではありません。人が食べられるのに、動物に与えている作物のことです。世界の1人1日あたりでみると約1,800 kcalに相当し、人が必要な食料の約4分の3に相当します。動物はこの約10 %を肉や乳製品という形で人間に戻します。飼料の削減は、世界の食料確保と生物多様性の保全に大きく貢献します。

(人間の)進化　Evolution (of humans)

バランスを取り直す必要があります。私たちは技術と力とを開発してきましたが、グローバルな共感力、システム思考、今あるものへの感謝、そしてすべての卵がひとつの籠に入っている地球村での生活を可能にする価値観など、好むと好まざるとにかかわらず新しい思考力で補う必要があります。

神経科学　Neuroscience

急速に発展している脳科学の研究は、人間の心の可塑性について、心強いメッセージを発信しています。例えば本書で紹介した人類世にふさわしい価値観や思考スキルを取り入れるなど、さまざまに考えることを学べるという人間の能力についてです。

人口　Population

一部の人々が考えているほど、あらゆる問題の原因というわけではありません。不注意だと10億人でも地球上でうまくやってはいけませんが、120億人でも注意深くやれば大丈夫です(155〜157ページの「結局は人口の問題か」を参照)。人口が少ない方が楽かもしれませんけれど。

真実　Truth

人新世の生活は複雑で、「真実」がこれまで以上にゆがめられやすくなっています。複雑さゆえに真実はさらに貴重です。私たちはできる限りしっかりと現実を見なければいけません。どうすれば、あらゆる場面で真実を求めて主張する文化をつくることができるでしょうか。どうすれば本物と偽物を見分けられるようになるのでしょうか。人新世の学際的課題に取り組み、正確にツボを見つけて対処できる現代の鍼灸師は「真実の文化」を最重要課題にします。

新自由主義　Neoliberalism

自由市場は金持ちをより豊かにして、貧しい人々も同時に助けることができる（トリクルダウン）ので、世界を動かす最良の方法であるという問題のある考えです。この本は人新世の課題に対処するためには自由市場が不適切であることを繰り返し示し、トリクルダウンも否定してきました。新自由主義はごみ箱の中です。

スピリチュアル　Spirituality

この本に限界があるとすれば、これでしょう。でも、純粋に実用的な観点から見て、これなしでやっていけるのでしょうか？　私が直ちに必要だといっている思考スキルを養うのに欠かせないかもしれません。時には科学者に嘲笑され、時には時代遅れで、必ずしも厳密に論理的とはいえませんが。私にはこれ以上語る資格はありませんが、語れる人には敬意を払ってほしいと思います。

税金　Tax

より良い未来を実現するための重要なメカニズムです。「悪いこと」をより高価にして思いとどまらせ、「良いこと」に使う潤沢な資金を生み出す方法です。「悪いこと」には化石燃料の燃焼があります。「良いこと」には化石燃料を代替するものへの補助金、すべての人が健康で充実した社会生活を送れるようにするための医療、教育などのインフラ、化石燃料に依存している国への補償金などがあります。税金として取られるお金は、そうでなければ何らかの形で支出されるお金に等しいので、それ自体は人々を豊かにも貧しくもしません。すべてを考慮してみれば自由の阻害もしません。

税金にはよくないイメージがありますが、それは良い面よりも悪い面、つまりお金が取られてしまうこと目がいきやすいからでしょう。お金がどう使われてきたか、私たちに還元されたのか、他の人が払った税金から私たちがどのような恩恵を受けるかということが重要なのです。

成長（指数関数的増加、エネルギー成長も参照）　Growth

これまで以上に必要とされる成長（グローバルな共感性、大量の物質消費を伴わない生活に感謝できる能力、批判的でシステム的な思考）がある一方で、今まで当たり前あるいは健全だと思われてきた成長がとても危険になっています。その中間にあって難問なのがGDPの成長です。

生物多様性　Biodiversity

特定の場所または世界全体での生物の多様性です。地球上の健全な生命維持に不可欠で、現在、汚染や生息地の破壊、気候変動など、様々な（主に人間による）影響により、存亡の危機に瀕しています。イギリスの農地では1970～2015年に鳥の個体数が56％減少しました。ドイツの自然保護区に生息する飛翔昆虫は、27年間（1989～2016年）に76％減少しました[5]。生物多様性は一度失われると、取り戻すのは非常に困難です（55ページ参照）。

石炭　Coal

最も安価で、最も汚染が多く、最も豊富な化石燃料です。すべての国で地下からの採掘を止めることが緊急に必要です。そのためには、あらゆる人を巻き込んだ国際合意が必要です。すべての国が燃やすのを止めなければなりません。また、すべてのサプライチェーンで石炭が使われないようにするべきです。この方向性と一致しない気候変動政策やビジネス戦略には成功の見込みはないと考えるべきです。

石油　Oil

石炭、ガスと並んで、地下に残さなければならないものの一つです。エネルギー密度が高く、流動性があるため、自動車や船舶に容易に用いられ、飛行機では決定的な動力源です。しかし、その時代は早く終わらせなければなりません。

先進国　Developed countries

1人あたりの地球に及ぼす影響が最大の地域です。ほとんどの超富裕層と、世界の最貧層10％の人が住んでいます。生態系を破壊するほとんどの技術と、それを適切に管理するのに役立つほとんどの技術が生まれている場所です。直ちに「もう十分だ」と思う必要がある地域なのですが、そのような考えをもった素晴らしい人ばかりが住んでいるとは限りません。

専門家　Experts

問題が複雑になればなるほど、専門家のいうことをよく理解しなければいけません。専門家は自分の専門分野をより深めるべきですが、同時に他の分野との連携を強め、関係者ともっとコミュニケーションをとらなければいけません。けれども、それが技術進歩に伴い、難しくなってきています。

大豆　Soya beans

非常に栄養価の高い作物で、美味しく食べられます。あらゆるアミノ酸を含むタンパク質、ビタミン、ミネラル、食物繊維など、人間の健康に不可欠な栄養素のほとんどを含み、同じ重さの牛肉をはるかにしのぎます。しかし、多くの大豆は牛の飼料として栽培されています。牛は大豆のカロリーの10％以下しか牛肉に変えられず、他の栄養素も同様です。大豆を牛に与えることは、基本的に賢明なこととはいえません。飼料作物としての大豆は土地を圧迫し、森林伐採の原因になっています。大豆に罪はなく、責めるべきは牛の牧場です。

太陽光　Solar power

風力と水力、そしておそらく原子力を脇役にして、化石エネルギーからの移行を可能にする自然エネルギーの大躍進です。太陽光発電は砂漠を生産的にし、石油に依存する国に代替収入をもたらします。ただし、太陽光を化石燃料の代わりにせずに化石燃料と一緒に使ってしまわないように注意しなければいけません。

楽しみ　Fun

「生きていても楽しくない世界なんか救う意味がない」というのは、「ずっと笑っていなければならない」ということと同じではありません。ここでの楽しみという言葉は、人生には生きがいが必要であり、可能な限りそうでなければならないということを表した私の略語です。提案されている変化では居心地が良くないと感じられるようでしたら、その提案はまだしっかり練られてはいないということでしょう。総合的に見て、一つの惑星で生きられるかどうかは、費用より機会に左右されます。

地球工学　Geo engineering

排出の停止や空気中炭素の除去以外の気候危機に向けた技術的解決策です。地球工学による解決策には、非常に高リスクなもの、まだ試されてもいないもの、明らかに馬鹿げたものから、実現可能ながら効果は限定的なものまで様々です。

最もありそうなものに、硫酸塩のエアロゾルを使って太陽放射を管理する手法があります。成層圏に硫酸塩を噴霧して太陽光を反射させ、地球温暖化を弱めるというものです。この方法は、低コストかつローテクで、自然のプロセス（例：火山の噴火では二酸化硫黄ガスが放出される）を模倣していることから支持されています。しかし、メリットだけではなく、オゾン層の破壊、日射量の変化（植物にとっては大惨事になりえます）、降水量の変化、さらには人間の健康影響など、様々な副作用も考えられます。

中国　China

世界人口の6分の1、二酸化炭素排出の3分の1を占めています（さらに増加中）。今日の民主主義の長所と短所の多くから解放されている中国は、多くの重要事項を主導できるかもしれませんが、大きなダメージをもたらすかもしれません。中国政府がある政策を良いと思えば、他国以上にうまく実現できます。

通勤　Commuting

やりたくないですし、退屈で、汚染を伴います。これがなければ、貴重な時間を楽しく健康で、社会的で、環境に優しい生活に使うことができます。ちょっとした工夫と習慣の見直しで、通勤も変わります。相乗り、自転車、散歩、電気自動車、電車、バス、在宅勤務などを考えてみましょう。

テイクアウト、ファストフード、インスタント食品　Takeaways (takeouts), fast food and ready meals

悪い評判がありますが、美味しくて、健康的で、便利で、環境に優しく、予算に合わせられる食品です。上手に利用すればいいのです。鍋を持っていない人や鍋の使い方のわからない人、何であれ日常生活での手間を最小限に抑えたい人にとっては、ストリートフードは良いものです。包装の問題は解決する必要がありますけれど。

デタラメ　Bullshit

世の中で起きていることについて、人に誤った理解をさせることです。嘘やフェイクニュースだけではなく、事実を意図的に誤解させるように仕向けることも該当します。顕著な例としては、気候変動が大問題であるということを示す証拠を誤解させようとする試みや、EUから離脱すればイギリスの国民健康保険は毎週3億5千万ポンドを節約できるというようなつくり話がありました。

人新世の今、私たちはこれ以上自分たちを苦しめるわけにはいきません。デタラメは大々的に一掃しなければいけません。私たち全員が事実とつくり話とを見分ける能力を高め、誰を信用すべきかをよりしっかりと見極め、信用できない人には容赦なく対抗するべきです。特に、メディア、政治家、ビジネスリーダーやその周囲にいる人たちに対してはそうです。

電気自動車　Electric cars

必要不可欠な新技術ですが銀の弾丸ではありません。汚染が少なく、エネルギーもそれなりに少なく、さらにいえば将来的には自然エネルギーを利用できるようになるかもしれません。ただし、今は車を走らせれば化石燃料消費量が増えます。化石燃料を使用していた時代と同様、電気自動車は製造と使用の両面で非常に多くの資源が要るので、それももっと少なくする必要があります。

天然ガス　Natural gas

二酸化炭素1トンあたりのエネルギー生産量が最も多い化石燃料です。単位エネルギーあたりの二酸化炭素排出量は石油の約半分で、石炭との比較ではさらに優れています。残念なのは、天然ガスと石油の採掘は一緒に行われることが多いということです。例外としてシェールガスがありますが、これには他の環境問題が伴います（「フラッキング」を参照）。

投資　Investment

翌年も植え付けできるように今年の食べ物を食べつくさないように我慢していた昔から、投資は経済成長の手段でした。何に投資するかによって未来の成長が決まります。お金を使うということは、それ以外の未来を犠牲にして、一つの未来を伸ばすことです。買い物でも、年金の積立でも、国家予算でも同じです。

使えるお金は限られているので、ダイベストメント（投資の引上げ）すれば他に投資する機会が生まれます。化石燃料への投資は有益ではありません。化石燃料からダイベストメントすれば、自然エネルギーや環境に優しい輸送手段、大気中炭素の直接回収など、私たちがすぐに必要としていることへの投資機会が生まれます。

投票　Voting

これができるのが民主主義ですが、どのような状況なら投票が良いことになるのでしょうか。イギリス議会では、少なくとも過去100年間、1票差で決まった議席は一つもありませんでした。あなたが自分の利益のために投票するのであれば、あなたは自分の数分間を時給数ペンスで働くのにあてるのと同じくらい非効率に浪費することになります。私腹を肥やしたいのなら、投票ではなく他の方法で時間を使う方がよいに決まっています。自分の利益のために投票で時間を無駄にするのは愚か者だけです。でも、選挙結果の影響を受ける何百万人かの最善の利益のために投票するのならば、あなたの1票は何百万倍も価値あるものになり、その日かその月かその年にあなたがする最も大切なことになるかもしれません。賢い人は共通の利益を考えて投票するか、家にいるかのどちらかです。

トリクルダウン　Trickledown

金持ちがより豊かになれれば、その富が滴り落ちるので、みんなが得をするという考え方です。自由市場主義者（134ページの新自由主義の議論を参照）や多くの大金持ちに人気のある概念です。でもそうでしょうか？　いいえ。

難民　Refugees

人新世の価値観が浸透すれば、これまでとまったく異なる処遇を受けることになる人たちです。世界的な不平等が解消されて、人新世の課題に応えるグローバルな協力が可能になれば、私たちが目にすることも少なくなるでしょう。

肉と乳製品　Meat and dairy

人が食べられる作物を動物に与えると、世界の食料供給の面からはカロリー、タンパク質、微量栄養素について非常に非効率になります。温室効果ガスも、反芻動物（羊や牛）はメタンをゲップとして吐き出すので影響がさらに重なって非効率です。その他にも、世界の3分の2の抗生物質が畜産に使用されていることや動物の福祉にも問題があります。さらに畜産業には厄介な病気体が突然変異するリスクもあります。

二酸化炭素回収貯留　Carbon capture and storage（CCS）

重要な技術ですが*4、ゲームチェンジャーにはなりません。発電所のような大規模な点源から炭素を取り除くことは化石燃料を使っていても意味があり、バイオ燃料の発電所に使えば排出量をマイナスにすることも可能です。貯留にリスクがないわけではありませんが、何事にもリスクはつきものです。コストがかかるので、普及には炭素価格や補助金が必要です。

2℃　Two degrees

工業化以前からの気温上昇の「安全な限界」としてこれまで合意されていたこのレベルも、もはや安全とはいえないと考えられています。ですから2015年のパリ会議では、可能な限りとして1.5℃が合意されました。2℃という限界値は1990年代に行われたリスク評価に基づくもので、現在ではさらに優れた科学に置き換えられています。とりわけ不可逆的な正のフィードバックが起きて、そこからさらに著しい気温上昇も起きかねないので、今では2℃でも非常に高リスクだと考えられています。

人間心理　Human psychology

あまり深く考えられたこともなく、メディアも取り上げませんが、大きなパズルの基本要素です。私たちは自分が有能であると思いたいし、人とのつながりも保ちたい。自分で人生を選択したいとも思っています。理性的に考えることはそうした目標を達成するために役立ちます。この本の前半で述べた課題の観点から見ると、残念ながら私たちは証拠に基づいて行動し、真実を尊重するような合理的存在ではありません。

農業　Farming

人々が日々を過ごすうえで最も大切なことは、世界と野生生物の両方に配慮して食料をつくることです。自由市場では一定の収穫量を得るために必要な人数を最小限に抑えようとしますが、どうかしています。なぜなら、正しく行うためには、配慮や注意、技術、そして努力が必要だからです。人手が不足しているわけではありません。それどころか、これから少なくとも数十億人が増え、今までにない人口になります。土地を適切に耕すためにも、もっと多くの人手が必要です。

バイオ燃料　Biofuels

植物由来のエネルギーです。持続可能なエネルギーシステムの中で利用できるのは、燃料用として管理された森林、液体燃料に変換する廃棄物、低炭素社会での飛行を可能にするためにわずかな農地で生産されるバイオ燃料などに限られます。食用作物の生産をやめてバイオ燃料のために土地を使用したとしても、世界のエネルギー供給にはわずかに貢献できるだけで、栄養面での犠牲が大きくなります。石油の代替としてバイオ燃料が爆発的に製造されるようなことになれば、世界の栄養状態に対する大きな脅威になります（78ページ参照）。

排出量　Emission

過去160年間、炭素排出量は年率1.8％の指数関数的に不気味に成長してきました（「指数関数的増加」参照）。最近3年間は横ばいだったので、喜んだ人もいましたが、統計的に有意でなく、本稿執筆時点での最新の年率は2％で、これまでの傾向を上回りました。

『バナナはどれだけ悪いか？　すべてのカーボン・フットプリント』“How Bad Are Bananas?　The Carbon Footprint of Everything”

私が最初に書いた本を紹介します。カーボン・フットプリントについてもっと知りたい方にお勧めします。2010年に出版されてから、私は少し数字を修正して、小規模な再生可能エネルギーに向けた補助金をより強く支持するようになり、今日のプラスチックに対してより厳しい立場をとるようになりましたが、それを除けば、原則はほとんど変わっていません。

バーニングクエスチョン　“The Burning Question”

私はダンカン・クラークとこのタイトルの本を書き、地球システムの観点から気候変動を解説しました。指数関数的なエネルギーと排出曲線、リバウンド効果、なぜ燃料を地下に残さなければならないのか、何が私たちを妨げているのかなどについて詳しく書いたので、関心ある方はご一読ください。パリで開催された気候サミットの前に書かれたものなので、出版から7年経ちましたが、私たちはさらに多くの燃料を燃やしていて、今、これを書いたとしても修正すべきところはほとんどありません。

絆創膏　Sticking plasters (band aids)

根本的な問題に対処しない対症療法を意味します。必要なときもありますが、人新世には絶望的に不向きです。絆創膏が必要な問題をAからZまで並べると、抗生物質への耐性、生物多様性、気候変動、感染爆発、富栄養化、食料不足、細菌、…から始まる長大なリストになります。絆創膏ではだめなAからZには、意識、真実の文化、グローバルな共感、平等、批判的・システム的思考、成長の再考、尊敬、真実、…。

ビジネス　Business

ほとんどの環境影響の原因であり、持続可能な生活をするかどうかという人間の考えに多大な影響を及ぼしています。また、デタラメ（上記参照）の一形態としてよくみられる自画自賛のグリーンウォッシュ*2の源でもあります。気候変動に向けた企業の対応を足し合わせてみても、炭素排出量はこれまで増加してきました。自画自賛している場合ではありません。すべての環境要因について、企業は次の三つのことを行わなければならず、二つでは不十分です。すなわち、① 自らの影響を削減すること、② 同様のことを他の企業もできるような商品やサービスを生産すること、③ 特に燃料採掘や炭素排出などの環境へのインプットとアウトプットに上限を設ける世界的な取決めを進めるためにあらゆる手段を講じることです。

否定　Human denial

人（残念ながらあなたも私もみんなです）は、不快な気持ちになりそうな事実から目をそむけるために、驚くべき精神的器用さを発揮するという注目すべき重要な現象です。セラピーやカウンセラーの世界ではよく知られていることですが、気候変動には直ちに対処しなければならないという反論の余地のない証拠があるにもかかわらず、そうしないことの根底には人間の「否定」があります。

人新世の課題に対して行動を起こす責任を否定する行為は、無視や楽観的解決策(技術だけの解決や他の惑星への移住など)、決定論、良心を癒すための小さな行動など、さまざまな形で現れます。

人新世　Anthropocene

小さな地球上で私たちが大きくなってしまった時代で、その逆ではありません。人間活動が環境や気候に影響を及ぼす最大要因になってしまった時代です。この時代に入ったのは最近ですが、私たちは生物種としての生き方を大きく調整しなければいけません。人新世に入り込んでしまったから、この本を書いたのです。

人の命の価値　Value of human life

普遍的なものでしょうか。それとも人によって異なるのでしょうか。金銭的な価値をつけることができるでしょうか。好むと好まざるとにかかわらず、私たちはまさにこの考え方をいつも使っています。イギリスの国民健康保険は、1 年に 1 人を救うことができるのであれば、2 万〜3 万ポンドかかる治療は正当化できるとしています。

多くの経済国では経験則として、命の価値を平均的な国民の生涯賃金レベルにおいています。生涯賃金で命を評価することは、私が提案している価値観とは合いません。

風船しぼり　Balloon squeezing

正しくは**リバウンド効果**として知られています。小さな活動を行っても、その効果が地球システム内の他の場所でバランス調整されて、無効になってしまうことを指します。風船の 1 カ所が絞られても、残りの部分が膨張してしまうことです。地域や国レベルでこれまで行われてきた二酸化炭素削減量の総計が、世界の排出量のトレンドには何の変化ももたらさないか、せいぜいわずかな変化しかもたらさなかったという残酷な事態を表すこともできます。リバウンドが起きる様々な状況を一つひとつあげていくことは不可能なので、その結果として起きる全体的な効果をよくみることもできませんでした。エネルギーや炭素の効率改善で得られた成果の方がリバウンドより大きいと結論する研究結果もこれまでみてきましたが、そのどれもマクロレベルの効果までは考慮していませんでした[6]。

風船しぼりは国際間でも発生します。ある国の排出量削減に伴って、他国で同量の増加が起きるのです。ここ数年の顕著な例としては、イギリスでは中国製製品が増えたことで、アメリカでは石炭の輸出量が増えたことで、当事国以外の国で燃やされる量が増えたことがあげられます。

フェイクニュース　Fake news

私たちの周りにいつもある現象なのですが、最近になって特にひどい結果をもたらすようになりました。フェイクニュースを広める手口はますます洗練されてきているので、私たちはそれを見分ける力を向上させ、受け付けない力を強くしなければなりません。21 世紀の生活に向けて私がここでまとめた思考スキルの多くが、フェイクニュースに対する防御力を高めます。

不平等　Inequality

あまりに大きく、さらに悪化しています。ほとんどの幸福度指標と逆の相関関係にあります。とりわけ、世界資源の共有に合意しようとする場合には、著しい不平等がグローバル・ガバナンスを阻害する主原因となります。

プラスチック　Plastic

役に立ち、便利で、安価で、そして恐ろしいほど長持ちします。十分注意を払わずに使われた偉大な発明品がまた一つ増えました。多くが埋立て地に送られるか陸や海に散乱するのですが、その先ではなくならずに残ってしまいます。つまり、いったん外に出てしまうと、ずっとそれを抱え込むことになります（57～58ページ参照）。

フラッキング　Fracking

ガスは石炭や石油に比べれば炭素密度が低いので、シェール（頁岩）から天然ガスを取り出すこの技術は、低炭素社会への移行措置として一定の役割を果たす可能性があります。しかし、採掘にもエネルギーが必要ですし、正しい方法で行っても深刻な環境問題が生じえます。非常に厳しい規制と、信頼できる費用対効果分析がなければ、明らかにガスも地下に留まるべきです。例えばイギリスは、これらの要件を満たすにはまだまだほど遠いところにあります。

ヘアシャツ[*5]　Hair shirts

気候危機への対処や、人類が人新世に対処するために様々な課題を考える中ではほとんど必要ありません。しかし残念なことに、環境保護や誰もが暮らしやすい社会の実現を考えるときに、まだ多くの人がそのことを厄介なことだと考えてしまいます。ヘアシャツを避けるコツは、幸福と健康に貢献しないものは捨て、想像力を働かせて、21世紀の際限ない競争を超えて成長することで得られる幸福と健康の機会に注目することです。

暴力による死　Violent death

1994年はルワンダ大虐殺によって世界の暴力による死亡率は2％に上昇しました。それを差し引くと1990年以降、平均で1％弱の人が殺人、紛争、テロ、国家による処刑などで死亡しています[7]。20世紀の平均値が約4％なので、かなり低い数字になります[8]。しかし、こうした減少傾向は、私たちが殺し合わないようになってきたからであり、それがこれからも続くと期待してもよいのか、それとも、振り子が反対に振れる危険性があるから注意しなければいけないかは、はっきりしません。戦争の恐怖を体験した人が少なくなってきたために、平和に無頓着になってきた危険な時代だからでしょうか？　時間が解決してくれるでしょう。極端な不平等に対処すれば、良い方向に向かうことができるかもしれません。

マックスウェル・ボルツマン分布　Maxwell-Boltzmann distribution

気体分子間におけるエネルギー分配の様子です。富の分布も似てはいますが、ほとんどの国で大金持ちのところからずれてきます。高速の分子は他の分子と衝突したときには、大抵はエネルギーの一部を相手に渡します。しかし、大金持ちが貧しい人と経済的なやり取りをすると、大金持ちの方がもっと豊かになるのが普通です。富が富を生むのです。どうすれば人は分子のようになれるのでしょうか？

満足　Enoughness

何事にも拡大を止める時期が来ます。人類はいくつかの重要分野でそれを迎えてきました。今、人類に問われているのは、「もっと欲しいと思うことが望ましくないのなら、今あるもので十分だと感じるにはどうすればよいか」ということです。希望をもつ余地はまだ十分あり、私たちはそれを良い方向に導かなければいけません。

民主主義　Democracy

人類が知る限り最も優れた政府システムだといえるでしょう。中国にはそう思わない人もいるでしょうけれども。有権者が思慮深く正確な情報を得ているかどうかによりますが、非常に込み入って複雑な政策決定にまで国民が直接投票することは期待されていません。しかし、今のイギリスやアメリカ*6では、「人新世に合った」政治を実現するのに十分な機能を果たしていないのは明らかです。政治家や有権者のレベルアップが必要であり、考え方そのものの進化が必要です。

的確な民主主義とは、単に投票するだけではなく、正確な情報を得て共通の利益に向けた責任感を広くもつことです。

目覚め　Waking up

人新世に挑戦する重要な鍵です。鍋の中のカエルは温度が上がっていることに気づかずに、手遅れになります。私たちは何が起きているかには気づいていますが、いまだに覚醒よりはずっと睡眠に近い状態にいます。起き上がりたいと思っても、何層にも重なった重しの下で、もがくだけという夢を見たことはありませんか？それが今の私たちです。

メタン　Methane

メタンは「石炭、石油、ガス」のうちのガスです。商業的に採掘されるだけでなく、牛や羊が餌を噛む（反芻する）ときにも、水田に水を張ったときにも、永久凍土が溶けても、埋立て地で有機物が腐っても発生します。燃やせば大量の熱エネルギーが得られますが（良いことです）、二酸化炭素も発生します（悪いことです）。さらに問題なのは、燃焼されずに大気中に放出されると、二酸化炭素よりはるかに強力な温室効果ガスになることです。放出されてから20年間の地球温暖化の影響は同じ重さの二酸化炭素より76倍大きいのです。けれども、メタンの大気中の半減期は12年しかないので、100年経つと作用は弱いけれども寿命が長い二酸化炭素が少し追いついて、メタンは「たった」25倍悪いということになります。タイムスケールは100年にするという恣意的な決まりがあります。しかし、これよりもはるかに短いタイムスケールで考えるべきだという場合もあります。その場合にはメタンはさらに強力な温室効果ガスとして考えなければいけません。

メディア　Media

何が起きているかを理解するためには、事実とフィクションとを常に見極めることが重要です。そのために、私たちはメディアにもっと要求し、批判するべきです。お金を払って見るものや読むものをしっかり選んで、より良いメディアを応援してください（第8章「価値観・真実、信頼」を参照）。

モルディブ　Maldives

気候変動による最初の最も明らかな犠牲者です。モルディブという国はこの問題を海面上昇という形で具体的に表していますが、これまでのところ私たちがそこから対応の必要性を肌で感じるところまではいっていません。

楽観バイアス　Optimism bias

人は物事が今より良くなると考える傾向があります。多くの人は、自分の子どもは平均よりも頭がよく、自分たちは平均より多くの収入を得ていて、平均より長生きするだろうと考えます。人新世での人類の生存についても同様な人がいます。「これからも、これまで通りうまくやっていけるだろう」この考えには問題が二つあります。第一に、人類は過去にも自らを非常に困難な状況に陥らせ、時には社会全体を消滅させたことがあります。好むと好まざるとにかかわらず、私たちは一つの地球村にいます。その村が、最後の木を切り倒したイースター島の人が被ったようなトラブルに巻き込まれるとしたらとても残念です。第二の問題点は、この考えは実際には何もいっていないということです。なぜなら、これまでに生きてきたすべての生物は、自分が属する種はずっと生き残ってきたと一生の間、ずっといえたからです。賭けてみるものは何でもあると思うのは楽観バイアスのせいでしょうか？

リーダーシップ　Leadership

この本で取り上げた問題に対処するために必要ですが、まだ十分ではない資質です。誰もが人生のあらゆる場面でリーダーシップを発揮できますし、ささやかな行動も時にはインターネットやSNSで広がります。これを書いている時点では、世界中の大半の政治家には欠けていますが、有権者が飴と鞭をつかって彼らに簡単な訓練をすれば身に着けさせることもできます。

リバウンド効果　Rebound effects

「風船しぼり」を参照してください。地球システムのダイナミクスを理解するための重要概念で、気候政策立案者は全部頭に入れておかなければいけないのですが、しっかり考えると都合が悪くなると思われがちです（例えば、82〜84、101〜102、243ページを参照してください）。

両親　Parents

人は（私もそうですが）、自分たちが手をつけられなかった人新世の課題を解決する思考スキルを子どもたちに習得させる責任があります。

両面コピー　Double-sided photocopying

もちろん日常的に行うべきことですが、資源効率化としてはとても小さなことです。会社が自社の責任方針にわざわざ入れたりすれば、かえって信頼性が損なわれます。

ローカルフード　Local food

非常に良いアイデアの場合もありますが、いつもそうだとは限りません。船舶による輸送は世界の食料を持続可能なものとみなせるほど十分に効率的です。寒い地域でもオレンジやバナナ、米を食べるのは問題ありません。これに比べると、地元産でも温室栽培の野菜や、地球の反対側で生産された大豆で育てられた地元の肉を食べるのは、それほど良いとはいえません。

ロシア　Russia

世界最大の国です。気候変動から受ける最初の影響は、港が凍結しなくなることや、土地の肥沃度が増加すること、新たな油田やガス田にアクセスできるようになること、冬が温暖化することです。世界はロシアが国際気候交渉に全面的に協力することを求めています。国際関係の根本的改善が必要であることを示す一例です。

1 以下が水の管理についてより詳しく取り上げています。Creating a Sustainable Food Future, Installment 8, from the World Resources Institute, covers water management in more detail. https://tinyurl.com/globalriceGHG

2 S. H. Thilsted, A. Thorne-Lyman, P. Webb et al. (2016) Sustaining healthy diets: the role of capture fisheries and aquaculture for improving nutrition in the post-2015 era. *Food Policy* 61, pp. 126–131.

3 グラスゴー大学が自転車通勤の健康効果を調べています。A. Celis-Morales, D. M. Lyall, P. Welsh et al. (2017) Association between active commuting and incident cardiovascular disease, cancer, and mortality: prospective cohort study. *BMJ* 357: j1456, doi: https://doi.org/10.1136/bmj.j1456

4 漁業専門家のポール・ダンリーとジョージ・モンビオが、このように基準が変わっていくことについて述べています。https://tinyurl.com/shiftingbaselines. カエルの例えは Charles Handy, The Age of Unreason (Harvard Business School Press, 1989) から。

5 https://tinyurl.com/RSPBfarmbirds and https://tinyurl.com/GermanInsects

6 ダンカン・クラークと私は、"The Burning Question" で次の例をあげました。燃費が2倍の新車を購入した場合、炭素の節約分は次のようなメカニズムで失われます。① 罪悪感を感じなくなり、費用も安くなるので、少し遠くまでドライブする、② 節約したお金をカーボン・フットプリントのある他のものに使う、③ 石油サプライチェーンが価格やマーケティングを調整して、他の人に向けた販売量を増やす、④ 走行距離を伸ばしやすくなるので、都心から離れた場所でより大きなエネルギーを必要とする大きな家に住むようになる。道路維持のための炭素コストも増加します。

7 Our World in Data. https://ourworldindata.org/causes-of-death#causes-of-death-over-the-long-run

8 ロベルト・ミューレンカンプが Quora で、20 世紀の戦争と抑圧による死亡率を 3.7 %としていました。www.quora.com/What-was-is-the-most- violent-century-recorded-in-history

訳者注

＊1 原書ではアルファベット順だが読者の便宜のため五十音順に並べ替えた。

＊2 環境配慮しているようにごまかすこと。

＊3 キリスト教の七つの大罪。

＊4 排ガスから二酸化炭素を分離して地下深くに貯留すること。

＊5 着心地の悪いシャツ。転じて、厄介なこと。

＊6 トランプ政権を指している。

付録：気候危機の基礎

「気候変動の緊急事態について誰もが知っておくべき14のポイント」を示します。選挙に出る人はその前に理解しておくべきことになります。

基本的なことはもう知っているという人は、飛ばして構いません。ただし、その前に、このリストにあることが全部頭に入っているかどうか、ざっと確認してください。気候政策担当者の間でも、全部わかっている人は少数派でしょうから。

以下の一部は、ダンカン・クラークと私の著書“The Burning Question”[1]で詳しく説明したものですが、その後に新たに重要な点を追加もしました。

> **重大ニュース**　この本の編集が最終段階に入ったときに、IPCCが満を持して特別報告書「1.5℃の温暖化」を発表し、主要ニュースメディアの一面を飾りました[2]。報告書は、IPCCがこれまでに発表したものの中でも特に緊急性の高い行動を呼び掛けていて、有意義な進歩です。私が使用したのと同じ資料を主にしているので、これと完全に一致しているのは当然です。幸いなことに私はIPCCとは違って政治家と内容について交渉する必要がなかったので、妥協の必要もなく、すぐに要点に到着できました。

ポイント1：気温が2℃上昇することは非常に危険だが、1.5℃ならそれほどでもない。

実際のところ、どれほどの温度上昇がどのくらいの悪い結果をもたらすかは誰にもわかりません。しかし、気候を変えているということは、自分たちでもよくわからないままに、失敗したら取り返しがつかないようなことにまで手を出しているという、うれしくない事実なのです。たとえ1.5℃の気温上昇でも、永久凍土が溶解してメタンが止めどなく放出されたり、海洋生態系が崩壊したりというような気候の劇的な変化も起こりかねません。一方、可能性はきわめて低いものの、3℃でも悪くはないという考え方もあります。けれども、大方の気候科学者は4℃が人類に非常に悪い結果をもたらすと確信しています。

気温が2℃上昇すると非常に危険なので、快適なリスクレベルにとどめるためには気温変化を1.5℃に抑えるように排出量を削減すべきであるという科学的な合意が広く存在し、ほぼすべての国によって支持されています。多くの気候モデルは、気温変化は排出量にほぼ比例すると仮定しています。しかし、本当にそうなのかどうかはまったく分かりません。むしろ、ある時点で「正のフィードバックメカニズム」が起きる可能性が高いだろうといわれています。つまり、気温変化が何かを引き起こし、それがさらに気温の変化を引き起こすという悪循環です。そうなると気候の段階的変化が起きて、人間はおそらく止められないでしょう。最近発表された信頼性の高い論文では、5 通りの正のフィードバックについて検討がなされ、段階的変化の引き金となる温度は 2 ℃程度だろうと結論しています[3]。

私がこれを書いているときまでに気温は 1.1 ℃上昇し、さらに上昇し続けています。未曾有の気候変動によってオーストラリアでは森林火災が発生して世界の排出量の約 1 %が追加され、永久凍土の地帯では最大直径 50 m に達するクレーターが何千個もできて、メタンが噴出しています。

ポイント 2：私たちが気候に段階的変化を引き起こさせない限り、気温上昇は人類がこれまでに燃やした炭素の総量とほぼ一致する。

言い換えれば、重要なのは累積排出量です。気温上昇はどの程度であっても、大まかにいえばこれまでの炭素予算で決まります。どれだけの炭素がどれだけの気温上昇をもたらすのか。炭素予算はどれだけなのか。それを正確に知ることはできませんが、高度な気候モデルのおかげで、かなり良い推定値が得られています。政治家は GDP 成長率や失業率などの標準的な経済予測を重視しますが、炭素排出量と気候変動との関係も、それと同じ程度に予測できることがわかっています。

累積予算方式の考え方はとても便利ですが、あくまでも近似値にすぎません。メタンのような他の温室効果ガスも影響を及ぼし、温度上昇スピードに深刻な影響を与えます。炭素予算は二酸化炭素（CO_2）だけで計算され、他の温室効果ガスに何が起きるかについては仮定に基づいています。

ポイント 3：最も重要な温室効果ガスである二酸化炭素の排出量は、160 年前から指数関数的に増加している。

指数関数的というのはバナナ型ではありません。炭素曲線は常に気味が悪くなるほど一定で、毎年 1.8 %で安定して上昇し、39 年ごとに排出量が倍増してき

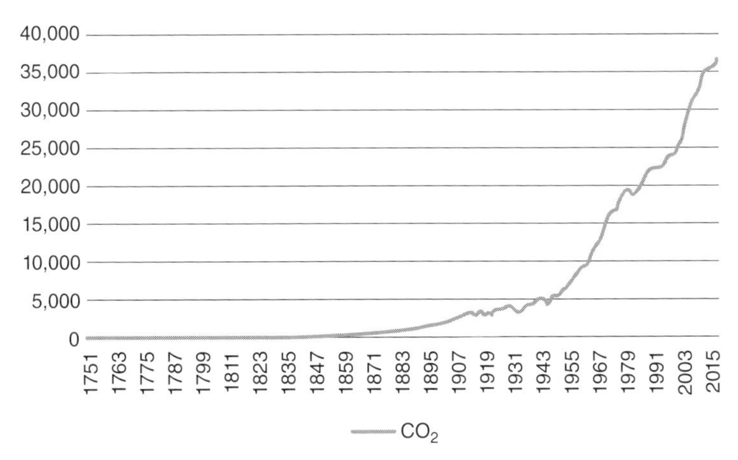

図 A.1 1751〜2018 年の世界の年間 CO_2 排出量（単位は百万トン）[4]。20 世紀に入って急増した

ました。まさに数学の世界での指数関数です。指数曲線の興味深い特性として、2 倍になると、さまざまなことも同時に 2 倍になるということがあります。高さ（年間の炭素排出量）が 2 倍になると、傾き（炭素排出量の年間増加率）も 2 倍になり、曲線の下の部分（過去の炭素排出量の総計すなわち累積排出量）も 2 倍になります。つまり、炭素曲線では年間排出量、年間排出量増加率、そしてこれまでに排出された排出量の総計が、39 年ごとにまるで時計のように 2 倍になっているのです（図 A.1）。

（もちろん、この曲線は完全に滑らかではなく、多少のノイズはあります。それぞれの年には上下があり、時にはそれまでの傾向を下回る数年間もありますが、その前後にはトレンドを上回る数年間があります。本筋から外れているのですが、この非常に興味深い小刻みな動きについては、この文章の後の注釈を参照してください[5]。）

ポイント 4：炭素曲線は抑え込めていない。

2014〜2016 年までの 3 年間は排出量が横ばいになったので喜んだ人もいました。残念ながら、統計的にはほとんど有意ではありませんでした[6]。言い換えれば、1.8 ％の増加曲線をわずかに下回りましたが、ゆらぎの範囲内だったということです。これまでにも、排出量がしばらく落ち込んだ後に、再び増加曲線の上に浮かび上がったことが何度もあったことを思い出してください。横ばいの 3

年間も、いつも通り何も変わっていないともいえますが、楽観的にみれば二酸化炭素排出を抑制する最初のステップが踏まれたともいえます。どちらにしても、多くを語ることはできません。

その後、2017年の排出量は2％増加し、過去3年間の楽観的過大解釈の根拠が崩れました。2018年の排出量は1.1％、2019年は「わずか」0.6％の増加にとどまりましたが、新たな傾向を示す強力な証拠にはなりません。人類が炭素曲線を抑え込めたという主張には、まだほとんど根拠がありません。これまでの活動はゼロまたはほぼゼロの成果しかもたらしていません。厳然たる事実です。そうでない状況を望むのであれば、事実を直視しなければいけません。

ポイント5：最近、モデル研究者から良いニュースも出されてはいるが、現在の炭素排出量のままでは、炭素予算は1.5℃と2℃のどちらとも急速に減少している。

気候科学界で珍しく朗報がありました。2017年に最新データを用いて気候モデルを再実行したところ、1.5℃と2℃の両方の予算に、考えられていたより少しだけ多く余裕があると推定されました[7]。2022年に1.5℃予算を超過してしまう可能性があるようにもみえますが、現在の排出量ならば2030〜2040年の間には予算超過しない可能性も66％あるということです。同僚の中には、この違いは些細なことだと考える人もいますが、私は良いニュースならばどこからでも手に入れるべきだと考えています。この差は1.5℃の厳しさを少しだけ先送りするには十分です。誤解のないようにいっておきますが、満足している場合ではありません。

（大雑把にいうと、以前は1.8兆トンのCO_2で気温が約1℃上昇するとみられていましたが、今は2.2兆トンで約1℃と考えられています[8]。）

より厳しい見方をすれば、これまでのように39年ごとに累積炭素量が2倍になると、2℃上昇してからからわずか39年後に4℃上昇し、さらに39年後には8℃上昇します。

ポイント6：ブレーキはすぐにはかからない。

気候制御はレーシングカーの運転と違います。気候は石油タンカーのように動くので、天気が面倒なことになるまで待ってから行動を起こしてもダメです。要点を整理しましょう。世界の人々が今すぐに気候変動にブレーキをかけようと決めたとします。まず計画を立て、実行に移してからでないと排出量は減り始めません。その間にも事態は悪化し、日々のさらなる気温変化に身をさらすことになります。ゼロエミッションを達成してもしばらくの間、気温は上昇し続け、悪化する事態に祈りをささげて待つしかありません。気温が工業化以前のレベルに戻る長い旅が始まった後も、世界の氷は溶け続けます。大気中から炭素を除去する技術の開発に成功すれば、気温はすぐに安定し、再び下降に向かいだすかもしれませんが、そんな技術がなければ平衡状態に達するまでさらに数十年上昇し続けることが予想されています。

石油タンカーの船長はかなり先のことまで考えて航路変更しますが、人類という生物にはまだその能力が十分ではありません。これこそが人新世の人類に欠如している最重要のスキル、つまり先を見越した計画を立てる力です。

ポイント7：燃料は掘り起こされてしまえば全部燃やされるので、地下にとどめておかなければいけない。

驚くべきことにこんな当たり前のことが、政治の世界では長い時間をかけても理解されないのです。燃料はひとたび地上に出ると、消費者ニーズを満たすためにすべて燃やされます。採掘された燃料のカーボン・フットプリントは、燃やされた燃料やそれによって生産された全消費財、サービスのカーボン・フットプリントとほぼ同じです。3両連結の列車と同じような仕組みです。互いに押したり引いたりして、全車両が同じ速度で走行します。3両とも減速させるか、何も起きないかのどちらかです。

唯一の例外は、採掘された石油のごくわずかがプラスチックの原料になることですが、それはそれで地球を覆いつくしています（プラスチックについては、57～58ページを参照）。

2020年3月にこの本を書き直しているとき、イギリス政府はCOP 26の気候変動交渉に向けて世界的リーダーシップを発揮しようとしていましたが、その一方でためらいながら新たな炭鉱の開発を決めようとしていました。困った話です[9]。

ポイント8：役にたつようにみえても、実際には多くのことが役に立たない。

正しくは「リバウンド」効果といいますが「風船しぼり」ともいわれる現象があります（図A.2）。ある場所で節約しても、システムの別の場所でそれが調整されて打ち消されるという残念な傾向です。多くの人がリバウンド効果を理解しているつもりですが、重要性は大幅に過小評価されています。リバウンド効果は経済全体に波及するので、一つひとつを足していっても完全には定量化できないからです。潜在的リバウンド経路は無限にあります。

一つ例をあげましょう。前よりも効率の良い車を購入したとしても、炭素の節約分が次のように帳消しになるかもしれません。もっと長距離をドライブするかもしれません。節約したお金を他のカーボン・フットプリントのことに使うかもしれません。ガソリンスタンドが価格を少し調整して他の人にもっと売るかもしれません。自動車メーカーが販売方針を変えて炭素排出の多い車を他の人に売るかもしれません。石油業界は他の人や他の国に売り込むかもしれません。都市から離れた場所でもっと暖房が必要な大きな住宅に住む可能性が高まるかもしれません。走行距離が増えて道路整備の必要性が増すかもしれません。などなど。

こうした効果をすべて列挙することはできませんし、まして定量化はできません。結局、リバウンド現象全体が過小評価されることになります[10]。けれども、一歩引いてみて、地球規模のシステムレベルでみれば、よくわかるかもしれません。炭素とエネルギーの曲線はどちらも指数関数的なので（それぞれ 1.8 %と 2.4 %の年成長)、世界全体でみれば効率向上のリバウンド効果は 101.8 %と 102.4 %ということになります[11]。長年にわたる効率向上にもかかわらず、いいえ、むしろそのために、かつてないほど多くのエネルギーが使用されている理由が明らかになりました。

だからといって、二重ガラスを全部剝がしたり、タイヤの空気を抜いたりする前に、これだけはわかってください。効率向上が将来も役に立たないということではありません。効率向上と同時に資源の総使用量を抑えることが必要なので

図 A.2 風船しぼり：世界の一部地域や経済の一部で排出量が絞られても、それを補うためにシステムの残りの部分からの排出量が拡大すること。変化を求めるのであれば、一度に全部絞り出すことが必要

す。効率性向上による節約分を貯めなければ、生産量が増えるだけです。

ポイント9：世界はエネルギーを削減しなければならない。

今のエネルギー成長が続いていけば、再生可能エネルギーを世界の総エネルギー供給と同じ量にまで拡大しても意味がありません。再生可能エネルギーは化石燃料の代替としてではなく、世界がより少ないエネルギーでやっていくための機会とするべきです。

人類は常に手に入る以上のエネルギーを求めてきました。ピラミッドが奴隷の力で建設されて以来、私たちは常により多くのエネルギーを求めてきました。新技術と効率向上によって、多かれ少なかれ継続的に供給量を増やすことができました。この傾向が続けば、再生可能エネルギーが爆発的に普及し、同時にエネルギー需要が一時的に大きく減少して、エネルギーがそれなりにたくさんあると感じられる時期が来れば、化石燃料の需要が多少下向くことも期待できるかもしれません。しかし、それだけでは化石燃料を地下にとどめておくには不十分です。自然エネルギーは石炭や石油、ガスの使用を止めやすくしてくれますが、それだけでは実現しません（チベット仏教の神話では、餓鬼になることは地獄に行くよりも悪いこととされています。食べ物があればあるほど空腹になります。地獄はそこまで酷くありません。例えば、地獄の亡者は溶けた銅を喉へ流し込まれますが、魔法のように息を吹き返してしまうので、それが何度も繰り返されます。それはそれで苦しいのですが一時的です。しかし、餓鬼になると空腹の苦しみから逃れることはほとんど不可能です。これが私たちです。エネルギー中毒者なのです。だからこそ、どうすれば満腹感を得ることができるのかがこの本の中心課題なのです）。

ポイント10：地下に燃料を残すための国際合意が急務。

個人や企業、国がバラバラに行動しても、それだけではリバウンド効果があるので二酸化炭素排出量を削減することはできません。一番ブレーキをかけやすいのは採掘です。どれほどの困難が待ち受けていても、それが最も行いやすい方法なのです。排出地点で炭素を抑制することも可能ですが、計測が難しく、絞りきれなかった場所で風船が膨らむ可能性が大きくなります。

ポイント11：他のガスも管理しなければならない。

炭素への挑戦はそれだけでも十分厳しいのですが、他の温室効果ガスも重要で、そちらにも対処しないと気候変動の解決には至らないでしょう。特に、メタンと一酸化二窒素（亜酸化窒素）です。私たちが何を食べ、どう農業を行っているかについても見直す必要があります。特に反芻動物（牛や羊など）などの家畜の削減や肥料のより注意深い使用を心がけましょう（第1章「食料」参照)。また、廃棄物は埋め立てる場所をよく選び、埋立て面積を減らして、土地からの排出量を削減することも大切です。

他のガスがどれほど重要であるかを示す最新のモデリング結果によると、非 CO_2 ガスを強力に規制することは、1.5 ℃の予算に約400億トンの炭素枠を追加することに相当するということです。現在の約4年分の CO_2 排出量に相当します[12]。すべての炭素予算は、他のガスについての行動も想定していることを覚えておいてください。

数値を見ると非炭素の排出量は気候変動の4分の1程度に見えますが、この問題を解決しないことには気候危機には十分に対処できず、ある意味、誤解を招きかねません。非炭素と炭素との関係は忘れられがちですが、無視できないほど重要です。

他の温室効果ガスは CO_2 とは異なる動きをするので、話は少し複雑になります。CO_2 は大気中に留まり、何百年にもわたって地球を暖めます。メタンはもっと強力な効果を発揮しますが、寿命がずっと短いのです。100年後の温度変化に関心があるなら、1 kg のメタンは約25 kg の CO_2 と同じ影響を及ぼしますから、条約においても1 kg のメタンは25 kg の CO_2 に相当するとされています。けれども、今から50年後の気温に関心があるのであるのなら、メタンはそれより2倍強力な温室効果ガスであるとしなければいけません。数百年後の最終的な気温にしか関心がないのであれば、メタンはそれなりに割引して考えることもできます。

ポイント12：化石燃料の採掘と燃焼は、非常に高価にするか違法にするか、あるいはその両方が必要。

非常に高価にする最も簡単な方法は炭素価格の設定です（高額でないといけません。トンあたり2, 3百ドルの即時導入など）そのようなことを行うのはあまりにも難しいという人たちにも、同等の効果を上げられる解決策を示すことはできません。少なくとも世界的な炭素価格を導入しようとすれば、どのような困難が待ち受けているかはすでに明らかです。けれども、いったんそれが導入され、適切に運用されれば、最難関の部分は終わってしまうかもしれません（149ページの炭素価格についての考察を参照）。

ポイント13：国際交渉はすべての人のために行わなければならない。

誰もが一致協力しなければいけません。少しの不一致だけで全体が壊れてしまいます。実現は非常に困難です。けれども難しいからといって、重要でないということにはなりません。

世界と一緒になって気候危機に取り組むことなど国益につながらないという見方を、多くの国の政治家はとりたがるでしょう。資産を手放さなければならなくなる国もあれば、低炭素社会になれば豊富な再生可能エネルギー資源が自国に優位性をもたらすと考える国もあるでしょう。早い段階で気候変動の脅威による大打撃を被る国もあれば、短期的利益を得る国もあります。モルディブが沈み、バングラデシュは洪水に見舞われますが、ロシアではまず作物の収穫量が上がり、凍結のために1年に8カ月しか使えなかった港湾が年間を通じて使えるようになり、化石エネルギー資源へのアクセスも良くなります。炭素制約は豊かな国より貧しい国の福祉に深刻な影響が及ぶ可能性があります。豊かな国では幸福度とGDPとの関係が崩れてきたようですが、幸福度とエネルギーとの関係もすでに壊れているのではないでしょうか。

国際交渉には、各国に及ぶさまざまな影響を理解することと、世界がまだみたことのない国際的フェアプレー精神の両方が必要で、合意に到達することは容易ではないでしょう。しかし、困難だからといって、私たちが合意しなければならないという現実は変わりません。

ポイント14：大気中炭素を回収しなければならない。

私たちのブレーキはとても弱いのですが、必要性も差し迫っているので、バックするギアが必要になってくるのは明らかです。工場の煙から炭素を除くことだけをいっているのではありません。私たちが吸っている空気から回収する方法を開発する必要があります。必要な規模はまだわかりませんが、本気で投資すれば解決できそうです。技術が進歩しても費用はかかりますが、炭素価格が解決してくれます。アイスランドにあるクライムワーク社のプラントでは、わずかですが年間50トンを1トンあたり約1,000ドルのコストで回収しています。スケールアップすれば価格も5分の1にできると考えているようです。アメリカのカーボンエンジニアリング社は、大規模に行えば1トンあたり100ドルで実現可能であるといいます[13]。

最後になりますが、炭素回収をすれば排出量削減はそれほど気にする必要はないという考え方には一瞬でも陥ってはいけませんし、他の人にもそう思わせてはいけません。

---

1 Mike Berners-Lee and Duncan Clark, "The Burning Question" (Profile Books, 2012). 私たちがここに書いたことのほとんどが、今、さらに広く受け入れられています。特に、燃料を地下に残す必要性についてはそうです。あれから7年ほどが経ち、数字は大きく変化し、残っていた燃料予算のかなりの部分が使われて、より緊急を要する事態になりました。

2 IPCC, 'Global Warming of 1.5 ℃', October 2018. http://www.ipcc.ch/report/sr15/

3 W. Steffen, J. Rockström, K. Richardson et al. (2018) Trajectories of the Earth System in the Anthropocene. *Proceedings of the National Academy of Sciences* 115(33), pp. 8252–8259. www.pnas.org/cgi/doi/10.1073/pnas.1810141115
五つのフィードバック・メカニズムは以下です。
① 北極圏の永久凍土が融解して強力な温室効果ガスであるメタンが放出されると、さらに温暖化が進み、永久凍土の融解が進む。
② 大気中の二酸化炭素を吸収して、気候変動の影響を緩和している陸と海の炭素吸収源としての能力が弱体化する。例えば、カリフォルニアやポルトガルなどの乾燥した森林の枯死。
③ 海中のバクテリアが増加し、その呼吸でさらに多くの二酸化炭素が生成される。
④ アマゾンの森の枯死。
⑤ 亜寒帯林の枯死。

4 Data from Our World in Data. https://github.com/owid/co2-data

5 よく見ると、指数曲線からの逸脱は、ただのランダムノイズではありません。それらは滑らかで小刻みな動きで、まるで正弦波のようです。二つの世界大戦と大恐慌で落ち込んだ後、戦後復興と油田の発見で急上昇しました。石油危機の後、再び上昇してトレンドを超えました。数学や統計に詳しい人ならば、この小刻みな動きが42年の周期をもつ正弦波によく似ていることに興味をもつかもしれません。つまり、本当に面白いのは、この正弦波は戦争や恐慌、油田の発見などによって引き起こされたものなのか、それとも、指数関数上の正弦波という本質的なダイナミズムがこれらの地上の事件となって発現したのかということです。もしも後者だとしたら、何が正弦波をもたらし、何とつながっているのでしょうか？（この点を指摘してくれたランカスター大学のアンディ・レイビスに感謝します）。

6 この6年間の平均値は、依然としてトレンドを上回っています。

7 R.J. Millar, J. S. Fuglestvedt, P. Friedlingstein et al.（2017）Emission budgets and pathways consistent with limiting warming to 1.5 ℃. *Nature Geoscience* 10, pp.741-747. 私はこの結果をもとに、2014 年末から 2017 年末までの累積排出量を予測しました。2018 年初めに *Nature Geophysics* 誌が掲載したレターでは、Millar らとは別の方法で過去の気温記録をモデルに入力する方法が提案されていて、これを上記で説明した方法に使うと、1.5 ℃を超える時期が約 5 年前倒しされます。カーボンブリーフは、さまざまな推定値を用いて 1.5 ℃予算を推定しています。意外にも、不確実性が目立ちます。https://tinyurl.com/ybfcv7c8

8 上記注 7 同様 Millar et al.（2017）参照。この論文の図 S2 は、温度変化と CO_2 累積排出量のほぼ直線的な関係を示していて、炭素 12 兆トンで 2 ℃、6 兆トンなら 1 ℃上昇します。炭素 1 トンあたりの気温上昇の推定値が前回のモデルよりも約 20 %減少したことから、炭素 1 兆トンという限界値が設定されました。1 兆トンの炭素（CO_2 であれば 3.67 兆トン）の排出であれば、66 %の確率で 2 ℃以下に収まるというものです。この論文から、私たちは次のように推測できます。このままでいくと、2035 年頃には 1.5 ℃の気温上昇を超えてしまう可能性があります。CO_2 以外の温室効果ガスに対して非常に積極的な行動をとれば、2040 年頃になるでしょう。

9 カンブリア州の西海岸にあるこの炭鉱からは、50 年間で年間 840 万トンの CO_2 が排出されると推定されています。鉄鋼業界は、そこから産出される石炭がコークス製造に必要な特殊な原料炭であることや（実際にはそうではない）、大半は輸出されるのでイギリスの問題ではなくなるということ、そしてこの炭鉱からの生産量に合わせて世界の他の地域の石炭生産量が何らかの形で減少するというデタラメな根拠をもって、イギリス政府の制度や指針の隙間や抜け穴をかいくぐってきました。なぜこの炭鉱がとんでもないことなのかについての詳細な説明は以下にあります。Rebecca Willis, Mike Berners-Lee, Rosie Watson and Mike Elm（2020）, The case against new coal mines in the UK, Green Alliance; https://tinyurl.com/crazymine

10 SMARTer2030：ICT Solutions for 21st Century Challenges. 2015 年の Global e-Sustainability Initiative によるこのレポート（https://tinyurl.com/smarter2030）では、付録と次の明確なコメントがありますが、リバウンドを分析から外しています。「…政策立案者は、ICT イノベーションによる排出削減が、過去の事例のようにマクロ経済でのリバウンド効果につながらないように、適切な条件を示す必要がある」付録は、顕著なリバウンド効果だけを扱っていると私には思えます。リバウンドについてのより包括的な分析は、イギリス Energy Research Council が発表した“The Rebound Effect Report in 2007”（https://tinyurl.com/UKERCrebound）で行われていますが、そこでも、広範な長期的影響は見逃がされています。

11 これに対して、効率の向上がなければ増加曲線はもっと急になっていただろうと指摘することは可能です。しかし、より信頼性の高い研究によれば、効率が向上しても、それよりもわずかに高い割合で利用増加が起きます。そして、正味の効果は資源の需要増加になります。

12 再び Millar et al.（2017）から引用しています。上記の注 7 を参照してください。

13 Carbon Engineering, 2020, Our Technology. https://tinyurl.com/sztu7br

訳者解説

原著者は大学で研究教育のかたわら会社を設立し、様々な企業や団体にコンサルティングを行っている。その経験を活かしながら、低炭素社会への道を平易に解説したのが本書である。第4章までは、データに基づいて、私たちが具体的に何を行うべきか、どこまでできるかが示されている。第5章以降では、人類が低炭素社会を築いて気候危機を回避するための考え方、価値観が提案されている。

人新世やSDGsという言葉が人口に膾炙するようになった。SDGsがマスメディアに登場しない日はない。しかし、人新世に対応する社会は従来の社会の延長形ではない。なによりも化石燃料を地下に留めておかなければ人類の未来はない。この原著者の主張は正しい。気候科学の集大成であるIPCCに参加する研究者もおそらくほぼ全員が同意するだろう。

けれども、人新世に対応する社会に至る道は厳しい。価値観の転換が必要だ。そして、価値観や社会経済情勢、自然環境は多様だ。進むべき道は、人により、社会により、国により、同じではないはずだ。だから、原著者も本書の後半では言葉を慎重に選んでいる。

第1章では食品の環境影響が述べられている。牛肉や乳製品の影響が大きいので、消費量は抑えるべきと原著者はいう。魚の消費も1人年間12 kgが限界であると。

表1はFAOのデータベースから作成したイギリスと日本、中国の食品の供給量である。イギリス人と比較すれば、日本人の牛肉や乳製品の消費はそれほどでもないが、水産物は「食べすぎ」のようだ。水産庁のデータによれば、2017年の日本人の魚介類の1人あたり摂取量は高齢者ほど多く、60代では29 kgであるのに対し、20代は18 kgしかない[1]（FAOと水産庁の数値には大きな差があるが、定義の違いによると考えられる。統計に含まれる魚介類の種類が異なっている可能性がある。さらに、前者は供給量であって骨やハラワタ、貝殻など可食部以外も含まれるのに対し、後者は実際に人が食べる摂取量を測定していることなども影響しているだろう）。どちらのデータを見ても日本人の魚介類の消費は年々低下していて、「魚離れ」が進んでいるようだ。是非はともかくとして、価

表 1 牛肉、牛乳、水産物の消費量

供給量（kg/ 人 / 年）	年	イギリス	日本	中国
牛肉	2010	18.90	8.78	4.63
	2019	16.52	9.65	6.28
牛乳（バターを除く）	2010	215.38	46.85	26.31
	2019	209.96	47.46	23.31
水産物	2010	19.75	52.71	32.15
	2019	18.49	46.06	38.51

出典：FAOSTAT

値観をあえて変えなくても魚介類の消費は、これからも減少しそうだ。

しかし、食の欧米化に伴って日本人の肉類の消費はこれからも増えそうだ。ヨーロッパではイギリスをはじめとして、環境負荷が低く、生産者の人権や動物愛護にも配慮しながら生産されるエシカルフードが徐々に選択されるようになっている。イギリスの牛肉と牛乳の供給量が 2010 年から 9 年間で少しだが減少しているのは、その現れなのかもしれない。

また、1 章末に訳者注として追記したが、日本では水田土壌から発生するメタンが人為起源メタン発生量の 42 ％を占めている。メタンより強力な温室効果ガスである亜酸化窒素も水田から発生する。農林水産省や農学者もこのことは十分に理解していて、イネの栽培中に水を抜く中干しの環境効果などが研究されている。

一方で、水田は畑作より生産性が高く、しかも連作が可能な優れた耕作方法である。モンスーンによる雨の集中と低地が広がるところであれば水田耕作は可能である。そのうえ、コメは味が良い。日本政府はアフリカ諸国で水田耕作の技術指導を進めていて、水稲栽培が急増している。さらに水田土壌は畑土壌よりも炭素を多く貯留するので、耕作方法によっては気候変動の緩和に寄与できる可能性もある。水稲耕作には数千年の歴史があり、日本の水田は多くの固有種が生息する重要な生態系でもある。そのような点を考慮しながら、水田耕作を続けていくべきだと私は考える。

第 3 章は本書前半の核心部分である。化石燃料は地下に留めておかなければいけない。ただし、原著者も注意深く記述しているように、そのスケジュールや方法については様々な意見がある。

原著者は太陽光発電が最も有力なエネルギー源であると考えている。けれども、太陽エネルギーの量は国によって大きな差があり、勝ち組と負け組とに分かれてしまう。図3.5で大きく黒く塗られているオーストラリアは最大の勝ち組だ。広い国土面積と低い人口密度。しかも低緯度に位置して日射量も多い。太陽光発電で水素を生産し、海外に輸出する資源大国になるだろう。

負け組はバングラデシュや日本だ。

日本については複数の研究所が2050年にカーボンニュートラルを達成するためのロードマップを描いているが、その多くで再生可能エネルギーだけではエネルギー需要を満たせないという結論に達している。現在の日本の太陽光発電容量は中国、アメリカに次いで世界3位なのだが、100を超える市町村が土砂の流出や景観上の問題があるとして、太陽光発電設備の設置を条例で規制している。日本がエネルギー需要を満たすためには原子力発電や水素の輸入、アンモニア火力発電あるいはCCS付の火力発電の併用は避けられない。

また、太陽光発電にはパネル廃棄の問題がある。パネルの製品寿命は20〜30年といわれていて、国際再生可能エネルギー機関は、2050年には日本で650万トンから750万トンのパネルが廃棄されると予測している[2]。一方で、日本の太陽光発電業者の過半数は処理コストを準備していない。パネルのリサイクルは重要な課題だ。

もっと厳しい状況にあるのはバングラデシュである。図3.5では小さく白く表されている。1人あたりの太陽光は人口密度が大きい国ほど不利になる。人口1,000万人以上の国としてはバングラデシュの人口密度は日本の3倍であって世界一である。

この国は急速な経済成長を遂げていて、電力不足は深刻だ。発電の主力は国内で産出するガス火力だがガスの産出量はピークを越えた。日本政府は同国からの要請に基づき2016年に発電端熱効率41.29％のマタバリ超々臨界圧石炭火力発電事業に対する円借款供与を決定し、2024年の運転開始に向けてプロジェクトを進めてきた。しかし、日本は石炭火力発電所を開発途上国に輸出しているとヨーロッパ諸国やNGOから批判され続け、これに押されて、日本政府は2022年6月に同プロジェクトフェーズ2支援中止を決定した[3]。現時点では、石炭の利用が進められなければ、バングラデシュに残された技術的に完成された選択肢は原子力発電しかない。同国ではロシアの協力によってループプール原子力発電所の建設も進められていて、2023年には1号機が運転開始の予定である[4]。

西ヨーロッパ諸国は前のめりになって脱炭素を進めようとしているが、そうはいかない国も多い。先進国は途上国に対して、国情にあった支援をするべきだと私は考える。この点については原著者もほぼ同意している。

第4章では、飛行機と船舶の厳しい現実が突き付けられる。低炭素社会では、大型航空機による長距離飛行やコンテナ船による大量輸送は難しくならざるをえない。日本やフィリピン、インドネシアなどの島国は厳しい。離島の生活はどうすればよいか。東京から沖縄までフェリーボートで片道50時間かかる（フェリーボートが何を動力源にするかは別として）が、これについて原著者は「フェリーを使えば、人々は短い『週末休暇』を頻繁にはとらなくなり、代わりに長期滞在してより充実した経験をするようになるだろう」と回答してくれた。観光旅行の在り方も変わらざるをえなくなるだろう。

第10章で原著者は、気候危機は切迫していて、もはや市民が抗議しなければならないと訴える。そして、イギリスで活動する「絶滅の反乱」の活動を条件付きながらも評価する。2018年、彼らはロンドンで橋を実力で封鎖して82人が逮捕された[5]。2019年には地下鉄車両の屋根に乗って運行を止め、一般乗客と乱闘になり、8人が逮捕された[6]。逮捕者を出すような違法行為や、生徒や児童が授業を放棄してデモ行進することが日本で広く支持されるだろうか。

私に明確な回答はないが、日本ではこのような抗議活動ではなく、住民団体や地方自治体、企業などが協力しあって、地道な活動を始める（すでに始まっている）ことの方が、地味ではあるが最終的には社会に影響を及ぼすことができるのではないかと思う。1960年代に日本の工業都市が激甚な大気汚染を経験したとき、国に先駆けて解決に動き出したのは横浜市や大阪市、北九州市といった地方自治体だった。そのときに市長を動かしたのはデモ行進ではなく、地方選挙だった。そうした経験が日本ではまた役に立つかもしれないと考えるのは楽観点にすぎるだろうか。

気候変動に関する政府間パネル（IPCC）第6次評価報告書が2021年から2022年にかけて順次公表されている。報告書は、2021年に開催された第26回気候変動枠組条約締約国会議（COP 26）より前に提出された各国の対策を合わせただけでは、今世紀中に気温上昇が1.5℃だけでなく2℃を超える可能性が高いことを示している。COP 26 に合わせて多くの国が政策目標の引上げを表明したが、それでもまだ足りない。そもそも、日本も含めた各国が本当に掲げた目標を達成できるかどうかも不透明だ。目標達成のためには本書の前半に示された厳しい状況を克服しなければいけない。原著者は価値観の転換をはかれば希望はあるという。日本人になじみ深い「足るを知る」は老子の言葉だが、これこそが、原著者が人々にもつことを求めている価値感の日本的解釈といえるだろう。

なお、訳書では low carbon「低炭素」の語で統一した。日本でも以前はよく低炭素といわれていたが、最近ではもっぱら「脱炭素」になった。脱炭素に近い英語は decarbonization だが、私は低炭素の方がより的確であると考え、原著者と相談の上、訳書では低炭素で統一した。

訳者注

1 水産庁 https://www.jfa.maff.go.jp/j/kikaku/wpaper/h29_h/trend/1/t1_2_4_2.html
2 IRENA (2016) End-of-life management, Solar Photovoltaic Panels
3 外務省 https://www.mofa.go.jp/mofaj/press/kaiken/kaiken24_000122.html
4 World Nuclear News https://world-nuclear-news.org/Articles/Russia-and-Bangladesh-expand-nuclear-cooperation
5 The Guardian https://www.theguardian.com/environment/2018/nov/21/swarming-sit-down-protests-aim-to-disrupt-london-traffic
6 BBC News https://www.bbc.com/news/uk-england-london-50079716#:~:text=Commuters%20have%20dragged%20climate%20change,Transport%20Police%20(BTP)%20said

索　引

か　行

さ　行

た　行

な　行

は　行

ま　行

や・ら・わ行

訳者紹介

藤倉　良（ふじくら　りょう）

法政大学人間環境学部教授。公益社団法人環境科学会副会長。東京大学理学部卒。理学博士（インスブルック大学）。環境庁技官、九州大学助教授、立命館大学教授などを経て、2003年より現職。専攻分野は環境システム科学、国際環境協力。

著訳書に『文系のための環境科学入門』（共著、有斐閣）、『地球温暖化で人類は絶滅しない―環境危機を警告する人たちが見過ごしていること』（共訳、化学同人）、『地球温暖化論争』（共訳、化学同人）などがある。

みんなで考える地球環境 Q&A 145
地球に代わる惑星はない

令和 4 年 8 月 30 日　発　行

訳　者　藤　倉　　良

発行者　池　田　和　博

発行所　丸善出版株式会社
〒101-0051 東京都千代田区神田神保町二丁目17番
編集：電話(03)3512-3267／FAX(03)3512-3272
営業：電話(03)3512-3256／FAX(03)3512-3270
https://www.maruzen-publishing.co.jp

組版印刷・製本／藤原印刷株式会社

ISBN 978-4-621-30743-4 C 3030　　Printed in Japan